"十三五"国家重点出版物出版规划项目

知识产权经典译丛（第4辑）

国家知识产权局专利复审委员会 ◎ 组织编译

欧洲统一专利和统一专利法院

［英］休·邓禄普 ◎ 著

张　南　张文婧　张婷婷　等 ◎ 译

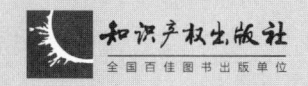

图书在版编目（CIP）数据

欧洲统一专利和统一专利法院/（英）休·邓禄普著；张南等译. —北京：知识产权出版社，2017.10

书名原文：European Unitary Patent and Unified Patent Court

ISBN 978-7-5130-5204-7

Ⅰ.①欧… Ⅱ.①休… ②张… Ⅲ.①专利制度—研究—欧洲 Ⅳ.①G306.3

中国版本图书馆CIP数据核字（2017）第258483号

内容提要

欧洲在过去40年中一直大力推进建立"统一专利制度"。本书详细介绍了有关欧洲统一专利法院和统一专利制度的相关法律和法规，从技术层面解释了新的"统一专利"对专利权人产生的影响、专利申请策略和费用标准，并解析了新的欧洲统一专利法院的特点与诉讼程序。本书可为我国知识产权从业人员研究欧洲统一专利制度提供借鉴。

© 2014 Hugh Dunlop. First published in 2013.

All rights reserved. No part of this book may be reproduced or transmitted in any form or by any means, electronic, mechanical, including photocopying, recording or by any information storage and retrieval system, without permission in writing from the publisher.

责任编辑：卢海鹰　王玉茂　　　　　　　责任校对：谷　洋
装帧设计：张　冀　　　　　　　　　　　　责任出版：刘译文

知识产权经典译丛
国家知识产权局专利复审委员会组织编译

欧洲统一专利和统一专利法院

European Unitary Patent and Unified Patent Court

［英］休·邓禄普　著

张　南　张文婧　张婷婷　等译

出版发行：知识产权出版社有限责任公司	网　　址：http://www.ipph.cn
社　　址：北京市海淀区气象路50号院	邮　　编：100081
责编电话：010-82000860转8122	责编邮箱：wangyumao@cnipr.com
发行电话：010-82000860转8101/8102	发行传真：010-82000893/82005070/82000270
印　　刷：三河市国英印务有限公司	经　　销：各大网上书店、新华书店及相关专业书店
开　　本：720mm×1000mm　1/16	印　　张：16.5
版　　次：2017年10月第1版	印　　次：2017年10月第1次印刷
字　　数：318千字	定　　价：76.00元
ISBN 978-7-5130-5204-7	
京权图字：01-2017-6315	

出版权专有　侵权必究
如有印装质量问题，本社负责调换。

序

当今世界，经济全球化不断深入，知识经济方兴未艾，创新已然成为引领经济发展和推动社会进步的重要力量，发挥着越来越关键的作用。知识产权作为激励创新的基本保障，发展的重要资源和竞争力的核心要素，受到各方越来越多的重视。

现代知识产权制度发端于西方，迄今已有几百年的历史。在这几百年的发展历程中，西方不仅构筑了坚实的理论基础，也积累了丰富的实践经验。与国外相比，知识产权制度在我国则起步较晚，直到改革开放以后才得以正式建立。尽管过去三十多年，我国知识产权事业取得了举世公认的巨大成就，中国已成为一个名副其实的知识产权大国。但我们必须清醒地看到，无论是在知识产权理论构建上，还是在实践探索上，中国与发达国家相比都存在不小的差距，需要为之继续付出不懈的努力和探索。

长期以来，党中央、国务院高度重视知识产权工作，特别是十八大以来，更是将知识产权工作提到了前所未有的高度，作出了一系列重大部署，确立了全新的发展目标。强调要让知识产权制度成为激励创新的基本保障，要深入实施知识产权战略，加强知识产权运用和保护，加快建设知识产权强国。结合近年来的实践和探索，我们也凝练提出了"中国特色、世界水平"的知识产权强国建设目标定位，明确了"点线面结合、局省市联动、国内外统筹"的知识产权强国建设总体思路，奋力开启了知识产权强国建设的新征程。当然，我们也深刻地认识到，建设知识产权强国对我们而言不是一件简单的事情，它既是一个理论创新，也是一个实践创新，需要秉持开放态度，积极借鉴国外成功经验和做法，实现自身更好更快的发展。

自2011年起，国家知识产权局专利复审委员会携手知识产权出版社，每年有计划地从国外遴选一批知识产权经典著作，组织翻译出版了《知识产权经典译丛》。这些译著中既有涉及知识产权工作者所关注和研究的法律和理论问题，也有各个国家知识产权方面的实践经验总结，包括知识产权案件的经典判例等，具有很高的参考价值。这项工作的开展，为我们学习借鉴各国知识产权的经验做法,了解知识产权的发展历程,提供了有力支撑,受到了业界的广泛好评。如今,我们进入了建设知识产权强国新的发展阶段,这一工作的现实意义更加凸显。衷心希望专利复审委员会和知识产权出版社强强合作,各展所长,继续把这项工作做下去,并争取做得越来越好,使知识产权经典著作的翻译更加全面、更加深入、更加系统,也更有针对性、时效性和可借鉴性,促进我国的知识产权理论研究与实践探索,为知识产权强国建设作出新的更大的贡献。

当然,在翻译介绍国外知识产权经典著作的同时,也希望能够将我们国家在知识产权领域的理论研究成果和实践探索经验及时翻译推介出去,促进双向交流,努力为世界知识产权制度的发展与进步作出我们的贡献,让世界知识产权领域有越来越多的中国声音,这也是我们建设知识产权强国一个题中应有之意。

2015 年 11 月

《知识产权经典译丛》
编审委员会

主　任　申长雨

副主任　张茂于

编　审　葛　树　诸敏刚

编　委　(按姓氏笔画为序)

　　　　马　昊　王润贵　石　兢　卢海鹰

　　　　朱仁秀　任晓兰　刘　铭　汤腊冬

　　　　李　琳　李　越　杨克非　高胜华

　　　　温丽萍　樊晓东

引　言

什么是"统一专利"？一种共同体专利，即针对单一市场的单一专利。事实上，最新的欧洲专利权是一系列独立法律的产物，不外乎是一些法律新，一些法律旧。这些法律是一个很长的体系，是在"很长时间里慢慢形成的"，要抓住其基础本质就先要知晓其历史。然而，这个在过去被视作空想的"统一专利"，它即将作为一件切实、有力而复杂的工具得以存在——它比起欧盟专利只稍微少一点，但是更接近我们现在知道的"欧洲专利"。

它会运作起来吗？如果不是一出生就被政治因素扼杀了，它可能成功。比起单一国家的专利，它并不便宜。但那些想要使专利覆盖大多数欧洲国家的人会以开放的姿态欢迎它，而不会考虑其成本。它会不会有危险？即全部鸡蛋将会装在一个篮子里，全部依赖于法院裁判的质量。但为了创造新的框架，人们这一次付出了巨大的努力，不仅吸取了现有的国家法院及其实践的长处，更以多国训练有素的法官、标准的程序和救济来使该框架更加坚固和谐。欧盟最好的法院将能继续做它们现在所做的几乎全部工作，同时最差的法院将跟随大流走向21世纪。而一般水准的法院将依赖于人，依赖于细节。

由于那些重要的细节分散在条约、指令、协定和条例中，但是幸得休·邓禄普在此书中，以他惯有的对实践的有力关注，将这些重要细节明晰地整理在一起。

大卫·马斯克
R. G. C. Jekins&Co.

原作者序

英国"脱欧"后,其仍是《欧洲专利公约》的缔约成员国之一。《欧洲专利公约》本身已经超出欧盟的范围,涵盖土耳其、挪威和瑞士等非欧盟国家。并且在该公约第142条中,对统一专利和统一专利法院已经有所预期。英国于2016年11月29日(当其仍然是欧盟成员国时)宣布了批准《欧洲统一专利公约》的意向并签署了创立新的欧洲专利体系的文件。

本书中文版参照了有关欧洲统一专利法院的程序规则(第18个草案)、欧洲专利局相关规定和统一欧洲专利的费用条款。因此,本书涵盖了最新的欧洲统一专利和统一专利法院的主要内容。最后,非常感谢中国政法大学张南博士和她的团队翻译此书。

休·邓禄普(Hugh Dunlop)
2017年1月2日

案例和有效法案

2000年11月29日 EPC 修正案

《与贸易有关的知识产权协议》，1994年4月15日，1869 UNTS 299，33 I. L. M. 1197，[1994] OJ L 336/214

《共同体专利协议》，卢森堡，1989年12月15日，89/695/EEC，[1989] OJ L 401/1 - 27，[1989] UKTS 03400，Cmnd 1452

欧盟法院意见 1/09，2011年3月8日，[2011] ECR I - 01137

关于共同体市场的欧洲专利公约，卢森堡，1975年12月15日，76/76/EEC：[1976] OJ L17/1 - 28，[1975] UKTS 02967，Cmnd 6553

关于授予欧洲专利的公约，慕尼黑，1973年10月5日，[1982] UKTS No. 16，Cmnd 5656，Cmnd 7090，1065 UNTS 199

2009年4月23日欧洲议会和欧盟理事会关于法律保护计算机程序的理事会指令 2009/24/EC，[2009] OJ L 111/16 - 20

1995年12月13日实施关于共同体商标的理事会条例（EC）No. 40/94，[1995] OJ L 303/1 - 32

2000年12月22日关于民商事纠纷的管辖权、认定和判决执行的理事会条例（EC）No. 44/2001，[2001] OJ L 12/1 - 23

2001年12月12日关于共同体设计的理事会条例（EC）No. 6/2002，[2002] OJ L 3/1 - 24

2012年12月17日理事会条例（EU）No. 1260/2012，[2012] OJ L 361 89 - 92

1998年7月6日欧洲议会和欧盟理事会关于法律保护生物科技发明的指令 98/44/EC，[1998] OJ L 213/13 - 21

2001年11月6日欧洲议会和欧盟理事会关于兽医药制品的共同体编号的指令 2001/82/EC，[2001] OJ L 311/1 - 66

2001年11月6日欧洲议会和欧盟理事会关于人用医药制品的共同体编号的指令 2001/83/EC，[2001] OJ L 311/67 - 128

2004年4月29日欧洲议会和欧盟理事会关于知识产权执行的指令 2004/48/EC，[2004] OJ L 157/45 - 86，勘误 [2004] OJ L 195/16 - 25

《建立统一欧洲专利诉讼体系的协定草案》

GAT 诉 LuK，案例 C-4/03 [2006] ECRI-6509

《海牙送达公约》（关于向国外送达民事或商事司法文书和司法外文书的公约）

哈利伯顿能源服务有限公司诉史密斯国际（北海）有限公司 [2006] RPC 26/655

《为共同市场的欧洲专利公约的实施条例》，[1989] OJ L 401/28-33

国际民航组织（ICAO），《芝加哥公约》，文件 7300/9，第 9 编，2006 年

西班牙王国诉欧盟理事会，案例 C-147/13，于 2013 年 3 月 22 日起诉

西班牙王国诉欧洲议会和欧盟理事会，案例 C-146/13，于 2013 年 3 月 22 日起诉

西班牙王国和意大利共和国诉欧盟理事会，案例 C-274/11 和 C-295/11（后加入的），于 2013 年 4 月 16 日判决

关于民商事纠纷的管辖权和判决执行的《卢加诺公约》88/592/EEC，[1998] OJ L 319/9-48

梅洛尼诉 ECSC 高级权力机构，案例 9 和 10/56 [1957/58] ECR133

对共同体专利的理事会条例的建议，[2000] OJ C 337E/278-290

《解决共同体专利侵权和有效性的诉讼的协议》，[1989] OJ L 401/34-44

1996 年 7 月 23 日欧洲议会和欧盟理事会关于创立植物保护产品的补充性保护证书的指令（EC）No. 1610/96，[1996] OJ L 198/30-35

2007 年 11 月 13 日欧洲议会和欧盟理事会关于文书送达的指令（EC）No. 1393/2007，[2007] OJ L 324/79-86

2009 年 5 月 6 日欧洲议会和欧盟理事会关于医药制品的补充性保护证书的指令（EC）No. 469/2009，[2009] OJ L 152/1-7

2012 年 12 月 12 日欧洲议会和欧盟理事会对民商事纠纷的管辖、认定和判决执行的条例（EU）No. 1215/2012，[2012] OJ L 351/1-21

2012 年 12 月 17 日欧洲议会和欧盟理事会在创立统一专利保护领域实施"加强的合作"的条例（EU）No. 1257/2012，[2012] OJ L 361/1-8

罗氏荷兰私人有限公司诉普里默斯和戈登堡，案例 C-539/03 [2006] ECR I-6535

目 录

第1章 历　　史 ·· (1)

第2章 统一专利 ·· (6)

  2.1　统一专利 ·· (6)

  2.2　参与国 ·· (6)

  2.3　条例面对的挑战 ·· (8)

  2.4　统一效力的先决条件 ··· (8)

  2.5　统一性的特点 ·· (9)

  2.6　地域无扩展 ··· (9)

  2.7　预期的生效 ·· (10)

  2.8　注册统一效力必要的行为 ··· (10)

  2.9　翻　　译 ·· (10)

  2.10　关于统一专利保护的 EPO 规定和登记的时间限制 ······· (11)

  2.11　上　　诉 ··· (11)

  2.12　溯及力 ·· (12)

  2.13　统一专利作为一种财产权利客体 ····························· (12)

  2.14　共同申请人 ··· (12)

  2.15　申请人都没有居所情况下违约的法律规定 ················ (13)

  2.16　EPO 的作用 ·· (13)

  2.17　财务条款和续展费 ··· (13)

  2.18　续展费 ·· (14)

  2.19　当然许可证与减少的续展费 ···································· (14)

  2.20　翻译补偿计划 ·· (15)

第3章 实质性条款 ·· (16)

  3.1　统一专利所赋予的权利 ·· (16)

  3.2　直接侵权 ·· (17)

— 1 —

3.3　间接侵权 ·· (18)
  3.4　例　　外 ·· (18)
  3.5　在先使用 ·· (19)
  3.6　权利的用尽 ·· (20)
  3.7　补充保护证书 ·· (20)

第 4 章　统一专利法院 ··· (21)
  4.1　统一专利法院 ·· (21)
  4.2　一审法院 ·· (22)
  4.3　本地法院和地区法院 ··· (22)
  4.4　中央法院 ·· (22)
  4.5　上诉法院 ·· (23)
  4.6　法院管辖 ·· (23)
  4.7　法院的法官 ·· (23)
  4.8　法院的财务 ·· (23)
  4.9　欧盟法的首要原则和损害责任 ·· (24)
  4.10　诉讼语言 ··· (24)
  4.11　救　　济 ··· (25)
  4.12　调查和检查的裁定 ·· (26)
  4.13　保全、搜查和冻结令 ·· (26)
  4.14　禁令和没收令 ··· (26)
  4.15　有效性 ·· (27)
  4.16　国家认可的优先权 ·· (28)
  4.17　赔偿金 ·· (29)
  4.18　诉讼费 ·· (29)
  4.19　程序规则 ··· (29)
  4.20　代　　表 ··· (30)
  4.21　法律援助 ··· (30)
  4.22　过渡机制 ··· (30)
  4.23　自愿退出 ··· (31)
  4.24　补充保护证书 ··· (32)
  4.25　复审和报告 ··· (33)

第 5 章　法院程序 ··· (34)
  5.1　介　　绍 ··· (34)

5.2	书面程序——侵权诉讼	(35)
5.3	送　　达	(36)
5.4	期　　间	(37)
5.5	先决反对	(38)
5.6	后续的时间进程	(38)
5.7	诉撤销的反诉	(39)
5.8	修　　改	(40)
5.9	书面程序——撤销之诉	(41)
5.10	书面程序——被告的修改	(42)
5.11	书面程序——诉侵权的反诉	(43)
5.12	书面程序——非侵权声明	(43)
5.13	在中央法院与本地法院或地区法院中同时进行的诉讼	(44)
5.14	过渡程序	(45)
5.15	口头程序	(46)
5.16	判　　决	(47)
5.17	诉讼费	(48)
5.18	和　　解	(48)
5.19	证据——证人	(48)
5.20	强制、传唤	(49)
5.21	保全（扣押）证据的裁定	(49)
5.22	包括临时禁令在内的临时措施	(50)
5.23	保护信	(51)

第6章　上诉和复审 　(52)

6.1	上　　诉	(52)
6.2	提起上诉的时间阶段	(53)
6.3	上诉书和上诉理由说明	(53)
6.4	后续的程序	(53)
6.5	交互上诉	(54)
6.6	新事实与新证据	(55)
6.7	非待定的效力	(55)
6.8	判　　决	(55)
6.9	上诉程序问题上的许可	(55)
6.10	再　　审	(56)

第 7 章　代表与特别权利 ……………………………………… (57)

7.1　代　　表 ……………………………………………… (57)
7.2　律　　师 ……………………………………………… (57)
7.3　英国专利律师——背景 ………………………………… (58)
7.4　拥有"适当资质"的欧洲专利律师 …………………… (59)
7.5　过渡期间凭资格或经验申请列入"授权代表" ……… (60)
7.6　永久的登记名单 ………………………………………… (61)
7.7　欧洲专利诉讼许可证 …………………………………… (62)
7.8　专利律师 ………………………………………………… (62)
7.9　资质的证明 ……………………………………………… (62)
7.10　特别权利 ……………………………………………… (63)

第 8 章　国内实施 ……………………………………………… (64)

8.1　UPC 协议的国内实施 …………………………………… (64)
8.2　规定统一效力欧洲专利的国内法可予实施 …………… (65)
8.3　计算机的交互操作 ……………………………………… (66)
8.4　国内法中计算机互操作性的排除适用 ………………… (68)
8.5　Bolar 例外 ……………………………………………… (69)
8.6　新的英国豁免是否符合 UPC 协议规定？ …………… (70)
8.7　欧洲范围内的其他"Bolar 例外"规定 ……………… (71)
8.8　争论（因果难分的问题）……………………………… (72)
8.9　成员国之间差异的其他例子 …………………………… (72)

第 9 章　成本和成本风险 ……………………………………… (74)

9.1　法院费用 ………………………………………………… (74)
9.2　争议标的 ………………………………………………… (75)
9.3　支付费用的时间 ………………………………………… (75)
9.4　费用风险——败诉方支付 ……………………………… (75)
9.5　成本风险的影响 ………………………………………… (77)
9.6　降低费用的诉讼 ………………………………………… (77)

第 10 章　选择加入还是退出？ ……………………………… (78)

10.1　专利申请人的更多选择 ……………………………… (78)
10.2　优势和不足 …………………………………………… (79)
10.3　授权的成本 …………………………………………… (80)
10.4　续展费 ………………………………………………… (80)

10.5　与传统欧洲专利的费用比较 …………………………………（81）
　　10.6　传统的欧洲专利可以从统一专利法院自愿退出 ……………（83）
　　10.7　自愿选择回归 …………………………………………………（84）
　　10.8　非自愿退出 ……………………………………………………（85）
　　10.9　调查数据 ………………………………………………………（85）

附录1　欧洲议会和欧盟理事会在创设统一专利保护领域实施
　　　　"加强的合作"的条例 …………………………………………（87）

附录2　在适用翻译计划以保护统一专利的领域实施"加强的合作"
　　　　的理事会条例 ……………………………………………………（97）

附录3　统一专利法院协议 ………………………………………………（103）

附录4　统一专利法院程序规则拟定条款 ………………………………（142）

原书索引 ……………………………………………………………………（241）

译者记 ………………………………………………………………………（246）

第 1 章
历　　史

20世纪50年代起，欧洲已开始尝试为单一的市场创设统一的专利体系。但是，罗马不是一天建起来的，解决问题要一步一步来。因此，最初无所不包的《欧洲专利公约》（European Patent Convention）❶被削减了很大篇幅——我们现在所知的《欧洲专利公约》（EPC）❷，它设立了独立的专利局，授权专利给欧洲各成员国，使用英语、法语、德语3种语言工作，这是很大的成就。一开始，此授权机制就对非欧盟国家开放，这已被证明了是一大进步。欧盟的追随者可以在它们正式加入欧盟前先进入这个专利体系。而非追随者如挪威、冰岛、列支敦士登，这些更愿意处于欧洲经济区域边缘的国家也能加入。所以统一的专利申请覆盖了整个欧洲经济地区（EEA）。实质上非EEA的经济体如瑞士、土耳其也为这个申请系统增添了价值。

但在授权的时候，除了"欧洲专利"（EP）的异议机制，"欧洲专利"不再是统一的专利，它在出现以后迅速分成一"堆"国家专利，并适用不同国家的侵权法和财产法，分别进行更新、出售和强制执行。每一项专利在授权后都会被置于《共同体专利公约》（CPC）中，即欧盟针对专利的专门措施。

遗憾的是，CPC并未运作起来。它历经了2个版本，即1975年文本❸和

---

❶　对此，参见《欧洲专利公约草案》，G Oudemans，1963。

❷　《关于授予欧洲专利的公约》，慕尼黑，1973年10月5日，[1982] UKTS No. 16, Cmnd 5656, Cmnd 7090，1065 . UNTS 199。

❸　《关于共同体市场的欧洲专利公约》，卢森堡，1975年10月15日，76/76/EEC；[1976] OJ L 17/1-28；[1975] UKTS 02967, Cmnd 6553。

1989 年文本❹，但是没有几个国家真打算加入并实施这些条文。它本该增加：
- 授权后在欧洲专利局（EPO）的集中撤销和变更；
- 适用于欧盟各国一审法院处理的侵权诉讼程序；
- 统一的普通专利上诉法院（COPAC）；
- 统一的续展费；
- 统一的物权法。

然而，这些好处也给用户带来了两种代价：需要把说明书翻译成欧盟各成员国语言，高价值的知识产权遭遇不专业的法院可能出现的风险——语言问题和法律问题。只要这个体系在运行，甚至说只要它存在，就会有令人失望之处。

随着时间的推移，欧盟也在发展。成员国数量、使用的语言都随着柏林墙的倒塌而有了巨大的改变。欧盟努力实施了共同体商标（Community Trade Mark）体系（1995）❺和共同体设计（Community Design）体系（2002）❻。合并了各专利法——《与贸易有关的知识产权协议》（TRIPS），从 1994 年起推动了和谐统一；欧盟实施的指令❼汲取了各国的"最佳实践"，创造出一个与 TRIPS❽保持一致的统一的知识产权管理体制。绝大多数欧盟国家都在其本国法律范围内适用了某个版本的 CPC 的侵权条款。执行统一并走向全球化——各国法院有保留地使用了《布鲁塞尔公约》（Brussels Convention）❾和《卢加诺公约》（Lugano Convention）❿，使得执行"欧洲专利"⓫的各国达到了泛欧洲的管辖。与此相反的是，分别有两股力量在分裂"共同体专利"。

---

❹《共同体专利协议》，卢森堡，1989 年 12 月 15 日，89/695/EEC，［1989］OJ L 401/1 - 27，［1989］UKTS 03400，Cmnd 1452；《为共同市场的欧洲专利公约的实施条例》，OJ L 401/28 - 33，30 Dec 1989；《解决共同体专利侵权和有效性的诉讼的协议》［1989］OJ L 401/34 - 44。

❺ 1995 年 12 月 13 日实施关于共同体商标的理事会条例（EC）No. 49/94，［1995］OJ L 303/1 - 32。

❻ 2001 年 12 月 12 日关于共同体设计的理事会条例（EC）No. 6/2002，OJ L 3/1 - 24，2002 年 1 月 5 日。

❼ 2004 年 4 月 29 日关于知识产权执行的欧洲议会和欧盟理事会的指令 2004/48/EC，［2004］OJ L 157/45 - 86 勘误［2004］OJ L 195/16 - 25。

❽《与贸易有关的知识产权协议》，1994 年 4 月 15 日，1869 UNTS 299，33 LL. M. 1197 (1994)，［1994］OJ L 336/214。

❾ 关于民商事案例的管辖与判决执行的《布鲁塞尔公约》（1968 年 9 月 27 日）［1972］OJ L 299/32 - 45，［1998］OJ C 27/1（被修改了），后来被《布鲁塞尔条约》取代，2000 年 12 月 22 日关于民商事纠纷的管理权、认定和判决执行的理事会条例（EC）No. 44/2001 OJ L 12/1 - 23 [2001]。

❿ 关于民商事纠纷的管辖权与判决执行的《卢加诺公约》，88/592/EEC，[1998] OJ L 319/9 - 48。

⓫ 直到被 the CJ EU in Case C - 4/03 GAT v LuK 和 Case C - 539/03 Roche v Primus 停止。

一股力量集中在 EPO。《欧洲专利公约（2000）》（EPC 2000）❶ 修订版引入了另一种"共同体专利"，它包含集中修正、自我撤销程序和统一的指定费用，以便引导用户覆盖所有国家而不是择优选择最好的三四个国家。这也是在 EPC 缔约国之间创设统一专利制度的先兆，并为接下来所需要的 EPO 的一些特殊部门奠定了基础❸。《伦敦协议》（London Agreement）旨在提供针对语言问题的部分解决方案，并已取得一些成果——不少较大的欧盟国家让与其专利翻译的权利——尽管一些国家较少出于无私的考虑；意大利和西班牙坚持把握一切机会力争使它们的语言也能像 EPO 现在使用的 3 种语言一样（因为它们已经在《共同体商标与设计》（Community Trade Mark and Designs）上取得了一些成功）。

在 2000~2005 年，法官 Jan Willems 领导了一个 5 年期的工作立法会（Working Partyon Litigation）。它形成了一个蓝图，一个详细把 CPC 转化为切实可行的、非欧盟的欧洲专利诉讼协议（European Patent Litigation Agreement）（原协议）的蓝图——EPLA❹，想象了一个具有一审和二审的单一中央专利法院，在志愿成员国之间适用统一的侵权定义。

第二个类似的力量来自欧盟范围内，即共同体专利条例（Community Patent Regulation，CPR）❺，一个委员会试图绕开公约的路线。与其前身一样，它在 2010 年因为语言问题和诉讼问题而失败。然而，它仅有的存在（连同欧盟体系的反对者和公开资源的游说者）耗尽了 EPLA 的信用。所以，当它们都失败以后，专利事务体系破裂，一切再次回到最初的状态。

12 个成员国（丹麦、法国、德国、希腊、卢森堡、荷兰、英国、爱沙尼亚、芬兰、立陶宛、波兰和瑞典）告诉委员会，它们希望在它们之间建立"加强的合作"（Enhanced Co-operation）。

"加强的合作"是 1997 年《阿姆斯特丹条约》（Treaty of Amsterdam）中引入的一个程序，随后欧盟由 12 个国家扩展到 15 个。在这个程序中，至少有 9 个欧盟成员国被允许在欧盟框架范围内的某个领域建立密切的合作，但别的成员国不能加入进来。

---

❶ 《欧洲专利公约》修改案在 2000 年 11 月 29 日修改，2007 年 12 月 13 日生效，成为《欧洲专利公约》第 13 版。

❸ 《欧洲专利公约》第 142~149 条。

❹ 建立欧洲专利诉讼体系的协议草案，欧洲专利法院的草案法规——欧洲专利局网站上的有效存档版本。

❺ 对共同体专利的委员会规则的建议［2000］OJ C 337E/278-290，以及之后对此提出的修正建议。

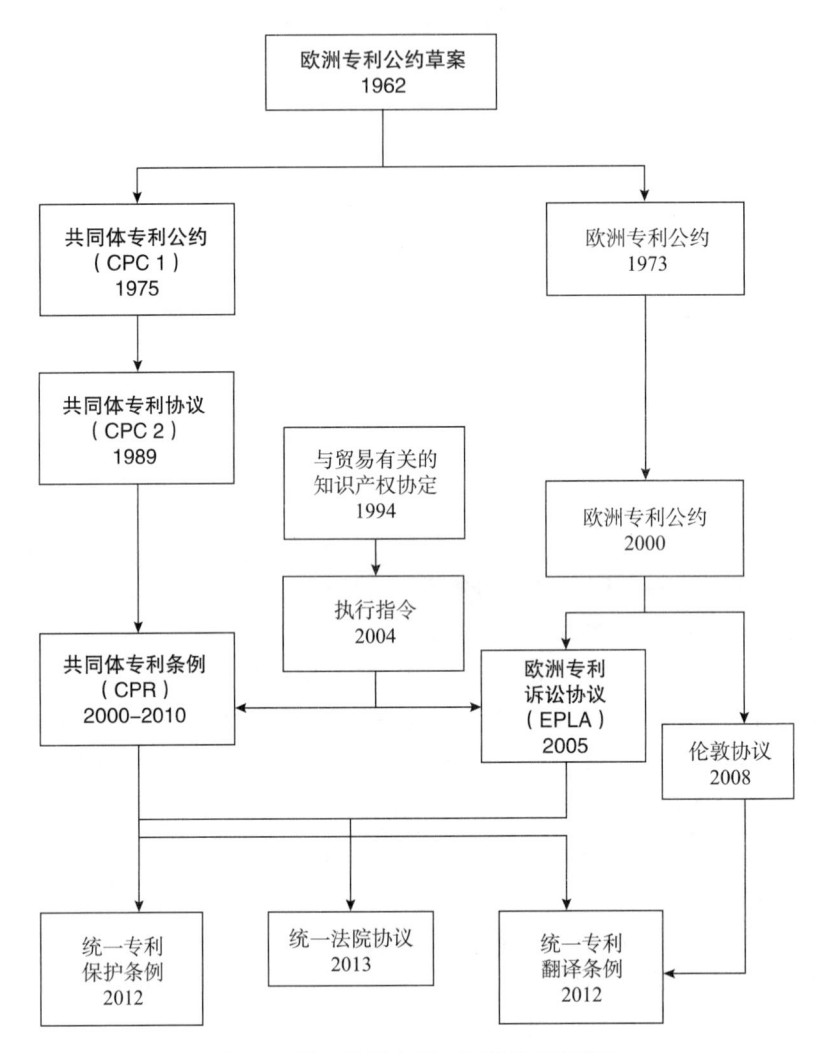

```
                    ┌─────────────────┐
                    │  欧洲专利公约草案  │
                    │      1962       │
                    └────────┬────────┘
                 ┌───────────┴───────────┐
      ┌──────────▼─────────┐   ┌─────────▼────────┐
      │   共同体专利公约     │   │    欧洲专利公约    │
      │     （CPC 1）       │   │      1973        │
      │      1975          │   └─────────┬────────┘
      └──────────┬─────────┘             │
      ┌──────────▼─────────┐             │
      │   共同体专利协议     │  ┌────────────────┐  │
      │     （CPC 2）       │  │  与贸易有关的    │  │
      │      1989          │  │  知识产权协定    │  │
      └──────────┬─────────┘  │     1994        │  │
                 │            └────────┬───────┘  │
                 │                     │ ┌────────▼────────┐
                 │            ┌────────▼──────┐ │  欧洲专利公约  │
                 │            │   执行指令     │ │    2000      │
                 │            │    2004       │ └────────┬─────┘
                 │            └────────┬──────┘          │
      ┌──────────▼─────────┐           │    ┌────────────▼──────┐
      │   共同体专利条例     │           │    │   欧洲专利        │
      │     （CPR）         │◄──────────┴───►│   诉讼协议         │
      │    2000-2010       │                │   （EPLA）        │  ┌──────────┐
      └──────────┬─────────┘                │    2005          │  │ 伦敦协议  │
                 │                          └─────────┬────────┘  │   2008   │
                 │                                    │           └────┬─────┘
                 ├────────────────┬───────────────────┤                │
      ┌──────────▼──────┐ ┌───────▼──────┐ ┌──────────▼──────┐         │
      │   统一专利       │ │  统一法院协议  │ │   统一专利       │◄────────┘
      │   保护条例       │ │    2013      │ │   翻译条例       │
      │    2012         │ └──────────────┘ │    2012         │
      └─────────────────┘                  └─────────────────┘
```

图 1.1 统一欧洲专利三要素的演变轨迹

注：黑体字表示失败的方案。

其他 13 个成员国，包括比利时、保加利亚、捷克、爱尔兰、塞浦路斯、拉脱维亚、匈牙利、马耳他、奥地利、葡萄牙、罗马尼亚、斯洛伐克和斯洛文尼亚已经告知了委员会，它们也想加入设想中的"加强的合作"。因此，总共有 25 个成员国（参与成员国）都要求"加强合作"，也就是除意大利和西班牙以外的成员国都这么要求。

这些一致的意向进一步体现在两个条例和一个协议中：

(1) 欧洲议会和欧盟理事会在创设统一专利保护领域实施"加强的合作"

的条例——《统一专利保护条例》(Unitary Patent Regulation, UPR)❶ (见附录1);

(2) 在适用翻译计划以保护统一专利的领域实施"加强的合作"的理事会条例——《统一专利翻译条例》(Unitary Patent Translation)❶ (见附录2);

(3) 关于统一专利法院的协议——《统一专利法院协议》(Unified Patent Court Agreement, UPC 协议) 和法规❶ (见附录3)。

上述两个条例由欧洲议会在 2012 年 12 月 11 日通过,并在 2012 年 12 月 17 日签署成为欧盟法律。

上述协议由 24 个成员国在 2013 年 2 月 19 日签署。

UPC 协议的签署国建立了一个筹备委员会,以开展建立统一专利法院(UPC)的实际准备工作,并为 UPC 未来的运行起草程序规则。该委员会公布了许多关于此类规则的草案,在 2015 年 10 月 19 日,它采用了第 18 号草案作为最终草案被法院管理委员会所采纳,最后只在关于诉讼费用、安全识别和传送标准的部分有所修改(这些规则见附录4)。

EPO 管理委员会中建立了特别委员会,以回应 EPC 2000 第 145 条,并与 UPR 第 9.2 条相一致。该委员会已经准备好了《关于统一专利保护的规则》(Rules relating to Unitary Patent Protection) 以及《关于统一专利保护费用的规则》(Rules relating to Fees for Unitary Patent Protection),并在 2015 年 12 月 15 日获得通过。

---

❶ Regulation (EU) 2012 年 12 月 17 日, No. 1257/2012, [2012] OJ L 361 1-8.
❶ Council Regulation (EU) 2012 年 12 月 17 日, No. 1260/2012, [2012] OJ L 361 89-92.
❶ http://www.register.consilium.europa.eu/pdf/en/12/st16/st16351.en12.pdf and corrigendum. http://www.register.consilium.europa.eu/pdf/en/12/st16/st16351-co01.en12.pdf.

第 2 章
统一专利

2.1 统一专利

在欧盟第 1257/2012 号条例（本章简称"条例"）中，EPO 以保护所有成员国为标准进行统一审核，经审核授权的欧洲专利可被注册为统一专利（由此有了"欧洲统一专利"（European Unitary Patent）或简称为"统一专利"（Unitary Patent））。一旦注册，该专利将在所有成员国具有统一效力，也就是说，其统一性包括在这些成员国中有权享有统一的保护以及平等的效力（第 3 条第 1~2 款）。如果一项欧洲专利以不同的专利主张向不同成员国申请授权，就不可能得到统一效力的益处，只是得到普通的待遇。

具有统一效力的欧洲专利的注册将由管理保护统一专利的 EPO 进行登记（第 2 条）。登记必须是《欧洲专利公报》上公布授权日期的 1 个月以内（第 12 条）。

2.2 参与国

在欧洲议会同意这个条例（2012 年 12 月 11 日）的时候，25 个欧盟成员国要求加入"加强的合作"计划中，包括：

澳大利亚、比利时、保加利亚、塞浦路斯、捷克、丹麦、爱沙尼亚、芬兰、法国、德国、希腊、匈牙利、爱尔兰、拉脱维亚、立陶宛、卢森堡、马耳他、荷兰、波兰、葡萄牙、罗马尼亚、斯洛伐克、斯洛文尼亚、瑞典、英国。

2013 年 7 月 1 日加入欧盟的克罗地亚也希望在合适的时候加入其中。

第 2 章 统一专利

西班牙已经拒绝加入条例和 UPC 协议。意大利在 2013 年 2 月 19 日签署了该协议，但其最初是拒绝加入的，也的确提交了申诉反对下文所述的计划。然而在 2015 年 7 月 3 日，意大利国务卿致函委员会和欧盟轮值主席，宣称意大利决定加入。2015 年 9 月 30 日，欧盟委员会确定了意大利的加入。

评估可能的经济影响后，波兰重新考虑，但还没有签署 UPC 协议（可能还是会签）。注册统一效力的欧洲专利登记时，只在统一专利法院具有排他管辖权的成员国产生统一效力（条例第 18.2 条）。因此，直到波兰确实签署了协议，统一专利才会在波兰有统一效力；如果波兰推迟到第一批统一专利登记后才签署，这些专利的效力将不会延伸到波兰。

现在的情况是，在欧洲专利体系内存在 3 个同心圆圈，最外环包括是 EPC 的成员国，但不是欧盟成员国的国家（包括挪威、土耳其和瑞士）；中间圆环包括是 EPC 的成员国和欧盟成员国（所有欧盟成员国都是 EPC 的成员国），但不是 UPC 协议的成员国的国家（西班牙和波兰），最里面的圆圈包括同时为 EPC、欧盟、UPC 协议成员国的国家（参见图 2.1）。

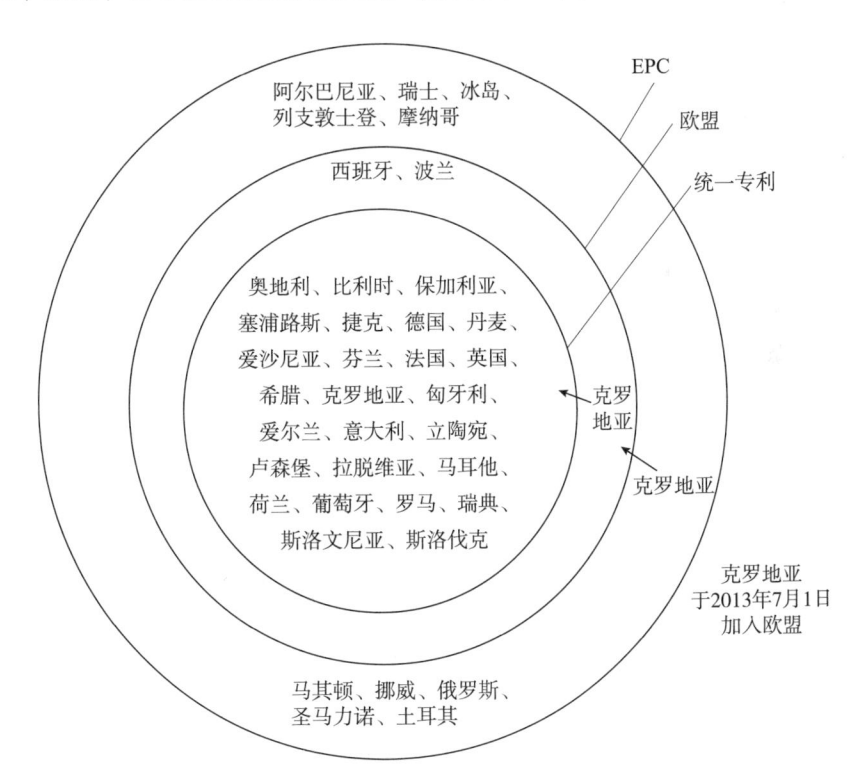

图 2.1　欧洲专利体系参与成员国同心圆关系图

2.3 条例面对的挑战

西班牙和意大利向欧盟法院（Court of Justice of European Union，CJEU）提起申诉（分别见 CJEU 案例 C-272/11 和 C-295/11），列出各种理由反对该计划，理由包括滥用理事会权力、侵害国际市场、扰乱竞争。CJEU 在 2013 年 4 月 16 日驳回了申诉。

西班牙进一步提交了两项申诉（案例 C-146/13 和 C-147/13）。西班牙诉称理事会滥用权力，条例没有确切的法律基础，也不能确保欧盟范围内的统一专利保护，如《欧盟运作条约》（TFEU）第 118 条那样。在 2015 年 5 月 5 日，这些申诉被驳回了。参考早在 C-274/11 和 C-295/11 中的判决，考虑到此案中权利的授予是在"加强的合作"范围内的（C-1467/13 判决第 41 段），法院把 TFEU 第 118 条中"在整个联盟"的这个表达裁定解释为"在所有参与成员国境内"。西班牙还申诉了把管理事务授权给 EPO 是"错误应用梅洛尼案法律规则"，包括设置和分配续展费。此案例是指案例 9 和 10/56 "梅洛尼诉 ECSC 高级权力机构"[1957/58] ECR. 133，该案对欧洲代理机构可以受托行使具体权利确立了一定的原则。根据该案，财务安排可以被委托给独立代理机构，但必须接受由委托权力机构决定的条件并受其监督。西班牙反对的就是这个体系设立了续展费，并决定了续展费收费的分配，却没有一定的条件限制和必要的监管。在答复中，CJEU 裁定欧盟立法机构没有把欧盟法专门赋予它的实施权力授权给任何参与成员国或 EPO，所以没有应用"梅洛尼原则"（C-1467/13 判决第 87 段）。

在语言的选择上，法院认为需要考虑减少翻译的成本，并规定只选择英语、法语或德语是适当并且有益的（C-147/13 判决第 47 段）。

2.4 统一效力的先决条件

一项专利要在参与成员国内产生统一效力，必须符合以下条件：
- 由 EPO 授权；
- 对所有参与成员国有相同系列的声明；
- 由 EPO 维系的欧洲专利登记处以统一效力来注册。

当有一项或一项以上的 EPC 国家认可的优先权时，欧洲专利可以依不同系列的主张被授予不同权利。❶ 这种专利将不具有统一效力。

EPO 已经考虑❷到"对所有参与成员国有相同系列的主张"的意义和这是否可以依赖成员国加入 UPC 协议来实现,例如,考虑到在统一效力注册的日期或者授权日期;但采用了一些规则(见本章第 2.10 节),该规则规定在某地实现有统一效力的注册,需要的是欧洲专利在该地被赋权享有和参与成员国专利相同的主张,不论该国是否签署了 UPC 协议。

欧洲的专利申请在 2007 年 3 月 1 日前提交就不符合统一效力的资格,该日期是 EPC 的最后一个成员国(马耳他)加入 EPC 的日期。专利申请提交在此日期前不能选定马耳他,因此不能在所有成员国产生统一效力。克罗地亚加入时也有一个问题,因为克罗地亚直到 2008 年 1 月 1 日才加入 EPC。由此,已在 2008 年 1 月 1 日前提交的欧洲专利申请将没有资格获得统一效力。如果克罗地亚的加入是在 UPR 生效之后,可能就是在 2007 年 3 月 1 日和 2008 年 1 月 1 日间提交的申请将停止具有统一效力,但事实上那些已经开始生效的专利并没有失去其统一性特点——它们只是效力不能简单地延及克罗地亚。

2.5　统一性的特点

统一专利有统一性特点。它将在所有参与成员国间提供统一保护和同等效力(UPR 第 3(2)条)。它可能只对所有参与成员国有所限制、转让或撤销。每年它将有一项单独的续展费,当失效时,它将在所有参与成员国都丧失权利。另外,它可能在参与成员国的全境或部分地区进行许可。

2.6　地域无扩展

参与成员国是指第 9 条提到的统一效力的要求被制定时提到的加入"加强的合作"的成员国(第 2(a)条)。一项统一专利的域内效力有赖于统一效力的申请日期,但不扩展到提交申请以后新加入的国家,无论是新承认的还是新加入欧盟的国家。

---

❶ 《欧洲专利手册》第 3 章第 3.7.2 节(H)。
❷ EPO 起草的《关于统一专利保护的程序规则的规定》(2013 年 8 月 30 日的文件 SC/16/13)。

2.7 预期的生效

如果统一专利要生效的话，UPC 协议必须由 13 个国家批准，包括在 2012 年欧洲专利生效最多的 3 个国家（法国、德国和英国）。欧盟第 1215/2012 号条例❸，即关于管辖的《布鲁塞尔公约》，必须被修订以适应 UPC 协议（见 UPC 协议第 89 条）。UPC 协议在达到此要求后的 4 个月后的第一天生效。

《布鲁塞尔公约》的必要修正案在 2014 年 5 月 15 日生效❹。

2013 年 8 月 6 日，奥地利把它的 UPC 协议批准书存放在委员会；接下来是法国于 2014 年 3 月 14 日存放了批准书，瑞典是 2014 年 6 月 5 日，比利时是 2014 年 6 月 6 日，丹麦是 2014 年 6 月 20 日，马耳他是 2014 年 12 月 9 日，卢森堡是 2015 年 5 月 22 日，葡萄牙是 2015 年 8 月 28 日，芬兰是 2016 年 1 月 19 日。英国国会在 2014 年 4 月 2 日同意知识产权提案，授权英国可以批准，但是要在英国国内法经由法律文书进一步修改以后才能正式批准。德国以及其他 3 个必要国家的批准还需要等待一些时日。

2.8 注册统一效力必要的行为

为了从统一效力获益，专利所有权人必须：
- 向 EPO 提交统一效力的申请；
- 提交整个专利文件使用一种其他语言翻译的译文。

该申请必须以程序规定的语言被提交。当然这是免费的。事实上，没有条款让 EPO 去负责收取申请注册统一效力的费用。EPO 也已经表示其认为这项收费会不必要地复杂化和拖延申请统一专利的程序，还将需要规定救济方法、附加费用，以及可能出现一些案例免费而一些案例部分付费的情况。因此，现有的相应条款（见本章第 2.10 节）是很简单的。

2.9 翻　译

专利所有权人必须提交整个专利说明书的译文，具体要求如下：

---

❸　2012 年 12 月 12 日欧洲议会和欧盟理事会对民商事纠纷的管辖、认定和判决执行的条例（EU）No. 1215/2012，[2012] OJ L 351/1 - 21。

❹　[2014] OJ L 163/1 - 4.

（1）在 EPO 前程序中使用语言是英语的情况（大部分欧洲专利案例中），翻译用语可以是依所有权人选择的任何欧盟官方语言（例如法语、德语、西班牙语或希腊语，但除了威尔士语——《统一专利翻译条例》第 6.1（b）条）；

（2）程序中使用的是法语和德语的情况，翻译用语必须是英语（《统一专利翻译条例》第 6.1（a）条）。

所以在统一专利中总是有英语存在的。

提交的译文不具有法律意义，其目的在于信息传递。该翻译一定不能是机器翻译（《统一专利翻译条例》第 12 条）。

禁止机器翻译的要求将在 UPR 生效 12 年后终止，但有条款表示可以更早地终结此翻译要求，即 EPO 管理理事会指定的专家委员会评估过渡期机器翻译技术后提出了提前终止的意见。

2.10 关于统一专利保护的 EPO 规定和登记的时间限制

统一效力的专利申请和译文提交不能晚于欧洲专利于《欧洲专利公报》被公布授权后的 1 个月之后（UPR 第 9.1（g）条）。这一点体现在关于统一专利保护的 EPO 规定中，详见《关于统一专利保护的规则》第 6 条。没有条文说可以更晚地提交这样的申请。在实践中，可以寄希望于 EPO 先于授权欧洲专利接受统一效力的临时申请，在专利被授权后，临时的统一效力申请也会生效。例如，根据 EPC 第 73（3）条，应该提交统一专利的申请来答复交流（作为初步请求），或者回应授权决定（EPO 2006 年表格）。

晚提交的申请会被拒绝（第 7.2 条），但权利的重建是有效的（见第 6 条的注解）。根据条例第 22 条，重建权利的期限被缩减到 2 个月（根据 EPC 规定通常为 1 年的期限）。期限被减是由于申请统一效力的程序应该是迅速的，法律确定性可以让程序总的持续时间较短（见第 22 条的解释）。

如果申请是适时提交的，但没有达到其他一些要求（例如未满足提交译文的要求），EPO 会给出不可延长的 1 个月期限去交涉问题，查漏补缺（第 7.3 条）。这个截止日期就是最后期限了，不会有更多的程序，也不会再重建什么权利了（第 22.6 条）。

2.11 上　　诉

根据 UPC 协议第 32（1）（i）条，驳回统一效力的决定是可上诉的——

见第4章第4.1节。这样的诉讼必须在中央级法院提起（第33（9）条），尤其是与中央级法院相关的部分（第4章第4.4节）。上诉提交应在EPO的决定起作用的3周之内（附录4第97.1条）。

2.12 溯及力

假如及时提交统一效力的申请，这种效力是可溯及的，溯及《欧洲专利公报》中提及的授权日期（UPR第8条）。

2.13 统一专利作为一种财产权利客体

对于单个申请人，如果申请人在提交欧洲专利申请时在这些参与成员国有居所或主营业地，统一专利上的财产权利会被同等对待如参与成员国的国家专利，正如记录在欧洲专利登记簿上那样（UPR第7.1（a）条）。因此，管理统一专利的财产法在所有成员国是相同的（不像欧洲专利，欧洲专利是根据各国的财产法如国家专利法，由各国分别管理的）。

申请人在申请提交日在任何参与成员国不是居民或者没有主营业地的情况下，有权适用的将是申请人在该国有一个营业地的参与成员国的法律（第7.1（b）条）。因此，统一专利的非居民所有权人，在任何有其存在的参与成员国，都可以以权属纠纷为由去起诉。

关于统一专利保护的规定（第16.1（w）条规定），在专利统一保护登记簿中，要记载据UPR第7.1（b）条确定的欧洲专利提交申请日时的申请人的营业地。在提交申请时，申请人在参与成员国没有主营业地的情况下，这项记载是有作用的。在这种案例中，基于单纯自愿的基础，统一专利的所有权人或许会给EPO提供根据UPR第7.1（b）条确定的申请人营业地的有关信息。在登记簿中，营业地的展示没有第7条规定的适用法律的法律效力，此展示仅是提供信息。

2.14 共同申请人

当两个及以上的申请人注册为统一专利的共同申请人时，该财产权利将由第一署名的申请人的居所地国家来管理；如果在申请人居所地或主营业地所在参与成员国不能被立案保护，就找登记簿中的下一位共同申请人，确认其国家的法律是否能适用于此案（UPR第7.2条）。

2.15 申请人都没有居所情况下违约的法律规定

申请人在任何参与成员国都没有居所或主营业地的，可以像在任意申请人有营业地的国家的国家性专利那样，以财产的目的对待该共同专利（UPR 第 7.3 条）。当事人在任何参与国都没有居所也没有主营业地的，应该适用联邦德国（EPO 的所在地）的法律（UPR 第 7.3 条）。协议的签订人应该记得，对于共同体商标与设计，产权默认适用的是西班牙法律。因此可以理解不同种类的权利应适用不同的文书凭据。

2.16 EPO 的作用

EPO 负责的事项（UPR 第 9.1 条）有：
- 管理统一专利的申请，确保其及时提交并及时登记在册，获得统一专利的保护，登记的统一专利是欧洲专利登记簿中的一部分；
- 接受并登记权利证书效力的状态说明；
- 公开根据《统一专利翻译条例》提交的译文；
- 收集和管理续展费、滞纳金；
- 为根据《统一专利翻译条例》而退还的翻译费制定管理补偿金计划。

EPC 2000 已经有条文规定（第 9 部分第 142~149 条）关于联系 EPC 各成员国达成协定，以便欧洲专利在其域内有统一效力，以及在 EPO 设定特殊部门来执行与统一专利有关的任务，以及建立管理理事会的特别委员会来监督这些特殊部门的活动。这个委员会（特别委员会）根据 UPR 第 9.2 条来建立。

EPO 依据 UPR 执行分配的任务的决定时，将受到司法审查，一起审查的事项还有对统一专利法院有专属管辖权的主要部门（UPC 协议第 32 条）。EPO 的其他现有角色（授予专利权、处理异议、处理授权后限制和弃权）与统一专利法院无关。

2.17 财务条款和续展费

EPO 执行 UPR 分配任务的开销包含在欧洲统一专利产生的费用中（例如续展费）（第 10 条）。统一专利法院的财务将分开讨论（见第 3 章）。

2.18 续展费

从授权的第2年起，统一专利的续展费应支付给EPO。常规的延迟支付的条款也对此适用。

续展费由关于统一专利保护的费用的规定设定，旨在覆盖EPO授权欧洲专利和管理统一专利保护的费用（第12.1（b）条）。EPO可以使用收到的续展费来弥补授权前阶段的开销，以此保证财政的平衡（第12.1（c）条）。

EPO认为续展费的设立已充分考虑了具体主体如中小企业的情况，如第12.2条的规定。因此，不再有减少这类企业的续展费的条款。

续展费被设定为各种水平，相当于在最初的计划中"真实的前4名"国家的续展费，即德国、英国、法国和荷兰，从而满足第12.2（c）条的要求：相当于平均每项欧洲专利的续展费用。

这个体系开始后不超过5年起，每5年以后，EPO将复查并向特别委员会报告：（a）续展费对EPO预算的影响；（b）中小经济体对统一专利的使用，必要时，可提出调整和完善的建议（《关于统一专利保护费用的规则》第7条）。续展费将在第10章讨论。

EPO被允许保留所收续展费的50%。剩下的50%按这些成员国代表的特别委员会设定的比例在各参与成员国之间进行分配，建立的依据是UPR第9.2条。

欧洲议会认为这项费用应该被这样设定：较之现行的续展费收入，不减少较大参与国的费用，增加较小参与国的费用。

2.19 当然许可证与减少的续展费

当所有权人向EPO提交效力声明后，任何人可以像持证人那样使用此专利，只要回报以合理的补偿费用（通常被称为"当然许可证"），随后续展费也会减少（UPR第8～11.3条）。任何此类证书将被视如合同性质的证书（UPR第8.2条）。

费用的减少程度是15%（《关于统一专利保护费用的规则》第3条）。

根据第8.1条可撤销该声明（UPR第9.1（c）条）。这可能发生在任何时候，并且当减少的续展费被支付给EPO的时候会生效（《关于统一专利保护的规则》第12.2条）。如果登记了专属许可证书，就不会提出此种声明（第12.3条）；一旦这种声明已经被提交，就不能登记专属许可证书，除非该声明被撤销（第12.4条）。

统一专利法院将对涉及补偿当然许可证的诉讼有专属管辖权（UPC协议第32条）。这种诉讼应当在本地法院之前提起，此地指被告方或任一被告的居所地、主营业地或营业地，或者在被告参加诉讼的地区法院（UPC协议第33条）。

2.20 翻译补偿计划

EPO被任命管理翻译成本的补偿计划，针对的情形是，申请人向EPO提交专利申请用的是非英语、法语、德语的任何欧盟官方语言（《统一专利翻译条例》第5条）。因此，《关于统一专利保护的规则》第8条赋予补偿所有权人的翻译支出，条件是如果其居所地或主营业地在欧盟某成员国境内，它们也需属于以下几类主体之一：

- 2003年5月6日，欧洲委员会建议2003/361/EC定义的中小企业；
- 自然人；
- 第1290/2013号欧盟条例第1（14）段第2条定义的非营利组织，以及大学和公共研究组织。

如果一项专利属于共同所有权人，只有在每个所有权人都符合以上条件（第8.3条）时才有权获得补偿。如果欧洲专利申请或者欧洲专利在申请统一效力前被转化，补偿只存在于最初申请人和专利所有权人都符合这些条件的情况（第8.4条）。补偿计划也适用于欧洲的PCT申请最初提交给接收办公室，且使用除英语、法语、德语以外的欧盟官方语言（第8.5条）。补偿的申请必须和统一效力的申请一并提交（第9.1条），并且应包含声明使实体权利生效。

补偿是一次性的，最高额度是500欧元（《关于统一专利保护费用的规则》第4.1条）。EPO如果有理由怀疑用以支持补偿主张的声明的真实性，可以询问此事（第10.3条）；如果发现声明是虚假的，EPO可以要求补偿费和下次续展费一并由权利人结算，并支付250欧元的管理费（第10.4条，以及《关于统一专利保护费用的规则》第4.2条）。

第 3 章
实质性条款

3.1 统一专利所赋予的权利

统一专利所赋予的权利和任何补充保护证书（Supplementary Protection Certificate，SPC）在 UPR 中都没有被定义。条例第 5（3）条规定适用于统一专利的专利侵权法律应该是"在参与成员国统一专利适用的知识产权法律"，❶ 同时 UPC 协议第 25~30 条也规定了可以有哪些权利。这样的规定，其意图正是这些权利不属于欧盟法的一部分，因此不服从于欧盟法院的最终管辖（除可能与竞争法和不正当竞争法❷冲突时，并在欧盟法院有优先权❸时）。它们是被参与成员国通过协定认可的权利，服从于统一专利法院的专属和最终管辖。

这个意图是否能够实现是有争议的。大部分争议已经集中在 TFEU 第 118 条❹，即是否要求专利侵权条款的核心必须是欧盟法律秩序的一部分。但是这个问题很大程度上已经被 CJEU 由于西班牙诉欧洲议会和欧盟理事会（C-146/13，2015 年 5 月 5 日）的判决而搁置一边。CJEU 裁定条例不是让建立在 EPC 基础上的欧洲专利有资格进入欧盟法律体系来"合并"程序❺。CJEU 结合 TFEU 第 118 条的意思，考虑"加强的合作"的语境，将"在整个欧盟"解释为"在所有参与成员国境内"；TFEU 第 118 条也没有要求欧盟立法机构

---

❶ 见第 2.13 节。
❷ UPR 第 15 条。
❸ UPC 协议第 20 条。
❹ 在建立和运行国际市场的情况下，欧洲议会和理事会……应该建立产生欧洲知识产权的措施来提供知识产权在整个联盟的统一保护，以及设立中央的联盟范围的授权、协调和监督制度。
❺ C-146/13 判决第 30 段。

必须全面周到地协调知识产权法的各个方面。❻ 关于 UPC 协议的合法性，CJEU 只是表示：对西班牙提出申诉的条款❼，它没有管辖权去裁判成员国决定的合法性，也无权裁判国家权力采取的措施的合法性❽。CJEU 似乎也没有完全否认它对其他条款在合适情形中的管辖权可以涵盖 UPC 协议的范围。

3.2 直接侵权

UPC 协议第 25 条定义了统一专利应赋予其所有权人在 TRIPS 第 28 条规定的基本专属权利，以及其他特定权利。关于侵权及其抗辩的大量法案的经验来自于失败的共同体专利公约（CPC），因此一些条款已存在于英国、德国和大多数其他成员国的国家法律中。表 3.1 列出了 UPC 协议与 CPC 中相呼应的条款。

表 3.1 UPC 协议与 CPC、EPLA 的对比

UPC 协议	CPC、EPLA
第 25 条 阻止直接使用专利的权利	CPC 第 25 条、EPLA 第 33 条
第 26 条 阻止间接使用专利的权利	CPC 第 26 条、EPLA 第 34 条
第 27 条 限制一项专利的效力	CPC 第 27 条、EPLA 第 35 条
第 28 条 建立在在先使用上的权利	CPC 第 37 条、EPLA 第 37 条
第 29 条 一项欧洲专利权利的用尽	CPC 第 28 条

就直接侵权而言，这些权利是（包括用斜体字表示的根据 TRIPS 的权利）为了阻止任何没有获得所有权人同意的第三方的以下行为：

（a）制造、提供、出售或使用产品，此产品为专利的客体，或者以前述为目的的进口或储藏产品；

（b）使用一个程序，其为专利的客体；或者当第三方知道或应该知道❾某程序没有所有权人的同意则禁止使用时，在专利有效的缔约成员国的境内提供程序进行使用；

（c）提供、出售、使用、进口，或为以上目的储藏直接由作为专利客体的程序产生的产品。

---

❻ C-146/13 判决第 41 段和第 49 段。
❼ TFEU 第 263 条。
❽ C-146/13 判决第 101 段和第 102 段。
❾ CIPA 回复 UKIPO 在二级立法实施 UPC 协议中的技术审查和证据调取时指出：这个对客观知识的表达与 1977 年专利法案第 60（1）（b）条的部分很不相同，后者用于"知道，或者对一个理性自然人很明显"，也不同于 CPC，CPC 的用词是"知道，或在此情形中很明显"。

3.3 间接侵权

UPC 协议第 26 条增加了一点，一项统一专利应赋予其所有权人阻止间接侵权的权利，即这样一种权利，在专利有效的缔约成员国的境内，可以阻止任何第三方在没有所有权人同意时供给专利化发明（patented invention）或要约给任何人，除了有权利使用专利化发明的当事人。这里的专利化发明要符合：其为该发明的精髓要素，可以让发明产生效果，第三方知道或应该知道❿这些方法适合并意在使该发明产生效果。

当该方法就是主要商业产品时，并不适用间接侵权，除非第三方引导被提供人实施了被禁止的行为。

3.4 例 外

下列是禁止行为的 12 种例外（UPC 协议第 27 条）：
（1）为了非商业目的的私人行为；
（2）为研究目的，涉及专利化发明主要客体的行为；
（3）为了培育、探索或产生其他植物品种的目的所使用的生物材料；
（4）对于以下条款中涉及的覆盖产品的任何专利，根据指令 2001/82/EC 第 13（6）条，关于兽医药产品⓫的条款被允许的行为，或根据指令 2001/83/EC 第 10（6）条关于人用医药产品⓬的条款被允许的行为；
（5）因个别患者由药剂师临时依处方制备药品，或制备相关药品的行为；
（6）使用专利化发明于保护工业产权国际联盟（巴黎联盟）的其他国家的船舶上，或在世界贸易组织成员的船舶上，包含在船身上，在机械装置、滑车、齿轮和其他附件上，当这些船舶临时或偶然进入专利有效的缔约成员国的水域内，如果这么使用专利仅是为了满足船舶的需求⓭；
（7）使用专利化发明于建造或操纵航空器及其零件、陆上机动车及其零件或其他交通工具，在保护工业产权国际联盟（巴黎联盟）的其他国家，或

---

❿ CIPA 回复 UKIPO 在二级立法实施 UPC 协议中的技术审查和证据调取时指出：这个对客观知识的表达与 1977 年专利法案第 60（1）(b) 条的部分很不相同，后者用于"知道，或者对一个理性自然人很明显"，也不同于 CPC，CPC 的用词是"知道，或在此情形中很明显"。

⓫ [2001] OJ L 311/1-66.

⓬ [2001] OJ L 311/67-128.

⓭ 《巴黎公约》第 5 条第 1 款。

第 3 章 实质性条款

在世界贸易组织成员内,当这些交通工具临时或偶然进入统一专利有效的缔约成员国的境内❶;

(8)《国际民航公约》(Convention of International Civil Aviation)(1944 年 12 月 7 日)❶ 第 27 条规定的行为,当这些行为涉及公约中其他国家的航空器时;

(9) 农民使用自己收获的产品繁殖或增殖,假如植物繁殖材料是以出售或其他方式商业转化给农民的,并经由获得专利所有权人对农业使用的同意(这项"农民特权"的范围和条件符合欧盟第 2100/94 号条例第 14 条对共同体植物品种权利的规定❶);

(10) 农民以农业为目的保护牲畜而使用,假如饲养的牲畜或其他动物的繁殖材料是以出售或其他方式商业化给农民的,并经由获得专利所有权人的同意;这样的使用包括制造动物或其他动物的繁殖材料,为达到农民有效农业活动的目的,但不是为了在此框架内出售此使用方法,或为商业繁殖活动;

(11) 按照理事会指令 2009/24/EC 关于计算机程序的保护的第 5~6 条所允许的行为使用获得的信息❶,尤其是,依照其对反编译、互用性的规定;

(12) 根据关于法律保护生物技术的指令 98/44/EC 的第 10 条允许的行为❶。

3.5 在先使用

有条款规定了建立在在先使用或优先占有的基础上的私有权利,但在一些领域存在限制。当一个人想要享有在先使用人的权利,而其专利已在该国获得了国家专利(在那个国家或者那些国家),而不是统一专利,那么这样的在先使用在一些国家是受限制的。因此,UPC 协议第 28 条提出,任何人的发明如果获得了国家专利授权,那么此人将在缔约成员国有权利在先使用或优先获得一些权利,比如该发明在统一专利将享有的权利和在原国家的权利是相同的。

欧盟各国的国家法律通常不允许在先使用者的权利在特定国家外依然能在先使用。❶

---

❶ 《巴黎公约》第 5 条第 2 款。
❶ 国际民用航空组织(ICAO),《芝加哥公约》,文件 7300/9 第 9 编,2006。
❶ [1994] OJ L 227/1-30.
❶ [2009] OJ L 111/16-20.
❶ [1998] OJ L 213/13-21.
❶ 参见,例如,1997《欧洲专利法案》第 64(1)条。

3.6 权利的用尽

权利用尽学说的原则被写进了 UPC 协议第 29 条，其指出欧洲专利赋予的权利将不会延伸到有专利所有权人同意的、产品出售在欧盟以外的、被专利覆盖的产品上，除非专利所有权人有合法根据反对产品的进一步商业化。欧盟的案例法很显然不适用于第一次出售在欧盟或欧洲经济区外的情况，所以专利权利可以被用来阻碍从欧洲境外平行进口的"灰色市场"。

3.7 补充保护证书

根据关于药品的条例（No. 469/2009/EC）和关于植物品种保护的条例（No. 1610/96/EC）授予补充保护证书。由 UPC 协议管理发布受统一专利保护的产品的补充保护证书（UPC 协议第 3 条）。这样的证书与统一专利被赋予了相同的权利，并要接受同样的限制和责任（第 30 条）。谁来颁发证书至今未确定（见《统一专利和统一法院的发展》，A. Johnson，CIPA［2013］第 42 卷第 6 期，第 334 页）。

第4章
统一专利法院

4.1 统一专利法院

统一专利法院将会被建立起来,其对统一专利和在加入协议的欧盟成员国内批准的欧洲专利都有执行专属管辖权。该法院根据在 UPR 的缔约成员国之间签署的 UPC 协议设立。意大利也签署了此协议。

该协议原则上不是欧盟立法,但欧盟成员国间的特殊安排也写入了协议中。法院的制度和财务安排确立在了法规中,成为 UPC 协议的附加部分。已经起草了一套初步的统一专利法院程序规则条文的草案(以下简称"规则")(见附录4)。

统一专利法院将包括一审法院(UPC 协议第 7 条)和上诉法院(UPC 协议第 9 条)。经由上诉法院审理后不会有更进一步的上诉。

统一专利法院对于以下诉讼将有专属权限:
(1) 事实侵权或侵权危险及相关抗辩,包括关于许可证的反诉;
(2) 非侵权声明;
(3) 临时保护措施和禁令;
(4) 损害赔偿;
(5) 赋予一项公开的欧洲专利申请临时保护所产生的补偿;
(6) 在先使用;
(7) 权利许可证的补偿;
(8) EPO 依据 UPR 执行被分配的任务的决定。

统一专利法院也将对诉讼、撤销专利的反诉、宣布补充保护证书无效的反诉有专属权限。其他关于专利的问题(例如所有权、不正当威胁、强制许可证和许可范围的纠纷）则仍留给成员国的国家法院处理。

UPC 协议没有规定侵权结果中受害方以外的任何人的赔偿金（第 68.2 条）。被诉讼威胁冒犯的一方可以寻求非侵权声明（第 32.1（b）条和规则第 61~74 条），但没有赔偿金和禁令来对抗继续的不正当威胁。

4.2 一审法院

一审法院将包括中央法院、本地法院和地区法院（UPC 协议第 7 条）。

本地法院和地区法院可以审理效力不存在问题的案例，如德国地区法院现行做法。只有中央法院可以审理非侵权声明、使补充保护证书撤销或无效的诉讼（第 33 条）。例外的是当已经在同样的当事人之间向本地法院或地区法院提出侵权的案例。在这类案例中，加入撤销或无效声明的反诉时，本地法院和地区法院有自由裁量权决定是否继续案例，或者将全部或部分案例委托给中央法院（第 33（3）条）。类似诉讼的程序见本书第 5 章第 5.12 节。更进一步的例外是，当一个非侵权声明诉讼在中央法院提起，且 3 个月内有相同双方当事人（或独占许可被许可人）的侵权诉讼在本地法院或地区法院提起，待中央法院审理的那个诉讼将会中止（第 36.6 条）。

4.3 本地法院和地区法院

任何缔约成员国可以设立本地法院，也期待较大的国家这么做。每个国家都会指定其本地法院的位置（UPC 协议第 7（3）条）。当待处理案例的数量增加时，一个国家可以设立额外的本地法院，最多不超过 4 个（UPC 协议第 7（4）条）。

两个及两个以上的缔约成员国可以联合设立一个地区法院。此法院可以在不止一个地方审理案例（UPC 协议第 7（5）条）。瑞典、爱沙尼亚、拉脱维亚和立陶宛已同意创设一个"北欧－波罗的海"地区法院，位于斯德哥尔摩，工作语言是英语。

4.4 中央法院

中央法院将设立在巴黎，部分机构设在伦敦和慕尼黑（UPC 协议第 7（2）条）。伦敦的机构会处理涉及国际专利分类法下 A 类（人类生活必需）和 C 类（化学；冶金）的案例，慕尼黑的机构会处理涉及国际专利分类法下 F 类（机械工程；照明；加热；武器；爆破）的案例，巴黎的机构负责其他类别的案例。巴黎将成为法院所在地和院长办公室所在地。伦敦和慕尼黑还会设置本地法院。

4.5 上诉法院

该法院将设立在卢森堡，欧盟法院的所在地也在这里。

4.6 法院管辖

诉讼可以在实际侵权和侵权危险已经发生的（UPC 协议第 33（1）（a）条）特定国家或者被告有居住地或主营业地的国家（UPC 协议第 33（1）条）的本地法院或地区法院提起。案例中被告在缔约成员国没有营业地的，或者当地没有合适的本地法院或地区法院的，可以在中央法院提起诉讼（UPC 协议第 33（4）条）。

确认诉讼和无效诉讼应当在中央法院提起（UPC 协议第 33 条）。

4.7 法院的法官

一审法院的审判庭由 3 名法官组成（UPC 协议第 8（1）条），此外，其中必须有 1 位具备技术背景的法官（UPC 协议第 8（5）条）。

上诉法院由 5 名法官组成（UPC 协议第 9（1）条）——3 名法律型法官，2 名技术型法官，后者要在相关技术领域有专业资格和经验。一个例外是，对于 EPO 依据 UPR 执行被分配的任务的决定起诉的上诉案例（第 9（2）条），将由 3 名有法律资历的法官审理。

每一起案例中，法庭都由不同国家的法官组成。专利量大的地方法院，法官主要是本地法官；但是在专利量少的地方法院，法官主要来自相关国家以外的国家。

根据法规将建立法官后备库，包含掌握不同语言和不同技术的法官。一审、二审中的技术型法官将从法官后备库中指派。法官的任期和续任期都是 6 年（UPC 协议第 14 条）。训练法官的训练机构将设立在布达佩斯（UPC 协议第 19 条）。

4.8 法院的财务

预算委员会将负责监管法院的财务（UPC 协议第 13 条）。法院的资金来源包括诉讼费以及（至少最初）由各缔约国的捐款，后者数额与不同国家最初生效的专利数量有关系（第37（3）条）。法院预计在7年后可以实现财务自给自足（第37（4）条）。

4.9 欧盟法的首要原则和损害责任

在可适用时，法院必须应用欧盟法律并尊重欧盟法的首要原则（UPC协议第20条）。统一专利法院必须和欧盟法院合作以确保对欧盟法律的正确适用和一致理解，各国家法院也是如此。欧盟法院的判决对统一专利法院具有约束力（第21条）。

可以想象的是，法院不遵守欧盟法律可能导致当事人的损失。缔约成员国应为上诉法院的判决所导致的损失负连带责任（第23条），正如成员国应为其国家法院违反欧盟法律造成的损失负责。这种条款的内在含义是对欧盟法院的早期草案（欧盟法院意见1/09，2011年3月8日）提出了一项主要的异议。

4.10 诉讼语言

本地法院或地区法院的诉讼语言是欧盟的官方语言，同时也是该法院所在地的缔约成员国的官方语言或官方语言之一，或者是共享地区级法院的缔约成员国指定的官方语言（UPC协议第49（1）条）或者是成员国指定的英语、法语和德语（UPC协议第49（2）条）。因此，第14.1条规定诉讼将以下语言进行：(a) 根据UPC协议第49（1）条指定为诉讼语言的一种官方语言或多种官方语言之一；(b) 根据UPC协议第49（2）条由成员国约定一种指定语言作为补充语言。

当一个特定的成员国已经指定超过一种语言时情况会变得复杂。针对这种情况，第14.2条允许定居在那个地区的单独被告使用特定的官方地区语言。除这种情况外，原告有初始选择适用于该法院的语言的权利。

双方当事人可以同意使用专利的语言作为诉讼的语言（第49（3）条），其可适用规则第321条，或者由法院决定（第49（4）条），其适用第323条。

《欧盟服务条例》（EU Service Regulation）（EC 1393/2007）（关于成员国在民事或商业事务中的法律和非法律文件）第8条规定，如果不是收件人理解的语言或者不是服务发生地的官方语言，当事人可以拒绝该服务。在这些情况下，第271.7条规定允许该方当事人拒绝服务，他们应在1周内通知登记处其拒绝服务并且表明他们所理解的语言。

在统一专利争议案例中，被控侵权人可以选择要求专利所有权人提供完整的将专利翻译成被控侵权行为发生地所在参与成员国的官方语言或者被控侵权人住所地的官方语言的译文（《统一专利翻译条例》第4.1条）。机器翻译是不充分的。

如果诉讼是被主动提起的，所有权人被要求提供完整的将专利翻译成有决定权的法院使用的语言的译文（《统一专利翻译条例》第4.2条）。

中央法院诉讼所使用的语言是 EPO 诉讼所使用的语言（UPC 协议第49(6)条），即使案例在巴黎或者慕尼黑审理，也通常使用英语。

遵守程序语言是重要的。一旦起诉书被递交，任何缺失将被修正（第16.5条），并服从于以上条款去使用专利所用语言作为诉讼语言，登记处将退回任何以诉讼语言外的语言提出的申请（第14.4条）。

任何上诉将自然地使用与一审程序相同的语言，除非当事人同意使用其他的语言（UPC 协议第50条）。

4.11 救　　济

法院可能规定一系列的执行措施，程序规则和救济方法与2004年4月29日欧洲议会和欧盟理事会关于知识产权执行的指令2004/48/EC 的最低标准是一致的。当事人不需要被给予机会受审，如果这么做，将与相关裁定的有效执行矛盾。表4.1列出了 UPC 协议和这个指令的相应关系。

表4.1　UPC 协议与指令 2004/48/EC 的对应关系

UPC 协议	关于知识产权执行的指令 2004/48/EC
第59条　提交证据的要求	第6条　证据
第60条　保全证据和检查场所	第7条　保全证据的措施
第61条　冻结令	第9条　临时预防措施，第9.2节
第62条　临时保护措施	第9条　临时预防措施
第63条　永久禁令	第11条　禁令
第64条　侵权诉讼中的补救措施	第10条　补救措施
第67条　要求信息互换的权力	第8条　信息权利
第68条　损害赔偿金	第13条　损害赔偿
第69条　法律费用	第14条　法律费用
第69条　公布判决	第15条　公布判决

4.12 调查和检查的裁定

当一方当事人提出了一个合理的案例,法院可能裁定另一方当事人提交证据(例如,披露和提交文件,以前称为具体调查,UPC 协议第 59 条)。要求这种证据的当事人必须具体说明要求的证据是什么。此证据必须是由对方或第三方掌控的。在保护任何隐私信息的情况下,法院可以裁定对方或第三方出示证据。类似地,当事人可以被要求提交银行、财务、商业等方面的文件。对事实提出有争议的主张的当事人,将被要求提出其所有权上的相关证据,并将其披露(UPR 第 171~172 条)。

4.13 保全、搜查和冻结令

当申请人出示了合理有效的证据来支持专利已被侵权或专利可能被侵权的主张时,在保护隐私信息的情况下,法院可以下令及时有效地采取临时措施以保全与被控侵权行为相关的证据(UPC 协议第 60(1)条),或者搜查被控侵权人的居所(第 60(3)条),下令冻结财产也是可以的(第 61 条)。甚至在开始本案引起的程序之前,这些命令就可能作出。

由法院根据诉讼规则而指定的人来主导搜查居所。申请人可能不会自己来搜查,而是由法院已列举的具体名单上的独立的专业从业人员代表当事人进行搜查。

在任何拖延可能对专利所有权人导致不可挽回的危害时,或者存在可证明的证据有被销毁的危险时,可以下令实施单方紧急措施。在这种案例中,必须没有拖延并至少在执行措施后迅速地通知受影响的当事人有机会申请听证,以决定是否变动、撤销或确认已采取的措施。

如果申请人不继续诉讼或者结果发现并没有专利侵权或侵权威胁时,法院可以裁定补偿被执行人因为这些措施遭受的一切损失。可以要求申请人向法院出具保证以弥补这些潜在的损失。

4.14 禁令和没收令

法院可能授权禁令制裁被控侵权人或者中间人,以阻止侵权危险或继续侵权的发生(UPC 协议第 62 条)。另外,法院也可以继续追查被诉侵权行为,但须提供担保以确保在禁令有误时可以补偿权利持有者。

法院将有自由裁量权去权衡当事人的利益，尤其是考虑授予禁令以及拒绝禁令会给各方当事人带来的潜在损害。

法院也可以裁定没收或交付涉嫌专利侵权的产品。如果申请人证明了如损害补救可能被危及的情况，法院可以裁定预先没收被控侵权人的动产和不动产，包括冻结被控侵权人的银行账户和其他资产。这些"预防措施"在本书第5章会有更详尽的讨论。

不遵守禁令就会被勒令再向法院缴纳罚款。

此外，没有提前裁判导致当事人利益受损的，法院应当：

（1）宣告侵权；

（2）裁定从商业渠道移除或撤回侵权产品；

（3）裁定从产品上剥离侵权部分；

（4）裁定销毁产品、材料以及相关工具；

（5）裁定公开判决结果。

4.15 有效性

法院将在撤销诉讼和撤销反诉的基础上决定专利的有效性（UPC协议第65条）。

根据EPC第138（1）条，法院可以撤销部分或全部专利，如下列情形：

（1）欧洲专利的内容不可取得专利权；

（2）欧洲专利没有充足和完整地披露发明，技术人员很难实施该发明；

（3）欧洲专利的内容范围超出了申请人所提交的内容或者如果专利授权是基于分案申请或者依照第61条提交材料的新申请，内容超过了先前的申请提交的内容范围；

（4）欧洲专利授权超保护范围；

（5）欧洲专利的所有权人不是享有专利权利的当事人。

此外，UPC协议第65（2）条提出法院还有一个撤销专利的原因，即依EPC第139（2）条存在相冲突的国家优先权。这一条文在早期CPC[20]中有，但该公约只允许撤销国家优先权或公布专利申请的国家。[21] UPC协议无此限制，讨论如下。

---

[20] CPC第56.1（f）条。

[21] CPC第56.2条。

在任何实质性的最终判决中，法院必须部分或全部撤销部分或全部无效的专利（第124.4条）。

如果撤销理由只是给专利造成部分影响，法院必须给专利所有权人通过符合原告诉求的修改专利的机会来限制专利（第65（3）条——"专利将被限制"），因此，专利将只被部分撤销。㉒ 没有条文提到这方面的自由裁量权，正如条文没有提到通过修改原告主张来偏向性对待 EPC 第138（3）条下的专利所有权人限制专利的权利。原告提交的修改主张应该附在对被告反诉专利无效或撤销的辩护中。后来的修改只能是法院允许的情况（规则第30条、第44（2）(a)条、第49（2）(a)条、第50（2）条）。㉓

任何撤销都被视作自有专利始发生的效力（第65（4）条）。

4.16　国家认可的优先权

EPC 第139（2）条规定，在先国家专利申请或缔约国的专利应在指定国家具有相同的优先权，就如欧洲专利也是国家专利一样。EPC 不会撤销某项欧洲专利，因为欧洲专利全部建立在先有的国家认可的权利的基础上，㉔ 但是 UPC 协议引入了这种撤销。UPC 协议第65（2）条提出，法院可以以国家认可的优先权冲突为理由撤销一项专利，但这里的"专利"是指欧洲专利和（或者）统一专利（UPC 协议第2（g）条），这在第65（2）条中说得有一些模糊。

关于统一专利，似乎没有多少空间可以质疑。统一专利整体是要有都有、要无都无的（UPR 第3.2条）。因此，一项国家认可的优先权可以引起一项统一专利的撤销。一项欧洲专利可能被修改得在不同优先权国有不同主张，但一项统一专利必须在所有国家有同样的主张，所以救济是被排除的。

如果 UPC 协议第65（2）条中引用的 EPC 第139（2）条的规定只是适用于统一专利，而不是适用于欧洲专利，可以希望有条文与 CPC 第56.3 条一致。从 UPC 协议第65（2）条中引用的 EPC 第139（2）条来看，没有任何条文涉及只在适用优先权的国家撤销，这可以理解为 UPC 协议也赋予法院权力去撤销一项欧洲专利（当该专利全部建立在国家认可的优先权的基础上时）。

㉒ UPC 协议第65（3）条相应于 CPC 第56.2 条，因此没有出现预先在部分境内完成撤销。

㉓ 规则第263.3 条允许在任何时候无条件地限制主张，且其大概是指已请求的法律主张，不是意在扩大专利主张。

㉔ 《欧洲专利手册》第30章第30.3.9节。

可能的是，国家的法律仍然可能被引入来允许在此事项中恢复国家效力（见《对统一专利的思考》，J. Boff，［2014］CIPA 93，94）。

4.17　赔偿金

当侵权人知道或者有合理的根据知道他们参与了专利侵权活动，法院将裁定侵权人按照当事人的要求承担侵权实际遭受的损失，向当事人支付赔偿金。

赔偿金的裁量是考虑被侵权方的损失，即在可能的范围内，被侵权人本来会有但因为侵权而未得的利益。侵权人不能从侵权中得益。这里认定的赔偿金不是惩罚性的。

然而赔偿金可能比补偿金高，因为在确定赔偿金时，法院会考虑被侵害方损失的利益、侵权人的不公平得利，以及对侵权受害方的适当"道德偏向"（UPC 协议第 68（3）条）。

如果发生的是善意侵权，法院也可能裁定恢复利益或支付补偿金。

4.18　诉讼费

通常的规则是，败诉方将承担胜诉方在诉讼中的合理费用（UPC 协议第 69 条）。程序规定为可收回成本费用设定了上限。详细的讨论见本书第 9 章。

如果一方当事人只是部分胜诉或情况特殊，法院可能判令用别的分摊方法让各方承担诉讼费（第 69（2）条）。

如果一方当事人给法院或对方当事人造成了不必要的诉讼费，该方将负责承担（第 69（3）条）。

4.19　程序规则

各种程序规则已起草了 200 多条条文，分别归于以下部分：
- 第一部分——一审法院的程序；
- 第二部分——证据；
- 第三部分——临时措施；
- 第四部分——上诉法院程序；
- 第五部分——一般条款；
- 第六部分——费用和法律援助。

2015 年 10 月 19 日，筹备委员会采用了规则第 18 次修正草案作为定稿，并开始运用在法院的工作中。这部分内容详见附录4，本书在第5~7章有讨论。

4.20 代　　表

当事人在UPC审理中必须授权律师代表其参加缔约成员国法院的审理（UPC协议第48（1）条）。当事人可以选择有资格充当EPO程序专业代表人的人或者有诸如欧洲专利法律证书这类资格的人代表自己（第48（2）条）。这类资格的具体要求由管理委员会设定。登记处会保存一份名单，记载有资格在法院审理中代表当事人的欧洲专利代理人。本书第7章将讨论这些问题。

当事人的代表人可能由专利代理人协助，根据程序规定，在法院审理中，代理人被允许发言（UPC协议第48（4）条）。当事人的代表不需要代理人权利，但是如果其被挑战的话，他可能被要求享有代理人权利（规则第285条）。

4.21 法律援助

UPC协议第71条规定了法律援助，对象是无法支付全部或部分诉讼费的自然人。法院可决定是否给予法律援助。这种案例必须有合理的胜诉可能性（规则第377.1条）。一个重要因素是案例对于申请人的重要性，例如，案件是否直接源起于申请人的贸易或者自营的专门业务（规则第377.3条）。管理委员会设立了法律援助的等级和承担费用的规则。法律援助的申请人必须有证据证明自己需要帮助，例如收入、资产、资本和家庭状况的证明（规则第378.3条）。如果在诉讼前提出了法律援助的申请，申请中必须提出支撑案例的证据。

4.22 过渡机制

从UPC协议在适格UPC生效到审理欧洲专利相关案例具有非排他性，过渡期为7年（第83条）。在这个阶段，侵权之诉和欧洲专利撤销之诉可以在国家法院提起。这不是说此时国家法院可以整个撤销一项欧洲专利；只是说可以继续当前对于"传统的"欧洲专利（不是统一专利）管辖的现状。奇怪的是，非侵权声明之诉没有包含在第83.1条中。

独特的是，第83.1条可以被理解为是无条件的。国家法院在过渡阶段对欧洲专利将继续享有管辖权。UPC协议是否也有管辖权取决于第83.3条，详见下文。

4.23 自愿退出

UPC 协议有条文（第 83.3 条）规定欧洲专利的所有权人或申请人（不能是独占许可的被许可人）能从有管辖权的欧洲专利案例的"排他的"适格法院自愿退出。这个选择适用于在过渡期结束前申请的欧洲专利（非统一专利）。

什么是从"排他的"适格法院自愿退出呢？此处存在争议。如果第 83.1 条被解读为国家法院在过渡期也有管辖权，"排他的"表述就是多余的。自愿退出是否是为了相关专利（或申请）的存续，或只是为了过渡期，这也是存疑的。程序规则第 16 次修正稿第 5 条解释了起草委员会的观点：（1）这是一个完整的对 UPC 协议管辖权的取代；（2）为了自愿退出的专利的整体存续；（3）它包含了所有权人的全部指定情况。既然如此，对于一项自愿退出的欧洲专利在其整个存续期中，国家法院有排他管辖权；而一项未自愿退出的欧洲专利，它服从于在过渡时期平行于协议 UPC 协议的"非排他的"国家法院的管辖。但这不是唯一的理解，前述的解释在第 17 次和第 18 次修正稿草案中已经被删除。

这就产生了部分情况的不确定性。因为在 UPC 协议筹备期间，简单的"是或非"体系是考虑到了，选择完全退出体系或者完全保留在体系中都是预料内的，但筹备中没考虑过渡期中自愿退出的情况。[25] 第 83 条的用词是不同的。第 83（1）条保留了国家法院对侵权之诉、"传统的"欧洲专利撤销之诉的管辖权，并且根据反映在草案委员会对规定第 16 次修正稿草案的解释中的人们广泛接受的理解来看，在是否自愿退出的情形上也是这样的。根据这种理解，"排他的"一词是多余的。一旦自愿退出了，UPC 协议的适格性就"被取代"了。但另一种理解是第 83（3）条需要"排他的"一词，因为 UPC 协议的适格性只是曾经被试图排除过。这说明了非排他管辖权的概念的争论针对的不是第 83（1）条。换句话说，它是一个全局的"是或非"体系[26]。

除了一个对抗的"是或非"体系，这些规定也会引出各种情形。在这些情形下，与《布鲁塞尔公约》要阻止存在不同法院的平行诉讼的原则相反，这些规定可能使不同的法院有管辖权；或者在这些情形下，法院各自的管辖权

---

[25] 见 2012 年 12 月 11 日欧洲委员会备忘录 MEMO/12/970 中"在 7 年过渡期中，有关无统一效力的'典型'欧洲专利的诉讼仍然可以在国家法院提起，如果这些专利已经在诉讼至 UPC 前自愿退出"。

[26] 第三种可能就是自愿退出仅源自 UPC 协议的排他性，这是一个符合逻辑的无前提推论。

让位给第一个受理某特定案例的法院。广泛认可的是,除非有 UPC 协议的修正案,或者有对《布鲁塞尔公约》的进一步修正,那么只有 CJEU 可以最终决定第 83 条的准确含义。

自愿退出需要告知位于卢森堡的 UPC 登记处。任何专利的所有权人和申请人必须加入自愿退出机制。自愿退出将适用于所有被指定的参与成员国以及所有符合统一专利的补充保护证书的成员国。

自愿退出可以被撤销(规则第5.8条),除了缔约成员国的法院已经开始的诉讼程序,UPC 也有管辖权(规则第5.9条)。

自愿退出不用缴纳费用,但撤回自愿退出是需要缴纳费用的(规则第5.5条)。自愿退出将传达到 EPO(规则第5.12条),且可期待自愿退出运用到欧洲专利登记处和法院登记处中。在被批准之前,就可以通知自愿退出,如果统一效力的声明是为了已经自愿退出的专利作出,那么自愿退出将不再有任何意义或者效力。自愿退出最迟必须在过渡期结束前的 1 个月告知登记处。如果向统一专利法院提起的诉讼已经开始了,那么就不可能自愿退出。

向统一专利法院提起的诉讼已经开始后就不可能自愿退出了(UPC 协议第83.3条),但是有一个漏洞,就是自愿退出只在登记后有效(UPC 协议第83.3条最后一句),这就不可避免地造成一些延迟,但是诉讼(例如撤销之诉)在其被提起后会尽快开始(见本书第 5 章第 5.3 节)。因此,第三方可以申请撤销一项专利,重点就是在专利自愿退出前。第三方这种诉讼可能先发制人地让专利自愿退出,即使诉讼提交得比自愿退出的通知要晚。为堵住这个漏洞,规则第 5.13 条带来了希望,它允许在 UPC 协议生效之前提起和登记自愿退出。此规则遵守政治协议和 EPO 的协议是为了承担起责任。EPO 将宣布一个日期,在这个日期后自愿退出可以登记,并且将在登记簿上变更所有这些申请(以及所有未决申请)的细节及其费用。

自愿退出利弊的考量见本书第 10 章。

7 年的过渡期可能被管理委员会再延长 7 年,管理委员会视这个体系开始后 5 年的情形来决定(UPC 协议第 83(5)条)。

4.24 补充保护证书

当存在有关补充保护证书时,专利的自愿退出也适用 SPC(程序的规则草案第5.2条),不论补充保护证书是何时授权的。

4.25 复审和报告

复审可以审查法院的功能发挥、效率、成本效益,也可审查法院实质性判决对专利体系中用户的隐私尊重情况(UPC 协议第 87 条)。复审由管理委员会实施,在 UPC 协议生效 7 年后或者从 2000 年法院有审判侵权案例开始,选二者之间时间较晚的。在询问和参考法院意见的基础上,管理委员会可以决定修改 UPC 协议来完善法院的运作。

第 5 章
法院程序

5.1 介　　绍

2012 年任命的由专家、法官、律师组成的委员会已经准备好 UPC 的一系列初步的程序规定。2015 年 10 月 19 日，筹备委员会通过了程序规则（本章简称"规则"）的第 18 次修正稿草案。

UPC 程序的代表性特点包括要求起诉书有案例细节（较之英国高级法院原告起诉书）并由证据和论证支撑，并且被告必须答辩案例。因此，此诉讼以"先下手"为特点并强调书面程序，从书面诉请提取关键问题来解决，这样所有的口头审理可以集中在这些问题上。其意图是，侵权案最后的口头审理和一审的有效审理都会发生在诉讼开始后的 1 年以内。当然，复杂案例可能要求额外的程序步骤，耗时也更长（规则的序言）。根据案例的大小和重要性，法院普遍会有意地限制口头证言，必要时进行一场单独的听证，因此口头审理可以在单独的一天进行（规则第 113.1 条）。

程序包括以下三步：书面、过渡、口头。一个典型案例的整体时间计划表如图 5.1 所示。

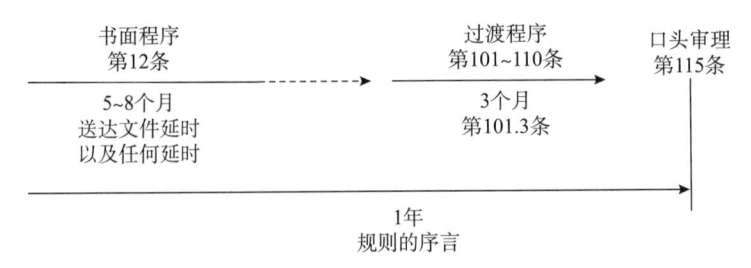

图 5.1　程序的三个步骤

规则中的程序的一个特点是时间规划非常紧凑。法院通常都有自由裁量权来延长期间，UPC 可以这么做，或者不同的本地法院和地区级法院可以这么做，这将会反过来决定审理速度，从而决定这一程序的普及性。例如，专利所有权人只有 2 个月时间来决定是否修改其专利以回复要求撤销专利的反诉。要对一个非常根本的问题作出决定结果，这个时间其实很短，而这个结果是将适用于整个欧洲的。对比 EPO 通常要 4~6 个月回复一个检测报告或反对意见书，这个时间实在是很短。

该程序以提交起诉状开始，在初审起诉状后，起诉书登记处将其送达给被告。不存在常见的诉前协议（非侵权声明之诉有要求诉前要求——规则第 60 条），但是法院的目标是鼓励合作而不是宣扬对抗，法院鼓励当事人运用法院的调解和仲裁中心。

有条款规定具体的披露，但不是通常意义的披露。为了修补通常披露存在的缺失，该程序规定了可采取保全扣押措施。保全扣押被广泛地用于法国，但在英国有很大阻碍，在德国则完全不用。证明侵权案例的难易可能很大程度上依赖于法院动用权力工具的意愿。

败诉方支付胜诉方的诉讼费，遵从的是管理委员会设定的上限。如果上限很低，可能导致当事人尽量不向法院提起复杂的案例；如果已经超过上限，当事人可能就没有动力去简化案例了。当事人怎样以及在什么范围下处理可左可右的诉请可能增加费用，法规通常都沉默不提。所以，这方面没有什么明确的思路去解决庭前和庭审中的问题。只有在成本设定上限以及实践和经验增长后这些方面才可能变得清楚。

UPC 协议使用的"请求人"（Claimant）指的是提起诉讼的当事人时，规则草案使用的是"原告"（Plaintiff）。本章在讨论中使用后一个词。

5.2　书面程序——侵权诉讼

在登记处登记了起诉书并由登记处将起诉书送达被告后，诉讼就开始了。起诉书必须包括基本内容程序上的以下细节：

• 当事人的名字和地址，以及原告和被告有效的电子邮箱地址（规则第 13.1（a）~（e）条）；

• 专利的细节或者相关的专利，和与专利相关的所有法院前置程序的相关信息（规则第13.1（g）~（h）条）；

• 说明应管辖诉讼的法院以及法院适格的原因，或者当事人对此达成一致协议的证据（规则第13.1（i）条）；

- 主张的实质，寻求的判令以及（或者）救济（规则第13.1（j）条）；
- 原告认为在过渡程序中需要寻求的任何法院裁定（规则第13.1（o）条）；

如果认为侵权的标的价值超过法院小额诉讼门槛的，需列出标的价值（规则第13.1（p）条）。

此外，起诉书必须充分包含既全面又具体的、兼有事实和论证的侵权情况，具体如下：

- 指出诉请基础事实，包括一件或更多的所谓的"侵权"或"侵权威胁"的事例，每件都要说明时间、地点以及如何认定的侵权（规则第13.1（l）条）；
- 凭以支撑的证据，当证据有效时，说明所有将可以进一步支撑的证据（规则第13.1（m）条）；
- 基础事实构成了对专利主张侵犯的原因，包括法律论证和对所提主张观点的适当解释（规则第13.1（n）条）；
- 一份文件清单，包括起诉书以及不需翻译的全部或部分文件（规则第13.1（q）条）。

起诉书的语言由UPC协议第49（3）~（5）条规定，当某个缔约成员国指定了一种以上的诉讼语言时，起诉书的语言应当是被告在其国家正常经营使用的语言。如果被告在其国家正常经营使用的语言不是审案的本地法院或地方法院所在国家的官方语言之一，或者有多名被告，其正常经营使用的语言不同，那么被告可以申诉。

除了当事人后来同意使用专利语言作为诉讼语言的情况（规则第321~322条），或者在特殊情况下，法院决定使用专利语言作为诉讼语言（规则第323条），起诉书用的语言将沿用作诉讼语言。任何使用其他语言提出的请求将会被登记处退回（规则第14条）。

5.3 送 达

一旦支付了费用（规则第15条），起诉书就会被视为已登记。登记处依据法院的管辖权检查所有相关的专利是否已经自愿退出（见第4章第4.23节），并检查起诉书是否符合正式的要求以及是否向法院缴费的问题。规则第16.3条是关于修改起诉书的缺陷等，并规定了起诉书须符合要求，否则应在要求的时间内修改，修改应记录在登记处，并告知原告诉讼编号。然后登记处会尽快将起诉书送达给被告（规则第6条）。

登记处须将诉讼分配给一个合议庭，合议庭必须从中指定一位报告法官，登记处须将此指定告知当事人。这些步骤在起诉书送达被告以后进行。

法院推荐的起诉书及其他文件的送达形式是通过电子邮件。当被告提供了电子邮箱地址时，就会被用以送达。这同样适用于被告的诉讼代表人，包括专家代表人和法律工作者，他们应是在统一专利保护的登记中被记载的选定的可代理统一专利的代理人（规则第271.4（c）条）。

当电子邮件送达不可行时，登记处将通过带回执的挂号信或者传真送达起诉书给被告；另外，法院可以裁定以任何方法向任何地点送达（规则第275.1条）。法院可以命令用其他替代方法或者替代地点向被告进行送达，替代已使用的方法都是好的送达方式（规则第275.2条）。在缔约成员国外的国家送达不可以使用与送达将要影响到的国家法律相违背的方式。

5.4　期　　间

起诉书送达的确定起始时间将在下一节讨论。日期和期间的计算规定在规则第300条，第301条是关于非工作日和电子沟通失败的规定。

规则中规定的时间是被压缩的并且要求很严格。然而，所有的期间都遵从规则第9.3条的常规规定。该条允许法院依据当事人的合理请求可以预见性地或回顾性地延长任何期间（或者缩短期间，尽管期间本就不长）。

根据规则第9.3条，法院的实际诉讼日程将非常依赖于自由裁量权对延长期间的决定，这的确在不同地区的法院有所不同，因为不同国家文化背景不同；或者如果有优先级规定或者跨区域的训练也可能变得统一。一个关键因素是开庭日期的设定。这可能早在程序中就被设定了（并带有替补日期）。可以预想，报告法官想要坚持已设定的日期。也可以预想，比起整个时间进程都在拖延的情况，当事人在积极推进其案例且其变动时间等请求不会危及开庭日延期时，更可能让法院愿意同意当事人变动时间。类似的考虑适用于修改请求的申请（规则第263条）。

规则第9.3条中法院通常有权允许延时的例外出现在下列阶段：
- 规则第198.1条规定的在诉讼开始时保全待定的证据；
- 规则第224.1条规定的上诉的提交。

下面这些不能延长。

规则第 320 条规定了权利的恢复，出现在当事人未能注意到时限时。唯一排除恢复权利的期间是申请恢复权利这一阶段本身（规则第320.5 条）。

5.5 先决反对

在起诉书送达后的 1 个月以内，在特定的限制条件下，被告有机会在诉讼开始时提出其反对意见。包括反对：（a）法院管辖权和适格；（b）原告指定的区划的适格；（c）起诉书语言。先决反对的内容和语言见规则第 19（2）~（3）条。必须用诉讼语言或者英语、法语或德语来提出反对意见。

规则第 361 条规定了不受理一个诉讼或确定主张的情形，即法院明显无管辖权，或者整个或部分诉讼或答辩显然是不能采纳的或显然缺乏法律基础的。规则第362 条规定了已决案例不予受理。

被告可能请求根据 UPC 协议第 33（2）条将诉讼从地区法院移送到中央法院。这种申请须有事实和证据说明相同的侵权行为存在于 3 个及以上的地区中。

规则草案没有规定案例从一个地区法院移送到另一个适格地区法院。对于这个条款，人们各执一词，众说纷纭。❶ 草案也没有规定先决反对和不受理，担心的是诉讼时效和这些规定的严重滥用。

5.6 后续的时间进程

在规则草案中，先决反对的提交或结果对后续书面程序的时间进程的影响并不明显，如图 5.2 所示。

从收到起诉书到提交答辩书，被告有 3 个月时间。再者，第 27 条规定了答辩书的检查和修正，以及答辩书由登记处送达给原告（这也可能花一小段时间，条文中未提及）。然后原告在 2 个月内提交对答辩书的回复（规则第29（b）条），再在 1 个月内将此回复送达被告，被告在 1 个月之内提交 2 次答辩（规则第29（b）条）。

---

❶ 见 The Unified Patent Court puts European businesses at a competitive disadvantage, R. Vary, [2013] CIPA vol. 42 no. 5, 第 249－252 页。

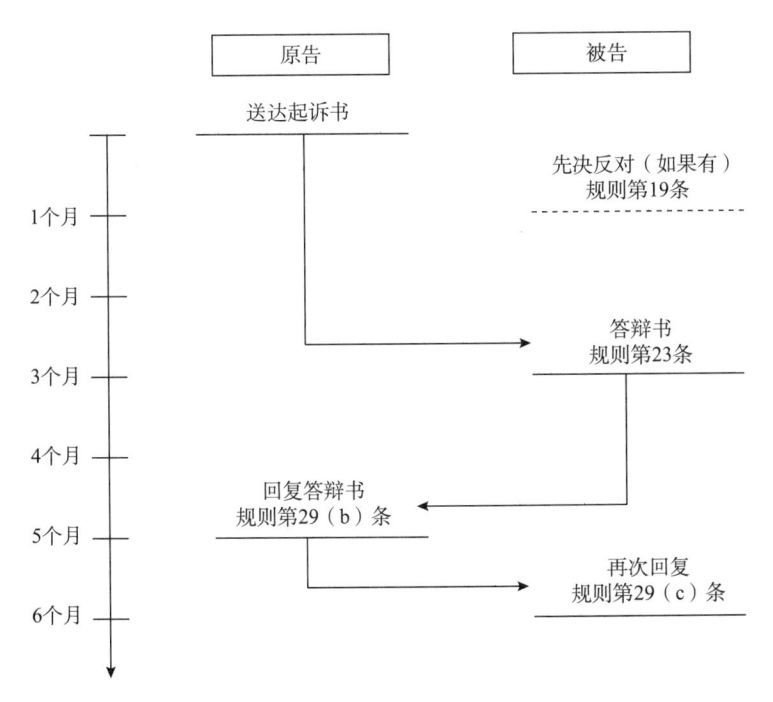

图 5.2 侵权之诉的基本书面程序（不是撤销之反诉）

5.7 诉撤销的反诉

当被告希望提交反诉来撤销一项专利，就需要缴纳一笔诉讼费。反诉书须有下列内容：列明试图撤销的专利的范围、根据、论证，列出赖以支撑的事实和证据，列出需要的临时命令（例如临时禁令），列出己方是否认可纠纷的标的价值超过了法院开始适用按标的收费的门槛（规则第25.1（a）~（f）条）。必须有被告说明是否愿意：（a）让侵权之诉和撤销之反诉都在已收案的本地（或地区）法院进行；（b）通过提交撤销之反诉至中央法院而分离两个诉讼，原侵权之诉仍在原受案法院中止或继续审理；（c）提交整个案例到中央法院（规则第25.1（g）条）。在第（a）点中，应指派一个在相关领域有资格和经验的技术型法官来处理（UPC协议第33.3（a）条）。

如果原告和所有权人不是同一人，登记处应将一份反诉书的副本送达给专利所有权人。

时间进程如图 5.3 所示。

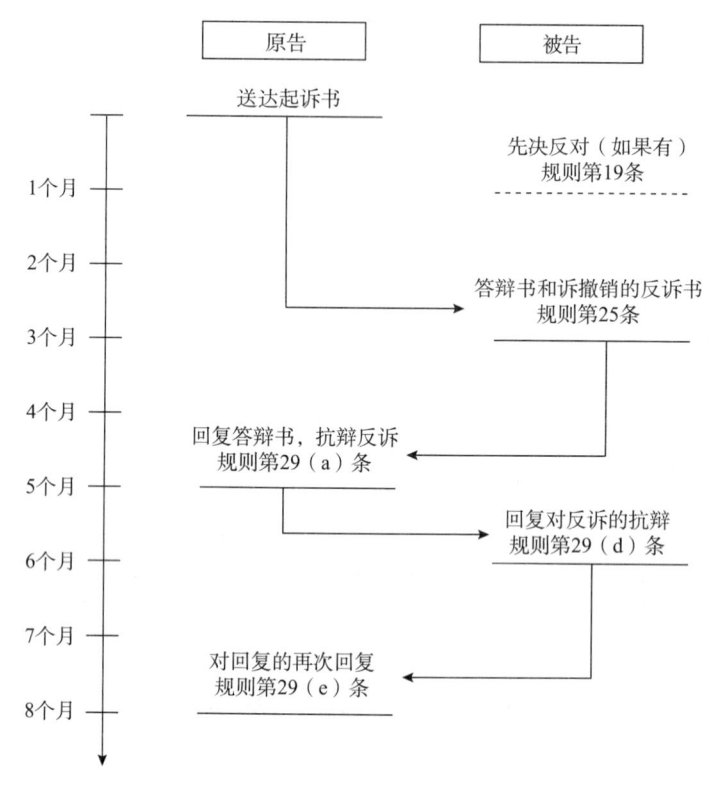

```
                    原告              被告
                  送达起诉书

                                  先决反对（如果有）
                                    规则第19条
 1个月                              - - - - - - - - - - -

 2个月
                                  答辩书和诉撤销的反诉书
                                       规则第25条
 3个月

 4个月
          回复答辩书，抗辩反诉
             规则第29（a）条
 5个月
                                  回复对反诉的抗辩
                                     规则第29（d）条
 6个月

 7个月
           对回复的再次回复
            规则第29（e）条
 8个月
```

图 5.3　侵权之诉中有被告提起诉撤销的反诉时的书面程序

如前，原告有 2 个月来回复答辩书和抗辩反诉，但在此种情形下被告也有 2 个月回复原告对反诉的抗辩。然后原告就被告对反诉抗辩的回复有 1 个月时间再次提交回复。

5.8　修　　改

如果因为反诉的提起，原告想要修改专利，修改申请在提交时需要附有对撤销之反诉的抗辩（规则第30（1）条）。任何后续的修改专利的请求只可能经由法院的允许纳入诉讼中（规则第30.2条）。修改可以是临时的请求（辅助性质的请求）。

程序依照图 5.4 进行。在大部分案例中，所有权人和原告是相同的人，但有时诉讼是由有请求权的被许可人提起的。已知所有权人可以修改专利，图 5.4 列出了所有权人和原告的情况。

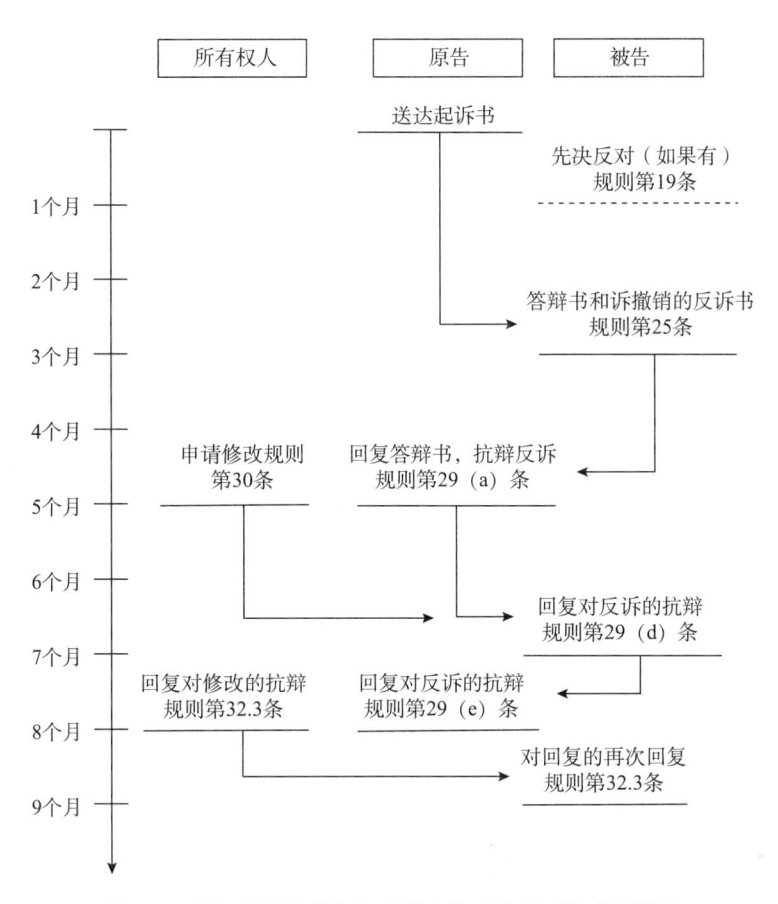

图 5.4　侵权之诉中所有权人提出修改专利时的书面程序

在此情况下，被告对反诉抗辩的回复也包括所有对修改申请的抗辩。所有权人有 1 个月时间回复，被告还有另外的机会提交再次的回复，但回复对象限于回复中提出的问题，也应在 1 个月之内。

5.9　书面程序——撤销之诉

简单的撤销之诉的时间进程与简单的侵权之诉的时间进程类似，如图 5.5 所示。

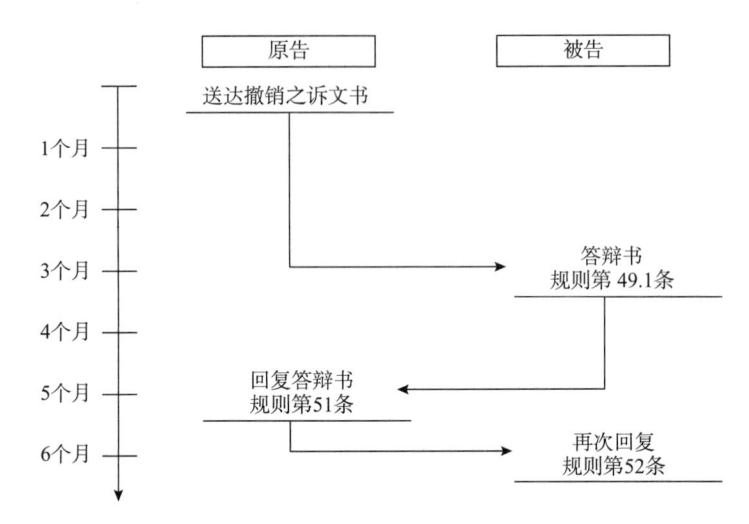

图 5.5 撤销专利的书面程序

5.10 书面程序——被告的修改

所有权人作被告的，可以通过修改专利来回复撤销之诉的文书，流程如图 5.6 所示。

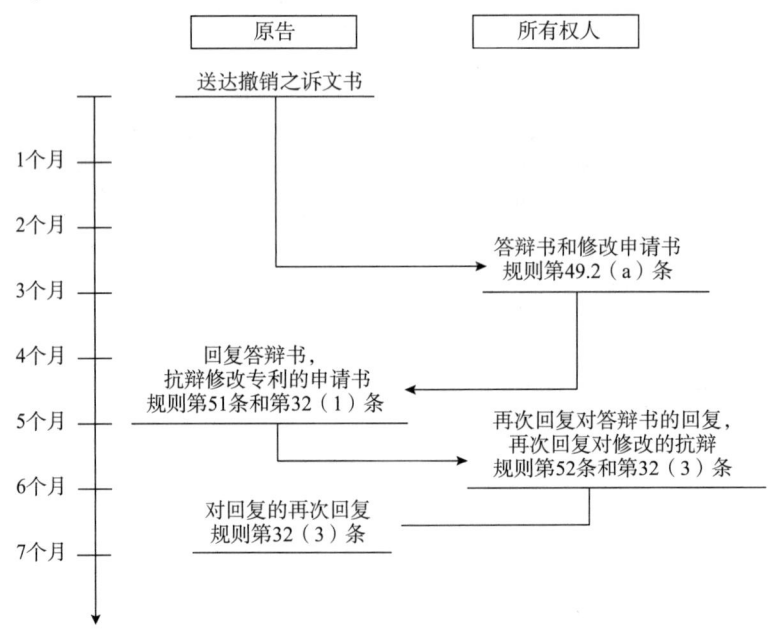

图 5.6 撤销之诉中有被告申请修改时的书面程序

5.11 书面程序——诉侵权的反诉

所有权人作被告的可以通过提交诉侵权的反诉来回应撤销之诉的文书。其程序如图 5.7 所示。

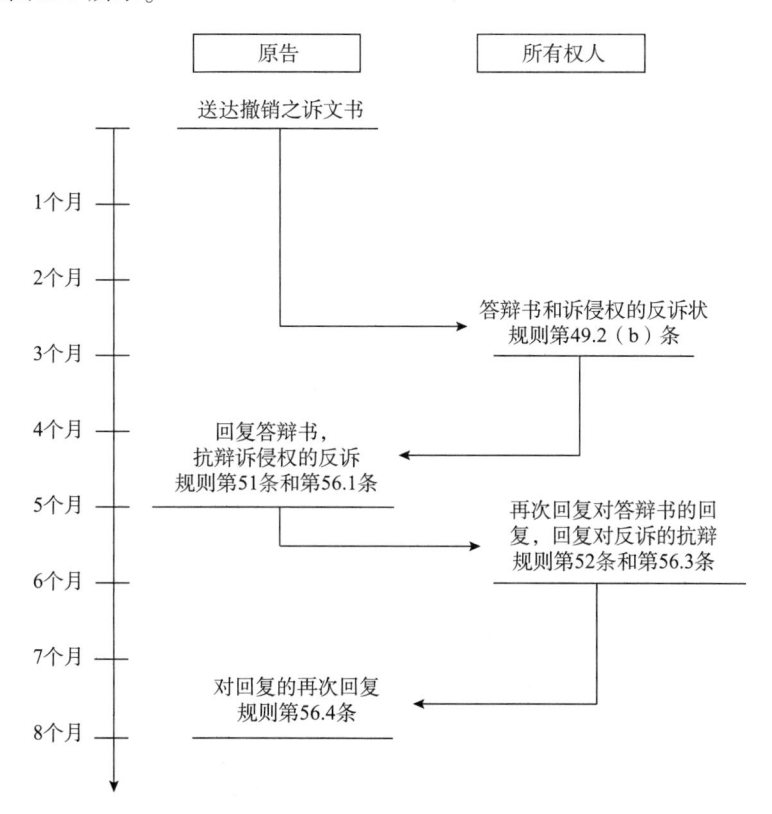

```
原告                                所有权人
 │                                    │
 │ 送达撤销之诉文书                      │
 │                                    │
1个月                                  │
 │                                    │
2个月                                  │
 │                                    │
 │ ────────────────────────────▶ 答辩书和诉侵权的反诉状
3个月                                   规则第49.2（b）条
 │                                    │
4个月                                  │
 │  回复答辩书，                        │
 │  抗辩诉侵权的反诉 ◀──────────────────│
 │  规则第51条和第56.1条                │
5个月                                  │
 │ ────────────────────────────▶ 再次回复对答辩书的回
 │                                     复，回复对反诉的抗辩
6个月                                   规则第52条和第56.3条
 │                                    │
7个月                                  │
 │  对回复的再次回复 ◀──────────────────│
 │  规则第56.4条                       │
8个月
```

图 5.7　撤销之诉中有被告提起诉侵权的反诉时的书面程序

所有权人（或独占被许可人）可以向中央法院提交诉侵权的反诉，另一种有替代效果的做法就是他们也可以向本地法院或地区法院提起独立的诉讼，详见本章第 5.12 节。

5.12 书面程序——非侵权声明

就非侵权声明之诉来说，只有当专利所有权人或被许可人已经声称某特定行为正在或将要侵害其权利时，或者当原告已经申请书面确认非侵权时，而 1 个月内专利所有权人或被许可人却拒绝或不能给出此确认书时，才能提起这种诉讼（规则第60.1条）。

该类诉讼提起以后，其书面程序如图5.8所示。

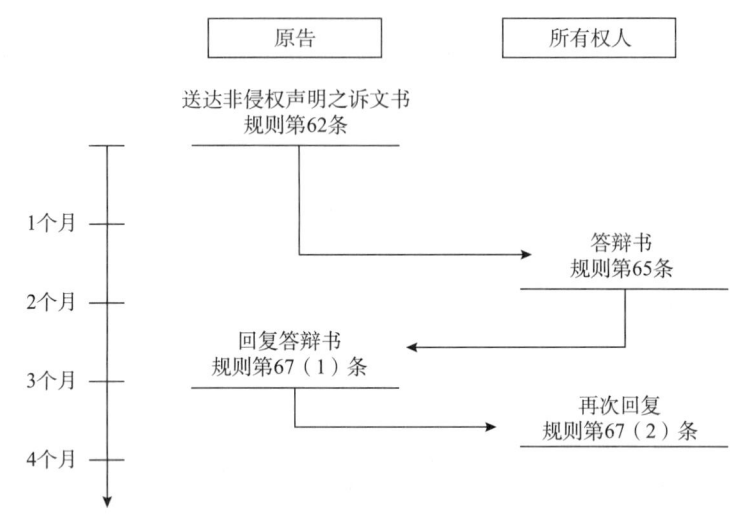

```
                        原告                    所有权人

                  送达非侵权声明之诉文书
                       规则第62条

    1个月

                                                答辩书
                                               规则第65条
    2个月

                    回复答辩书
                   规则第67（1）条
    3个月
                                              再次回复
                                            规则第67（2）条
    4个月
```

图5.8　非侵权声明的书面程序

注意，非侵权声明之诉提交答辩期间（规则第65条中规定的是2个月）缩短了，因为在起诉书送达以前已经通知被告（所有权人）有1个月了。

非侵权声明之诉通常伴随撤销之诉提起，因此必须缴纳2份诉讼费（规则第72条）。也就是将图5.8的程序相应地压缩到图5.5中。条文规定没有明确地延长前者的截止日期，但是有充分理由援引规则第9.3条延长前者的期限使其与后者保持一致。

如果在非侵权声明之诉开始的3个月以内，所有权人（或独占许可被许可人）向本地法院或地区法院提交了独立的侵权之诉，在中央法院的非侵权声明之诉将中止（UPC协议第33.6条，见本章第5.12节）。

5.13　在中央法院与本地法院或地区法院中同时进行的诉讼

规则第70条和第71条着重讲在中央法院与本地法院或地区法院同时进行诉讼的程序，就出现了一些复杂的情形。

第70条讲的情形是：原告已在中央法院登记了撤销之诉，针对同一项（或几项）专利，被告随后又在本地法院或地区法院提起了侵权之诉来对抗原告。

第71条讲的情形是：原告已经在中央法院登记了非侵权声明之诉，针对同一项（或几项）专利，对于同一的被控侵权行为，作为被告的所有权人

（或被许可人）随后在本地法院或地区法院提起了侵权之诉来对抗原告。

在第一种情形中，除非当事人同意（例如他们一致同意把两部分诉讼都移送中央法院），否则中央法院必须中止对撤销之诉的进一步审理，至少要中止到提交侵权之诉的答辩书时。如果答辩没有包含撤销之诉的反诉，则中止就被解除（规则第70.4条），这意味着每个法院都可以按照各自的时间安排同时继续。如果撤销之诉中的原告是在侵权之诉中提交反诉来诉撤销，中止会持续到侵权之诉的书面程序结束。到那时，审理了侵权之诉的合议庭必须依照UPC协议第33（5）条决定如何推进程序。可能的做法是：(a) 合并侵权之诉和撤销之诉；(b) 中止侵权之诉，等待中央法院对撤销之诉作出判决；(c) 同时进行侵权之诉和撤销之诉。为了决定选择何种做法，本地法院和地区法院必须考虑撤销之诉在中止前已经在中央法院进行到了哪个阶段（规则第70.4条）。

在第二种情形中（第71条），接下来会怎样是由UPC协议第33（6）条规定的，也取决于所有权人（或被许可人）提起侵权之诉时是否拖延。如果在非侵权声明之诉开始的3个月内提起侵权之诉，中央法院必须中止对非侵权声明之诉的进一步处理。如果是3个月以后，程序就不会中止了，但是中央法院和本地法院或地区法院的首席法官必须交换意见，并对诉讼的未来进展达成一致，这就包括考虑是否中止某个诉讼。

当事人可能遭遇的障碍有待于被清除的，在《统一专利和统一专利法院》的"第三部分：挑选法院和管辖权之战"（*Unitary Patents and the Unified Patent Court – Part 3: forum shopping and jurisdictional battles*，A Johnson，CIPA [2013] vol. 42 no. 3，p.114 – 116.）有所描述。文中设想了一个向中央法院提起的诉讼，它可能已经进行了6个月或9个月，等到侵权之诉在其他法院开始审理时就"瘫痪"了。文章认为恐怕只有撤销之诉是一个不能提起侵权之诉的稻草人时，这个程序才有优点。

5.14 过渡程序

统一专利法院的一个特点就是在书面请求和开庭审判中间的过渡期是很灵活的。这个程序通常包括一个过渡会议，它在实践中显得比口头审理更为重要。❷ 过渡期可能还不止这样一个会议。

答辩书送达给原告后，对过渡期和庭审的准备就开始了。这时报告法官将

---

❷ 例如，在德国，法官普遍认同法院在庭审中改变意见的情况在所有案例中只占10%——复合的专利立法（*Multinational Patent Litigation*，Pantuliano et al.，FT Law & Tax，第53页）。

知道，如果有反诉的话，反诉内容是什么，这会决定书面程序的长度（见下文）。一旦已送达答辩书，指定的法官会询问当事人的意见来设定会议的日期和庭审时间，设定一个日期及备用日期来进行口头审理（规则第28条）。如规则的序言中所述，除了复杂案例，它试图规定所有案例的审理时间都是在收到起诉书的1年以内。

遵从比例原则（该原则下，高价值的纠纷更加需要详查），报告法官被要求在书面程序结束后3个月以内完成过渡程序（规则第101.3条）。

报告法官应积极地管理案例直到案例结束，因此也被赋予了很大的权力（规则第334条）。该法官必须在前期就认定清楚问题，迅速地决定哪些问题需要调查，其他问题概要地记下来即可。该法官决定解决问题的顺序，拟出可执行的时间进程，在考虑是否适用一些特殊步骤时平衡开支。

报告法官鼓励合作，而不是采取对立的方法，如果可能，他会为了解决纠纷在当事人没要求时也试图加入进来。问题会提交给整个合议庭去决定，合议庭可能自愿复查自己作出的所有决定或者报告法官下的命令。任何当事人都可以请求报告法官作决定和下命令要提前给合议庭检查（规则第33条）。这样的复查没有暂停的效力（规则第102（2）条）。

过渡会议可以通过电话或视频来进行，可以使用当事人的代表掌握的任何语言（规则第105条）。如果一方当事人申请，过渡会议也可以公开举行。

报告法官可以在对口头审理进行合适的准备后，组织证人和专家进行预备讨论（当事人在场时）；报告法官可以下令整个合议庭对证人和专家进行一次独立审理。

在过渡阶段决定纠纷标的价值也是报告法官的任务（规则第104（i）条，见第9章9.2节）。在特殊情形下，这个价值可能不同于当事人根据各自立场所提出的价值。

一方当事人请求且报告法官同意时，过渡会议可以在法院公开进行。这样的话，程序也会进行记录。

过渡程序包括庭审的准备，包括考虑是否指定同步的翻译（规则第109条）。一旦过渡程序结束，案例负责人就从报告法官变为首席法官。

5.15　口头程序

口头程序，以及所有独立的对证人和专家的审理都是合议庭法官在过渡会议时进行或者过渡会议上设定的日期进行的。至少提前2个月通知庭审，除非当事人同意缩短时间（规则第108条）。

依从比例原则,很多案例的口头审理都持续不超过1天(规则第113条)。在口头审理前,首席法官就可能给当事人的口头意见设定时间限制。在询问合议庭后,如果合议庭认为时间已经足够知晓案情,那么首席法官或许会限制当事人的口头意见。

如果有的话,在口头证据的基础上,口头证言必须限于报告法官或者首席法官将要审理的范围内。在首席法官的控制下,法官可以提问证人和专家,当事人也是如此。首席法官可以禁止任何不以举出可采纳证据为目的的提问。在法庭的同意下,证人可以用诉讼用语言以外的语言来举证(规则第112条和第113条)。

审理和对证人的所有独立审理都是公开的,除非法庭在有必要的情况下决定秘密审理,审理过程是会被记录的。

5.16 判　决

法院在口头审理结束后尽可能快地作出实质性的判决,目标是在6周内发布书面判决。在个别案例中,判决会在口头审理结束后迅速作出,原因将在后面详细描述(规则第118.7条和第118.8条)。

当侵权之诉和撤销之诉被分开处理,且中央法院中止审理撤销之诉,或者当此专利在EPO被提起了相反的诉讼,本地法院或地区法院可能基于效力认定来作出侵权案的判决(规则第118.2(a)条),或者中止侵权之诉等待撤销之诉或反对之诉的判决(规则第118.2(b)条);如果法院认为有关诉讼极可能很快认定该专利无效,则后者是法院更倾向选择的(法院"愿意中止")。

法院可以列出应支付的赔偿金和补偿金数额,或者要求为赔偿金(规则第125~143条)和诉讼费(规则第150~157条)单独开启一个诉讼程序,这时就应单独支付诉讼费用,其数额根据请求损害赔偿的价值来确定(规则第370.2(b)条)。法院可能命令败诉方先向胜诉方支付一部分赔偿金,该笔赔偿金至少能够支付后续赔偿程序中可预见的诉讼费。

为确保胜诉方向败诉方追偿,法院可以发布命令、采取措施(规则第118.1~352条)。

遭受禁令和其他措施的败诉方可以先提出质疑,而不是必须直接支付赔偿金和补偿金。法院可能同意这样的请求,前提条件是如果当事人的行为是非故意的且没有疏忽,或者如果存疑的命令和措施的执行将导致不符比例原则的伤害,或者如果赔偿金或补偿金能够被合理地满足(规则第118.2条)。

5.17 诉讼费

原则上，胜诉方有权获得的补偿是能覆盖合理、按比例的诉讼支出，包括覆盖法院费用、证人费用、专家费用和其他开支（《规则》第151（d）条），但是这个补偿范围是需要参考纠纷的标的价值来设定上限的。诉讼费问题将在本书第9章进一步讨论。

5.18 和　　解

如果法院认为该纠纷适合和解，法院在任何时候都可建议当事人利用专利调解和仲裁中心。尤其是报告法官应该在过渡会议中根据规则第104（b）条探究和解的可能性（规则第11.1条中"将……探究"）。为了促进纠纷达成和解，讼诉是可以推迟的（规则第343.2（b）条）。如果达成了和解，依规则第365条应通知报告法官；依规则第11.2条和第365.1条，法院则要通过判决来确认所有和解协议的条款。

UPC协议第79条不允许经由和解取消和限制专利，但规则第11.2条规定的和解包括条款"强制专利所有人限制、放弃或同意专利的撤销"。法规解释提到了上诉中可能出现和解的情况，结果可能是一审中撤销的专利重新被赋权。❸

以和解目的起草的文件不能在之后的法庭审理中使用，也不能以为了执行和解协议的条款之外的其他任何目的在其他法院审理中使用（规则第11.3条），除非这些文件是在公开自由披露的基础上明确达成的。

5.19 证据——证人

想要提供证人证言的一方当事人必须先登记一份书面证人陈述（规则第176条）。形式上，这需要包括证人陈述：他明白他有陈述事实的义务，明白在此案例中作虚假陈述所要承担的相应国家法律的责任。如果有必要的话，书面陈述中应说明证人在口头作证时将使用的语言。

法院可能命令证人本人出庭（规则第177条）。这可能基于法院自己的意

---

❸ 这种可能性在英格兰和威尔士的上诉法院中并不存在，见 Halliburton Energy Services Inc v. Smith International (North Sea) Ltd [2006] R.P.C. 26，第655页。

向,或基于另一方当事人对书面证词的质疑,或者一方当事人申请证人出庭。

5.20 强制、传唤

UPC 协议关于证人证言规定得很少。第 53(1)(d) 条只是对证人的询问应围绕给出或得到的证据的意思表示。第 53(2) 条提到规则应制定出示证据的程序,以及提问证人应在法院进行,并且范围限于必要的提问。

根据 UPC 协议第 82 条,法院作判决和裁定的条件应与措施采取地所在缔约成员国作此判决的条件相同,即依照该国的程序来执行。因此,可能存在强迫证人作证的做法,而此证言确实是完整真实的。

规则第 176 条规定,当事人希望提出证人证据但无法得到书面的证人陈述时,当事人可以申请法院询问证人(如必须的话可以当面询问)。该申请必须给出询问证人的原因,以及当事人希望证人确定的事实,还有证人作证将使用的语言。规则第 177 条规定了法院可以听取证人证言,第 179 条规定了对不出庭的证人的罚金。证人作证义务的限制则规定在第 179.3 条。

规则第 202 条规定了发出调查信件来询问证人的程序,规则第 15 次修正草案中对此条文的脚注解释为,其引用的是 2001 年 5 月 28 日关于成员国法院在民商事纠纷中取证合作的第 1206/2001 号委员会条例。该条例规定了由一个请求法院(在这种情况下该法院是统一专利法院)来转送请求,以让欧盟另一成员国的适格法院执行取证。请求法院必须立即执行,最迟不超过收到请求后的 90 天(第 10.1 条)。例外是涉及的问题不属于该条例规定的范围,但是任何在适格请求法院范围内的民商事问题都属于该条例的范围(第 1 条)。因此,似乎该条例也适用于在西班牙和波兰的证人,虽然西班牙和波兰不是 UPC 协议的成员国。就丹麦来说,适用较早的公约。

对专家证人有特别的条款规定,也是考虑他们在专利诉讼中的重要性(至少在普通法国家)。当事人可以要求其指定的专家作证(规则第 181 条)。很多案例的合议庭都包含有相关知识背景的技术型法官,但法院也可出于自己的意向指定院方的专家(像德国那样,偶尔在英国),并让该专家准备一份报告,或者法院可能基于当事人的合理请求,指定一位专家来做试验(规则第 201 条)。

5.21 保全(扣押)证据的裁定

UPC 协议第 60 条赋予法院有权下令"及时有效"地采取临时措施来保全被控侵权的相关证据(包括取得样本或扣押货物)。该裁定在法国被称为"假冒产品扣押"❹，在比利时被称为"扣押说明"❺，在英格兰和威尔士被称为"搜查令"❻，在苏格兰被称为"第一步程序"❼。

根据案情，可以在诉讼开始前适用证据保全。

保全令的申请必须有证据保存的准确地点、需要采取紧急措施保全相关证据的原因、赖以支撑申请的事实和证据，如果还没提交起诉书，就要简洁说明将会提起的诉讼（规则第192条）。

如果是申请单方面紧急措施，需要给出不听取被告人意见的原因，尤其是为什么认为可能对申请人导致不可挽回的损害，或者为什么有证据可能毁损的显见风险（规则第197条）。申请人有责任披露可能影响法院决定是否采取单方面紧急措施的重要事实（规则第192.3条）。被指定去执行证据保全的个人（律师、法警等）由法院根据措施执行地的法律确定（规则第196.4条）。

接下来会很快告诉被告执行令，被告可以在10个工作日内请求复查此令（规则第197.3条），由此启动一次审理（规则第197.4条）。

如果申请人没有在31个自然日内或者20个工作日内提起诉讼，保全证据的命令可以被撤回（规则第198.1条），并且申请人可能被要求向被告支付赔偿金（规则第198.2条）。

法国和比利时的经验是，扣押令是一种便宜快捷的侦查专利侵权的方法。在这些已经有此命令的国家，通常由扣押令开始一个侵权之诉。

5.22　包括临时禁令在内的临时措施

扣押货物等申请可以在主要的法庭诉讼程序开始之前，也可在此之后。申请必须说明为什么采取临时措施是必要的，从而可以阻止侵权威胁，或者防止被被控侵权行为的继续，或者为什么让这些侵权进行保证登记（规则第206.2（c）条）。申请还必须提出赖以支撑的事实和证据，程度通常要达到以合理的证据使法院充分确定专利是有效的，且专利正在被侵权或将要被侵权（规则第211.2条）。

当申请了单方面紧急措施的，申请必须提出为什么不邀请被告进行审理，以及对被控侵权当事人间之前所有的沟通往来（规则第206.3条）。在此情况

---

❹ 见 *Saisie-contrefaçon*, P. Veron et al., 3rd Ed. 2013 (Dalloz).

❺ La Saisie-Description et Sa Reforme, Chronique de jurisprudence 1997-2009, Vissher & Bruwier (Larcier).

❻ 美国专利代理人协会提供的美国专利法案指南，第734页。

❼ 同上，第1049页。

下，申请人有责任披露任何可能影响法院决定是否作出单方面紧急措施的所知重要事实。如果单方面申请临时措施被拒绝了，申请人可以撤销申请并对申请及其内容进行保密（规则第209.4条）。

审问当事人后视情况而定，法院可能下禁止令、扣押令、或交付货物令，或当保证赔偿金有风险时可扣押财物，包括冻结银行账户并（或）发出使其先缴纳诉讼费的命令。

为了决定是否同意申请的临时措施，法院必须权衡利益，也权衡损害（规则第211.3条，权衡当事人的利益，尤其考虑同意或拒绝后对双方当事人有什么潜在损害），也要考虑在寻求临时措施时，任何不合理的拖延会不公地损害申请人的利益（规则第211.4条）。

法院可能命令申请人提供保证，若是临时措施后来被撤销，可以以此提供补偿。该保证在单方面紧急措施中是必要的前置要求（规则第211.5条）。

5.23 保护信

程序性规则规定了一个程序，与可能提起的专利侵权诉讼相关的当事人通过该程序可提出异议，由此可能让法院更明白异议，可预先让法院意识到专利所有权人提起的案例中的疑点，从而使法院中立地让专利所有权人先得到单方面紧急措施，才能申请扣押或其他措施。这个程序被称为"保护信"。

保护信是在德国普遍实践的一种法律工具，尽管它没有正式规定在民事程序中。德国有一个登记处作为保护信登记中心，以供德国法院使用。

UPC协议将"保护信"与临时措施摆在了相同的地位（第32（1）（c）条与第62条），因为两者都存在专属管辖权。保护信的具体概念规定在规则第207条。该条规定了一个人如果考虑到迫近的临时措施可能是针对他的，则可以通过提交保护信抢先诉讼。提交保护信的当事人自己必须符合UPC协议第47条规定的提起诉讼的必要身份，但是这个身份是很宽泛的，包含所有"与一项专利有关的自然人、法人或根据其所在国家法律有权提起诉讼的实体"。

保护信包括事实、证据和论证，例如质疑专利权人和申请人以此来申请单方面紧急措施的事实，或如提出声称该专利无效的根据（规则第207.3（a）~（c）条）。

保护信的一般效果是阻止针对被控侵权人的单方面紧急措施，因为申请临时措施的任何诉讼必须首先得到规则第208条中的登记处的检查，确认是否提交过任何保护信，法院在自由裁量是否做以下事情时必须考虑保护信：(1) 告知被告保护措施的申请并请被告予以反对；(2) 召集双方当事人进行审理。

第 6 章
上诉和复审

6.1 上　诉

依 UPC 协议第 73 条的规定，不服一审法院的判决可以向上诉法院提起上诉，任何败诉的当事人都可以以意见书提起上诉，不管是整体还是部分的败诉。

受负面影响的当事人不服一审法院的最后判决，或不服因一方当事人而终止诉讼的决定，可提起上诉（规则第 220.1 条）。上诉也可以是不服根据 UPC 协议第 49（5）条（语言选择）、第 59~62 条（出示和保全证据、冻结资产和临时禁令）、第 67 条（具体披露侵权行为的裁定）的判决或裁定。

对任何判决或裁定（例如没有终止任意一方当事人的诉讼的程序性判决）不服的上诉，只能与不服法院最后判决的上诉一并提出或者经法院许可才可以提出（规则第 220.2 条）。这也适用于所有权人（或者 EPO 的负责人）不服常设法官（此法官由中央法院的相关人员指定，根据规则第 345.5 条来决定 UPC 协议第 32.1（i）条中的紧急行动）驳回（或允许）专利的统一效力的判决而提起的上诉（规则第 97.5 条）。

UPC 协议第 73（2）(b)(ii) 条中的"法院"是仅限于一审还是可扩展到上诉法院，此问题尚模糊不清。对于事件发展有重要启示，下面将在第 6.9 节讨论。

一审中的报告法官可以决定诉讼费只上交给上诉法院（规则第 157 条），这么做需要向上诉法院递交申请（规则第 221.1 条）。

6.2 提起上诉的时间阶段

不服一审判决的上诉必须在被告知判决后的 2 个月内提起（UPC 协议第 73（1）条）。

任何提到 UPC 协议第 49（5）条（语言选择）、第 59~62 条（出示和保全证据、冻结资产和临时禁令）、第 67 条（具体披露侵权行为的裁定）的案例中，上诉必须在申请人被告知裁定后的 15 个公历日内提起（第 73（2）（a）条）。

在不服中央法院常设法官驳回专利统一效力的判决而上诉时，上诉必须在送达判决后的 3 周内提起（规则第 97.5 条）。

对于任何其他的法院裁定，不服这些裁定的上诉必须和不服判决的上诉一起提起，或根据独立的（且成功的）许可申请来上诉这些裁定。

6.3 上诉书和上诉理由说明

在前述法定时限内提交上诉书后，启动上诉（规则第 224 条）。上诉书中要简单陈述当事人姓名、上诉不服的判决或裁定的日期和编号以及上诉人寻求的裁定和救济（规则第 225 条）。在上诉不服一审判决的常规情况下，上诉人另有 2 个月提交上诉理由的说明书（规则第 224.2 条）。上诉理由须说明判决或裁定的哪一部分存在争议，并给出理由驳斥有争议的判决，阐述支撑上诉的事实和理由。

在不服 UPC 协议第 49（5）条、第 59~62 条或第 67 条中的裁定而上诉时，上诉理由说明书的提交需在上诉书提交的 15 日内。

6.4 后续的程序

上诉法院的程序包括书面程序、过渡程序和口头程序，除了书面程序中没有规定双方的第二轮回复和答辩（除非报告法官这么要求）与之前一审的程序类似。该书面程序如图 6.1 所示。

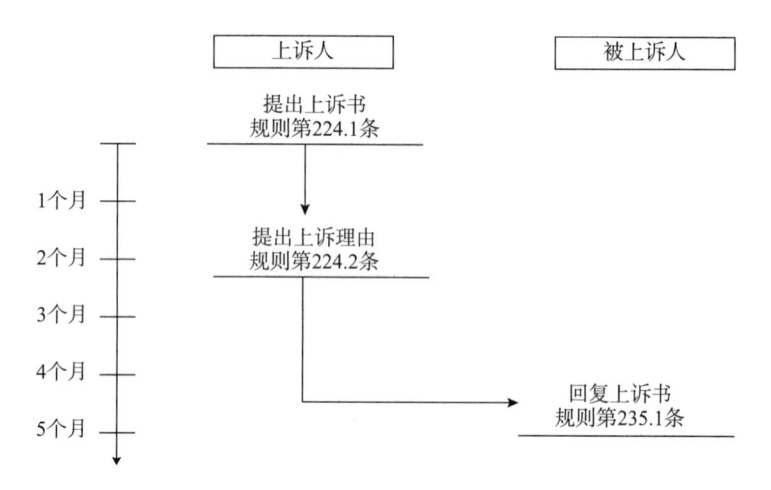

图 6.1　上诉的书面程序

6.5　交互上诉

一个未提起上诉的当事人仍然可以根据交互上诉,在被送达上诉理由说明书后的 3 个月以内提起上诉(规则第237.1条)。以任何其他方式、在任何其他时间是不能提起交互上诉的(规则第237.3条)。交互上诉需要支付诉讼费。如果上诉书被撤回,交互上诉书也会被视为撤回(规则第237.1条)。上诉人有 2 个月时间回复交互上诉书,时间进程如图 6.2 所示。

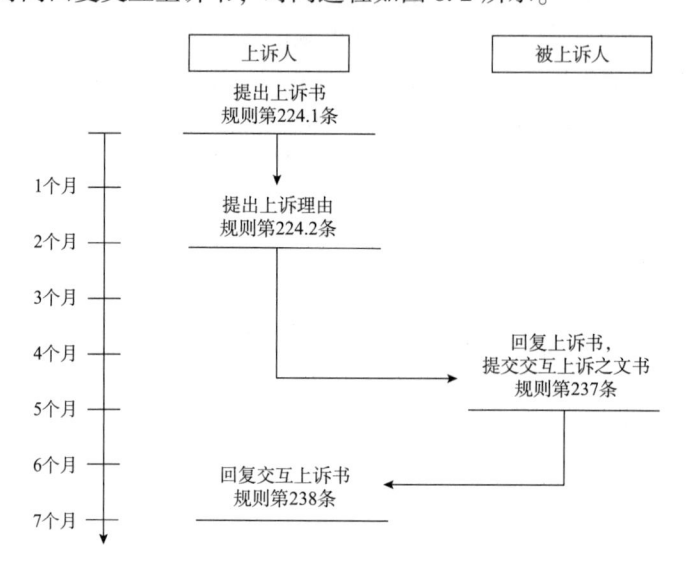

图 6.2　涉及交互上诉的上诉书面程序

6.6 新事实与新证据

上诉法院可能不认可当事人在一审程序中没有提交的新事实和新证据。法院依据自由裁量权决定是否承认新事实和新证据时，尤其要考虑以下方面：（a）是否能证明当事人试图提出的新意见无法在一审中提出是合理的；（b）新意见是否与上诉判决紧密相关；（c）另一方当事人对新意见提出的态度。

6.7 非待定的效力

上诉的提交不会使被上诉的判决或裁定产生待定的效力，除非上诉人申请判决或裁定效力待定，且上诉法院同意了此项请求（UPC协议第74条和规则第223条）。撤回或撤回的反诉和EPO根据规则执行的判决例外。（UPC协议第74（2）条）。当上诉反对的是援引UPC协议第49（5）条、第59~62条或第67条作出的裁定，主要的程序要等待上诉法院的决定。

6.8 判 决

上诉法院有权在较宽泛的范围内以其判决或裁定来全部或部分取代被上诉的判决或裁定，包括支付一审和二审诉讼费的裁定（规则第242.2条）。上诉法院可以把部分案件发回一审法院（规则第242.1条），或者在例外情形时，它可能裁定同一审判庭或不同审判庭重审案例（规则第242.3条）。

6.9 上诉程序问题上的许可

除终止诉讼的判决外，必须经由法院的同意，才可以对一审法院对程序问题的判决进行上诉，并且在规则草案中，曾有人建议对此增加一条规定：如果一审法院拒绝许可上诉，败诉方可以向上诉法院征得许可（建议申请期间为15日），但是由于不确定这样的条文是否超越UPC协议的权限，草案委员会决定反对添加这样的明文规定，最终让上诉法院自己决定其在UPC协议中是否有此权力。

确定的是，请求上诉法院许可上诉程序性判决的可能性可能引起重大的延迟。同等地，实践中不同的本地法院和地区法院在这点上的分歧在于赋予法官较大的自由裁量权，会导致在时间维度上产生巨大差异。征求公众意见时，回答者呼吁程序的协调，可以期待在这一点上，上诉法院一定尽早决断。

6.10 再 审

UPC 协议为再审规定了特殊情形，即原判决被怀疑存在欺诈或其他犯罪行为或者存在重大的程序缺陷（UPC 协议第 81 条）。这里的刑事犯罪只要是有管辖权的法院或权威部门最终认定为犯罪，而定罪不是必要条件（规则第249条）。重大程序缺陷包括没有给被告足够的时间或类似地未能让被告为辩护做准备（第 81（1）(b) 条）。为保护再审权利，在一审法院和上诉法院的诉讼期间，出现任何重大程序缺陷都必须尽可能地遵守规定进行再审（规则第248条）。

再审请求必须在判决作出后 10 年以内提出，但如果发现新事实或程序缺陷，则需要在发现后 2 个月以内提起请求。

第 7 章
代表与特别权利

7.1 代　　表

UPC 协议规定了统一专利法院的当事人必须由以下人员代表：

● 被授权可以在成员国法院执业的律师（UPC 协议第 48（1）条）；

● 被授权在 EPO 可以做专业代表人的欧洲专利代理人（EPA），以及取得"合适资格证如欧洲专利诉讼资格证"的欧洲专利代理人（UPC 协议第 48（2）条）。

登记处将保留一份名单（被称为"特定名单"），其上记录根据第二点被授权在法院代表当事人的欧洲专利代理人（第 48（3）条）。

这里说的欧洲专利诉讼资格证是一种新的资质，UPC 管理委员会负责的工作组已发布了建议设立该资质的草案（附有解释备忘录），还有在"特定名单"登记的规则，包括登记目前没有这项资质却将会被授权上庭的人员❶。尤其是，建议的第 11 条将界定在最开始和后来的各种其他的"适当资质"，第 12 条将提供过渡条款，为的是名单上最早存在的欧洲专利代理人，这样的话，最初，如果当事人愿意，他们可以由有经验的欧洲专利代理人来代表。

7.2 律　　师

规则第 286.1 条定义 UPC 协议第 48（1）条中的律师是指被授权允许从事专业活动的、在 9815/EC 指令第 1 条中提到名号的人。指令分别以下列称呼定

---

❶ 依据 UPC 管理委员会出台的 UPC 协议第 48（2）条对欧洲专利诉讼资格证和其他适当资质的规定草案公布在 www.unified‑patent‑court.org，2014 年 7 月 13 日。

义了律师是在各成员国中被授权从事专业活动的人：

保加利亚：Avocat/Advocaat/Rechtsanwalt

丹麦：Advokat

德国：Rechtsanwalt

希腊：Dijgcïqor

西班牙：Abogado/Advocat/Avogado/Abokatu

法国：Avocat

爱尔兰：Barrister/Solicitor

意大利：Avvocato

卢森堡：Avocat

荷兰：Advocaat

奥地利：Rechtsanwalt

葡萄牙：Advogado

芬兰：Asianajaja/Advokat

瑞典：Advokat

英国：Advocate/Barrister/Solicitor

第287.6条将"专利律师"限定为"其国家法律认为其有资格出具关于发明保护、专利或专利应用的公诉与诉讼的法律意见并在专业咨询中给出该法律意见的人"。值得注意的是，该规则将专利律师视为建议提供者。第287.7条扩展了该定义，根据EPC第134条的规定将欧洲专利律师列入在EPO开展业务的专业代表人。

7.3 英国专利律师——背景

2007年法律服务法案出台之前，根据1977年专利法案第102A（2）条以及1988年著作权、外观设计与专利法案第292（1）条的规定，注册专利律师享有在专利法院（以及地方专利法院，也就是现在的知识产权商事法院）的出庭发言权。这些法案的相应部分已经被取消，专利律师现列于法律服务法案第181～187条中的"其他律师"。注册专利律师原来享有的出庭发言权现属于该法案中的"保留法律活动"。注册专利律师在该法案的过渡期仍享有该权利。[❷]

因为注册专利律师区别于规则第287.6条的"专利律师"，所以注册专利

---

❷ 2007年法律服务法案第15（1）节。

律师可作为第287.6条中的"执业律师"的结论有特定的适用语境。详见以下第7.6节。

在瑞士，由瑞士专利律师协会授权的法律毕业生也面临相似的处境。他们并非瑞士法院承认的执业律师，但可在瑞士法院参与与专利相关的诉讼。规则第286.1条和第287.6条的早期草案曾试图通过将"瑞士专利律师协会或成员国的同等机构授权的拥有法学学位的人（法学毕业生）"包含进"律师"的定义中来解决这个问题。草案第16稿删除了这个规定并附注：该条对瑞士法律毕业生的规定会引起"语义混淆和批评"，但该类人士的地位尚待确定。

7.4 拥有"适当资质"的欧洲专利律师

第二个问题是，根据第48条，具有注册专利律师身份的欧洲专利律师是否可以通过被视作"适当的资质，如欧洲专利诉讼许可"的特许专利律师协会（CIPA）或者知识产权管理协会（IPReg）的考试取得在统一专利法院的出庭资格，以及由于法律学位在瑞士是"适当资质"，所以作为瑞士专利律师协会授权的法律毕业生的欧洲专利律师是否有在统一专利法院出庭的资格。

草案第11条（题为"法律学位取得者"）解决了这个问题。该法条规定：

拥有法律本科或研究生学位的欧洲专利律师或者在欧盟成员国通过国内司法考试的欧洲专利律师，应视作拥有UPC协议第48（2）条规定的"适当资质"，可申请登记为"授权代表"。

该草案法条带来的第一个问题是，通过由律师管理机关管理的普通专业考试的欧洲专利律师或者拥有法律研究生学位的欧洲专利律师是否满足该规则的要求。如果这些资质得不到承认，那草案法条就过于严苛了，应注意有些最高法院的法官是通过这种方式任命的，并且该条的标题是"法律学位取得者"。

该草案法条带来的第二个问题，也是相对较难解答的问题是，拥有低于本科或研究生文凭的大学同等水平的知识产权诉讼许可证书（例如，诺丁汉大学法学院颁发的证书）的欧洲专利律师是否也满足该条件，因为：（1）该许可证书相当于法学本科或研究生学位证；（2）它是授予在英国法院的出庭发言权的国家级考试。

从2013年1月开始，已经出现了3种诉讼资格证书：

（1）知识产权诉讼许可证书；

（2）高级法院诉讼许可证书；

（3）高级法院辩护许可证书。

这些许可证书由 IPReg 管理。❸ 第一种许可证书取代了法律服务法案的过渡条款（见上文）中授予注册专利律师的出庭发言权；第二种取代由 CIPA 管理的诉讼的诉讼资格证书并给予拥有者更广泛的在专利法院出庭的权利，以及在上诉法院和最高法院出庭上诉的权利；第三种证书允许持有人在持有第二种证书的律师陪同下在任何级别的法院出庭。考虑到第二种许可证书的内容和目的（参见第 7.5 节），至少应承认第二种证书，规则才不至于过于严格。如果其他两种资格证书不能得到认可，则曾在知识产权商事法院有出庭发言权并且在专利法院有受限的出庭发言权的专利律师将不具有在统一专利法院出庭的资格。

7.5 过渡期间凭资格或经验申请列入"授权代表"

草案第 12 条规定了 3 年的过渡期。通过下列课程的欧洲专利律师可在过渡期内申请进入授权代表名单：

a）国际知识产权研究中心，欧洲专利诉讼学位或工业产权国际研究学位（针对专利）引导课程；

b）海牙哈根函授大学，"专利律师法"课程；

c）诺丁汉大学法学院，"知识产权诉讼与辩护"课程；

d）伦敦大学玛丽皇后学院，"知识产权法许可证"或"知识产权管理"课程；

e）伦敦布鲁内尔大学，"研究生知识产权法许可证"课程；

f）伯恩茅斯大学，"研究生知识产权许可证"课程。

可以注意到，这些课程具有广泛的诉讼内容，但是提出从一开始就提供充足的有经验的代表，这些代表具有由大学或类似的独立机构认可的某种程度的资格。早于许多这些课程的 CIPA 的基础水平考试不在名单上。

也可以注意到，草案第 12 条中提到的诺丁汉大学法学院的课程是 IPReg 高等法院诉讼证书的批准课程。在第 12 条中列出该课程似乎证实它不等同于第 11 条规定的学士或硕士学位课程（除非为避免疑问才列入第 12 条）。

由于 IPReg 3 个级别的诉讼证书被纳入第 12 条，大多数也是欧洲专利律师的英国专利律师将有资格在过渡期内向统一专利法院申请代理权。

如果欧洲专利律师本人在没有律师协助的情况下代表一方当事人（或作为法官），至少在申请注册前 5 年内在缔约成员国国家法院提起了 3 次专利侵

---

❸ 2012 年诉讼参与权、出庭发言权以及其他保留法律行为许可规则。

第7章　代表与特别权利

权诉讼，则可以根据第12（b）条规定在1年过渡期内将其列入名单。撤销诉讼不计入。❹ 诉讼不是为了设计侵权行为，尽管程序有相似之处。很少有从业人员（如果有的话）在没有任何大律师或倡导者的任何帮助下提出许多这种专利侵权诉讼，但是该规则没有具体说明诉讼需要得出任何结论。

鉴于过渡期很短，专利律师或未来的专利律师有资格成为涉外代理人（EPA）以及参加知识产权管理协会组织认可的基本诉讼技能课程将会更紧迫。在此之后，EPLC将是必要的（UPC协议第48（2）条），这可能是一个更繁重的认可过程（见下文第7.7节）。

7.6　永久的登记名单

规则草案❺规定，自UPC协议生效起1年内，以上列出的资格是"被认为合适的"。这意味着，在此窗口期中，许多现有的欧洲专利律师将够格进入此名单。法院的登记处将检查所有要求认定其他合适的资质的请求，如果有必要的话，会咨询顾问委员会（规则第15.1条）。如果满足了要求，登记处将把申请者列入名单（规则第15.2条）。

一旦进入名单，该条目就是永久性的（规则第16.1条），该条目仅依据由EPO维护的欧洲专利律师名单上的代表（规则第16.2条）。草案没有规定与保留在EPO所保持的名单上的纪律程序分开的任何纪律处分条款❻。

这些提案相当清楚地表明，仅拥有注册专利律师资格而不具备大学水平法律资格的或者诉讼经验的欧洲专利律师，不能在统一专利法院出庭。仅具备注册专利律师资格而未取得上述大学水平的法学学历资质或特定的诉讼经验的人员不具备在统一专利法院出庭的资格。毋庸置疑，第7.2节提出的问题已经讲得很清楚——注册专利律师不是"执业律师"。另外，许多注册专利律师已经取得学历或经验资质（如伦敦大学玛丽皇后学院的"知识产权许可证"课程或伯恩茅斯大学、布鲁内尔大学的同等证书）以免除资格认证的基础性考核，这些专利律师符合第12条要求的资格。

提案还表明，具备瑞士法学毕业生的资格满足在统一专利法院出庭的资格（假设该法律学位在大学水平）。

---

❹ 解释备忘录第6页。
❺ 关于欧洲专利诉讼资格证和依据UPC协议第48（2）条的其他适当资质的规定草案第12条。
❻ 见《职业代表人处罚条例》21.10.1977（OJ EPO 1978，91-100），2007年12月14日修改（OJ EPO 2008，14-15）。

7.7 欧洲专利诉讼许可证

草案对诉讼资格作了特定要求。草案提出相关课程只能由指定大学提供，课时至少达到 120 小时时长，应包括诉讼和谈判的实务训练，同时设置笔试和面试。课程应涵盖以下内容：

a）法律概要简介，包括欧洲法律的主要体系；

b）私法的基本知识，包括普通法系与大陆法系的合同法与公司法；

c）国际私法的基本知识；

d）欧洲法院在知识产权法领域的作用、组织与案例法，包括替代性保护的案例法；

e）统一专利保护，提供欧盟第 1157/2012 号条例和欧盟第 1160/2012 号条例的高级知识；

f）成员国内的专利侵权诉讼和专利无效诉讼；

g）统一专利法院的运行：提供 UPC 协议、规约以及程序法的高级课程；

h）统一专利法院诉讼：提供统一专利法院的程序，实务和案例管理的高级知识。

7.8 专利律师

当事人代表可由专利律师（定义见第 287.6 条，上文第 7.2 节提及）协助，专利律师可在法院的听证会上按照程序法（UPC 协议第 48（4）条）和规则第 292.1 条（对成员国内执业的专利律师的出庭发言权的限制）的规定发言。专利律师的出庭发言资格与其是哪国公民或具有哪国的执业资格无关，与专利律师的业务所在地有关。

7.9 资质的证明

登记处保存一份被授权的可在法庭中代表当事人的欧洲专利律师名单。

规则第 286 条要求律师和欧洲专利律师向登记处提出他们的合适资格或者证明适当的资质。CIPA 和 IPReg 正在考虑是提供个人的纸质版文件还是通过电子方式提供。

声称代表当事人的代表人不需要有代理人的权利，但如果受到质疑的时候可能被要求这么做（规则第 285 条）。

7.10 特别权利

规则第 287 条规定，从任何在法院或专利调解仲裁中心处理的案例被公开开始，客户和律师之间的通信就是被赋予特权的。

为此目的，引入了区分"律师"的定义（规则第287.6条），且扩大了在规则第 286.1 条中所设定的范围（见上文第 7.2 节讨论）。它包括了"任何其他有资格作为律师执业并依据其执业所在国法律给出法律建议的人，以及职业的给出这种建议的人"。这使欧盟以外的律师能够主张自己的特别权利。

该特别权利有普通法中"代理人—客户"特别权利的形式，因此适用于客户和其雇用的或被指派的律师之间的通信，以及客户和专利代理人（包括被雇用的专利代理人）之间的通信，也扩展到律师和专利代理人的工作成果。该特别权利可防止律师或专利代理人与其客户间的通信内容被质疑和监测，也保护了工作中生成的有关文件。

规则第 288 条规定了诉讼特别权利（类似于美国的工作成果保护），保护了为诉讼准备的文件，包括向 EPO 提交的反对意见。

被规则第 287~288 条特别授权的通信不能是制作证据的命令的通信（规则第190.6 条）。证人也不能被强迫给出证据，如果这么做将违反职业的特别权利或违反国家法律规定的其他保密责任（规则第179.3 条）。这样的规定还扩展到了保护当事人和证人的家庭成员。

最后，规则第11.3 条规定了"没有偏私的"特别权利——它不保护公开的文件，但保护当事人或法院准备作为证据解决争议的文件。

第 8 章
国内实施

8.1 UPC 协议的国内实施

正如在第 3 章中已经讨论过的情形，统一专利和任何欧盟药品补充保护证书所授予的权利，都在 UPC 协议第 25～30 条中进行了规定。同时，规则第 5(3) 条明确说明了确认是否侵权应当适用国内法。换言之，缔约成员国已达成共识：各国有权在必要情况下，为实施 UPC 协议而修订自己的国内法。

为与 UPC 协议规定保持一致，各国需要在何种程度上修订自己的国内法，是一个复杂的问题。以英国为例，作为一个"二元论"国家，英国政府借由通过《欧共体法》第二部分规定而进行的二次立法颁布欧盟立法，其程序是正当的。这项立法适用于已缔结的"由欧盟颁布的，有或者没有任何缔约成员国参与的"条约。

在答询后，英国政府已经颁布立法，以（单一效力欧洲专利和统一专利法院的）2016 年专利指令❶形式来实施规章和 UPC 协议内容。其他习惯于适用具有直接效力的政府间条约的"一元论"国家（例如法国和德国），没有必要完全按照同样的方式处理 UPC 协议的适用问题。❷

英国知识产权局的答询强调了 UPC 协议和英国专利法在法律条文用语上的不同之处，无论它们共同的法律起源是什么（见上文第 3.2 节内容）。与此同时，其他缔约成员国也有其他不同规定，本章将讨论部分这样的国家。

---

❶ http://www.legislation.gov.uk/ukdsi/2016/9780111142899/contents.

❷ 荷兰，传统上是"一元论"国家，已经通过了立法，将 UPC 协议内容规定在国内法中予以实施。丹麦是一个"二元论"国家，已经出台了名为《统一专利法院等相关法案》（2014 年 6 月 2 日的第 551 号法案）。

与 UPC 协议存在不一致规定的问题在于，当不同的国家用不同的方式实施协议内容时，可能导致：

（ⅰ）复杂性和由此带来的不确定性以及成本；

（ⅱ）潜在的专利权人（以及诸如被许可人或假定许可人）为找到最想适用的法律而进行法院选择。

8.2 规定统一效力欧洲专利的国内法可予实施

规则第 5（3）条规定，适用于统一专利的专利侵权法律，应当是其物权法同样适用的，"适用于缔约成员国境内统一效力的欧洲专利的法律"。正如在第 2.13 节中讨论的那样，规定能否授予作为物权标的的，统一专利的适用法律（一次通过永久适用），是由申请人在提交欧洲专利申请当日的住所或主要营业地而决定的。

2015 年 5 月 5 日，欧盟法院在对案例 C-143/13 的判决中讨论了这种机制，确认了《欧盟运作条约》第 118 条并未要求对知识产权法各个方面的一致规定，但 UPR 第 5（3）条的规定意味着，为了保持专利的统一效力和对该专利的一致保护，应当使该专利在这些国家境内适用，即已经指定的国内法，应当在缔约成员国的境内予以适用。❸

举例来说，如果一个英国申请人递交了一份专利申请书，英国专利法第 60（1）条的规定将决定侵权行为的具体要求，而第 60（5）条的规定将决定对这些侵权行为的限制。依据 UPR 第 5（1）条规定这些权利可以扩展到具有统一效力的缔约成员国境内的所有地方，受制于法律适用的局限性，依据第 5（2）条的规定，各国情况具有相同性。

类似地，如果一个申请人在递交专利申请书时，在任何一个缔约成员国境内都没有主要营业地，则在默认情况下，德国法律可用于解决财产所有权争议和侵权认定问题。

因此，举例来说，一个美国或日本专利权人可以在单一专利法院的英国分院起诉侵权者，而英国法院则需要适用德国法律。

可以看出，众所周知，缔约成员国之间、各国国内法之间有关专利侵权认定的分歧应当避免。在现实中，这些分歧以及系统本身却允许各个国家在实质上不违背 UPC 协议内容的情况下实施自己国家的不同法律。

---

❸ 案例 C-146/13：Kingdom of Spavin v. European Parliament and Council of the European Union. 2015 年 5 月 5 日判决，47-49。

第5（3）条中选用严谨的法条用语应当被重视。在缔约成员国境内，"适用于欧洲统一效力专利"的法律，和在一国申请国内专利适用的法律并不必要完全一样。UPC协议第3条指出，本协议可以适用于任何统一效力的欧洲专利，而且（受制于案例移送情况和选择排除适用的法律）可以适用于欧洲专利。因此，UPC协议第25~27条规定，可适用于统一效力欧洲专利和没有被选择排除的欧洲专利，尽管国内法本身也可以适用于该国专利。因此，举例来说，在已修改的英国专利法中，UPC协议第27（k）条规定（计算机的交互操作——详见第8.3节）适用于欧洲专利和统一效力欧洲专利，但不能适用于一国的国内专利。同时，协议本身清楚表明，适用法律不取决于统一专利法院的司法管辖权或被选择排除的情况。

不同国家的法律不同于（就它们被编纂的程度而言）UPC协议第25~27条规定或不同于彼此的立法本身，仍有很多局限性。当然，就非法典化立法中的不同程度而言，例如判例法，是不可避免的结果，因此，在短期内，这将引发更多复杂问题。但我们期望的是，在时机成熟以后，这些差异将会减少或消失。

在本章中，将会探讨有关专利侵权的国内法间的差异，同时，也将讨论这些差异扩展适用于统一效力欧洲专利的国内法的可能性。下面将挑选两个具体话题：计算机的交互操作和Bolar例外（实验例外原则）。

8.3 计算机的交互操作

UPC协议第27（k）条规定意味着对英国专利法第60条规定的明显背离，后者没有等价的其他规定。第27（k）条规定排除了"根据2009/24/EC欧洲议会指令第5条和第6条就计算机程序法律保护而言，所允许的行为和对获得信息使用"的侵权情况。

2009/24/EC欧洲议会指令就计算机程序法律保护而言，基于1991年的相关法律。当时，大家普遍关心的是，指令是否会规定软件中的著作权保护问题，但其仅大致涉及了一些无关紧要的内容。当前，对使用专利系统的人来说，其主要的关注点在于，基于著作权的排除情形能否扩展到专利权利的排除适用。考虑到这些领域里很多发明的性质，这种关注的重点是因为，可能有彼此互相作用的计算机程序，共同构成了一项专利发明；通常，能够提起借由设备和仅涉及一方软件界面的帮助侵权案例是很重要的。

不幸的是，UPC协议第27（k）条事实上表述很少。根据指令第5条和第6条，它指"允许……样的行为"，然而，这些法条实际上设定的预期是著作权法所限制的行为。除此之外，指令的第 5 条规定，正常情况下，在著作权权利人的权限范围内使用的行为，包括装载和运行程序所必要的计算机程序复制，以及转译、适应和改变程序及复制由此三种行为而产生的结果，不要求权利人的授权，只要使用者依照预期的使用目的，通过合法途径获得且出于现实必要性而使用这些程序。专利法中这项例外的存在，回避了问题的实质，即当合法获得者已经基于著作权许可而获得程序，但却没有获得专利权人的任何权利授予时，可以主张有关程序权利的主体，是否可由著作权权利人扩展到专利权所有人。我们的设想是可以扩展到，否则，在专利法中引入著作权的排除适用就没有意义。

同样地，第 5 条中的"允许"指的是观察、研究和测试程序的功能性，但是这些例外是没有意义的，因为它们已经被包含在 Bolar 例外原则之中了。

对原始计算机程序副本的公开发行，保留了一项基于著作权的单纯权利，专利法会延续这种保护。

对于 2009/24/EC 欧洲议会指令第 6 条规定而言，这里所"允许"的行为，与独立创作的计算机程序的交互操作的实现有关；且受益于著作权的保护。著作权所有人不能通过行使所有权来阻止获得必需信息去实现互操作性，因为其受制于以下某些条款：

（ⅰ）由被许可人或被授权使用程序副本的个人所实施的行为；

（ⅱ）并非之前可以立即获得的必要信息。

在最初的指令中，很多开发者计划公布计算机互操作性的相关信息，以便不降低其在计算机程序中的著作权保护权利，但不久之后，很明显，作为市场准入的一项障碍，拒绝公开计算机互操作性相关信息，比对著作权的一点侵蚀更有价值。如果软件开发者对实现计算机互操作性感兴趣，在任何情况下，他们都将公开计算机互操作性的相关信息，而不会有兴趣发挥其专有权。这种事情在此时是小题大做的。

现在的问题是，指令中所包含的内容，作为专利法中的一种新例外，是否意味着专利权所有人不能通过使用自己的专利权来阻止获得为实现计算机互操作性的必要信息，因为其受制于某些附加条款，诸如下列的规定：

（ⅰ）由被许可人或被授权使用程序副本的个人所实施的行为；

（ⅱ）并非之前可以立即获得的必要信息。

初看之下，我们可能觉得这并不重要。相对于著作权来说，专利权的处理方式是在专利申请公布后公开发明原理，从而获得垄断权。专利并不是为了限制信息的获得，而是对发明的商业化使用。Bolar 例外原则已经允许为了实验目的而使用专利客体的行为。英国知识产权局认为，当前基于指令内容提议应被允许的行为包含大多数这种例外情形，但是仍然指出，指令内容"过于超前，且特别规定了与反向编译、计算机互操作性以及复制有关的例外情形"，这种说法是正确的。对编译、适应和改变计算机程序结果的复制，正常情况下是著作权保护中所限制的行为，现在已经允许被许可人或被授权使用程序副本的个人实施；除非许可本身明确说明，否则，这两种使用者可以依照预期的使用目的，通过合法途径获得且出于现实必要性而使用这些计算机程序。这种复制可以扩展到发行上，只要不是对原始程序副本的发行即可。

8.4 国内法中计算机互操作性的排除适用

英国知识产权局询问了使用者是否以及在何种程度上应当修改英国专利法以实施排除适用。

将计算机软件的法律保护指令融入专利法时遇到的问题是，从著作权角度来说，独立创作并与原作品不具有"实质的相似性"的软件程序享有独立的署名权，因此其作者可以自由地传播其独立创作的程序。

举例来说，一种情况是，当事人 A 在计算机程序 A1 和 A2 上享有著作权。当事人 B 从当事人 A 处获得了著作权许可，根据指令的规定，准备了一种与程序 A1 可以交互操作的替代性程序 B2。假设程序 B2 与程序 A1 不具有实质相似表达，当事人 A 不能依赖其著作权禁止当事人 B 发行程序 B2，只要当事人 B 可以证明这种发行是依照预期的对程序 A1 的必要使用目的。当事人 A 基于自己的专利，主张程序 B2（或者与程序 A1 可以交互操作的替代性程序 B2）的使用侵犯了自己的专利权。那么，当事人 B 的著作权侵权抗辩是否对其专利侵权行为也有效呢？

英国知识产权局已经说明了自己的意图，不是为了对 UPC 协议二次立法的表面完善，这意味着可以期待法规本身将会被逐字逐句地具体实施，同时将法律中的模糊规定留给了法院未来自主决定。

英国和其他欧盟国家，不必然会实施对其国内专利开设的这种防御措施，但英国知识产权局的协商结果实际上倡议这么做。如果现实中各国的确这么做了，英国的国内法将与 UPC 协议保持一致。如果没有这么做，英国将遵守 UPC 协议，但是这意味着其国内法与协议之间存在分歧，尽管这种分歧的范围尚不确定。

"一元论"国家，诸如法国，在将 UPC 协议视为自己国家的基本法律渊源，并未修改自己国内法的情况下，将自动认可 UPC 协议中为统一效力的欧洲专利的计算机交互操作而设置的例外原则。但是这是否意味着这一原则就在这些国家，为其国内专利而引入了呢？

为了回答这个问题，我们必须参考 EPC 第 2（2）条规定，其内容如下：

"欧洲专利可以在任何一个被授予的缔约成员国境内，具有与该国所授予的国内专利相同的效力，受制于相同的条件要求，公约有其他规定的情形除外。"

这条规定（以及 EPC 第 64 条规定❹）是必要的，因为 EPC 并未清楚说明欧洲专利授予中所赋予的权利内容。这些权利仅在国内法中进行了说明。通过对 UPC 协议的认可，英国或法国法院同样可以推断出 EPC 第 2（2）条规定了诸如法国国内专利将和统一效力的欧洲专利具备相同效力，受制于相同的条件要求，但是也强调了，这样的推断不是唯一可能的结果，甚至不是最符合逻辑的推论。我们很有可能推断出，统一效力欧洲专利是欧洲专利的一种特殊情况，正如 UPC 协议第 27（k）条中特别规定的那样，应当使选择排除适用的欧洲专利和国内专利在其各自效力问题上保持不变。

8.5　Bolar 例外

2014 年 10 月 1 日，英国一部新的立法指令的生效扩展了 Bolar 例外的范围。由此，创新药品的实验将不会侵犯专利权。

这项专门为药品提出的豁免，在之前的英国专利法中已经提及，不过是对 2001/83/EC 欧盟指令的实施，同时，仅允许公司实施监管和测试所要求的可以证明仿制药和专利药之间等效性的内容❺。

这意味着，仿制药公司被允许在原始药品专利保护期到期前，在限定的必要监管许可范围内，发行一定数量的产品；当该专利到期后，可在合适时机被授予上市许可。更多的临床或现场测试是被禁止的，在这种情况下，UPC 协议有着一致的豁免权。❻

然而，在法国或德国❼，相应的法律超出了 2001/83/EC 欧盟指令本身的

---

❹　EPC 第 64（1）条规定：一项欧洲专利可以……自其所有权人被授予专利的信息在《欧洲专利公报》上被公布提及以后，在任何一个缔约成员国，就被授予的权利本身而言，享有与在该国被授予的国内专利相同的效力。

❺　1977 年专利法第 60（5）(i) 条。

❻　但是可能着重强调措辞的差异。UPC 协议第 27（d）条规定允许包含产品专利的各种行为，然而专利法第 60（5）(i) 条涉及所有可能用于研究、测试或实验的专利是否与就上市许可方面所寻求的覆盖产品专利或其他专利相一致的情形，例如：作为一种方法或研究工具。

❼　11 Nr. 2 b GPA．http：//www.gesetze-im-internet.de/patg/__11.html.

规定内容,不允许用于仿制或生物仿制药品的实验。

在多方面产业游说,以促进新的非仿制药的开发,例如落入专利保护范围的新药的实验下,或在对已知专利药的对比研究要求下,英国政府修改了1977年专利法第60(5)(b)条的内容,即"实验使用的例外原则"。新增的内容第6D节是为了规范任何涉及其中的或者为了药品评估目的,而被视为与发明标的物有关的,出于实验目的的行为。新增的分则第6E节规定了什么是"药用产品评估"。尤其规定了(在英国)实验中有关为获取市场准入和在世界任何地方关联监管标准的数据要求。

8.6　新的英国豁免是否符合 UPC 协议规定?

回顾第3.5节,UPC 协议第27条规定了在统一专利中被禁止行为的例外,即"与发明标的物有关的出于实验目的的行为"。英国的豁免原则(当前的目的仍是作为 Bolar 例外而被提及),作为一种对例外原则内容的单纯澄清,被特别对待并制定。

爱尔兰近来为了实施近似的豁免原则而修改了本国法律,但是选择了一种有所不同的路径。1992年爱尔兰专利法被修改以后,在"实验使用例外"原则❽和2001/83/EC 欧盟指令豁免❾两项规定中增加了一项单独豁免❿条文:"与相关专利发明标的物有关的行为,可能由具体的研究、测试、试验和实验(包括临床和现场实验)等行为组成;这些行为,根据该国或者其他任何国家法律的规定,为了销售、供应、许诺销售或供应医药产品,满足市场准入或类似工具(不管怎么描述)等申请需要而被作出。"

英国专利法的修改,是对现有的 UPC 协议第27(a)条中已经规定的豁免原则的具体阐明;然而,爱尔兰专利法的修改,则增加了 UPC 协议中并未规定的新的豁免原则。这两种行为都是合法的吗? 英国知识产权局认为,英国的修改行为更有可能作为英国承认 UPC 协议规定有关统一专利可申请性的证明而被支持。一旦批准,第3条规定指出,第25~27条可以适用于统一专利(不多不少)。如果2001/83/EC 欧盟指令豁免原则⓫被扩宽,它将被 UPC 协议第27(d)条规定所取代。通过阐明实验例外原则,我们希望,在英国,该阐

---

❽　1992年爱尔兰专利法第42(1)(b)条。

❾　第42(1)(g)(i)条。

❿　第42(1)(h)条。

⓫　1977年专利法第60(5)(i)条。

明能作为和 UPC 协议第 27（b）条一致性的规定被适用。

通过对比，我们担心，爱尔兰专利法的单独规定，或许会因为违背 UPC 协议第 27 条规定而不被适用。

显然，这是一场形式重于内容的争论。无论是扩大化了的豁免（英国和爱尔兰）还是缩小化了的豁免（欧盟指令），在被适用到所谓的专利侵权人身上时，侵权人进行了出于医药产品评估目的的临床试验，这里的医药产品是基于申请人住所地（申请当日）在英国或爱尔兰而被授予的欧洲统一专利的主体的药品，统一专利法院的各国分院为此事件提起诉讼时，将会出现问题，即哪国法院才是临床试验行为实施时的法院？统一专利法院的该国分院被要求，在有人申请统一效力欧洲专利时，参考英国法（爱尔兰法）和适用 UPC 协议第 24 条规定，还应首先考虑欧盟法、UPC 协议以及 EPC。如果发现这些法律渊源都不能定义一项行为是否明确是侵权使用或落入实验使用目的的临床试验行为，则该法院必须适用国内法（无论是成文法还是判例法）。在适用国内法时，法院必须明确，英国专利法第 60（6D）条效力优于判例法[12]，相同规则适用于爱尔兰专利法第 42（1）（h）条。

8.7 欧洲范围内的其他"Bolar 例外"规定

根据世界知识产权组织[13]规定，欧洲范围内的"Bolar 例外"法律规定大致可以划分为：

（1）这些国家的豁免仅适用于与仿制药、生物等效性以及生物仿制药市场准入相关的活动；

（2）更宽松的豁免，容忍市场准入所要求的任何行为以及与创新药品有关的行为。

以上划分的两种规定分别分布在以下国家：

- A 类国家包括：比利时、塞浦路斯、荷兰和瑞典；
- B 类国家包括：奥地利、保加利亚、捷克、丹麦、爱沙尼亚、芬兰、法国、德国、匈牙利、爱尔兰、意大利、拉脱维亚、立陶宛、卢森堡、马耳他、波兰、葡萄牙、罗马尼亚、斯洛伐克、斯洛文尼亚、西班牙和英国。

另外，B 类国家中的很多国家（诸如奥地利、德国、丹麦、爱尔兰、意大利和英国），同样也豁免了旨在获得欧盟或欧洲经济区以外市场准入的行为。

---

[12] 例如：Monsanto v. Stauffer [1985] R.P.C. 515 CA.

[13] http://www.wipo.int/wipo_magazine/en/2014/03/article_0004.html.

通过加入 B 类国家，英国和爱尔兰的议会试图鼓励公司在英国和爱尔兰境内实践对创新药品的研究和临床试验。它们认为这会对当地的经济产生积极影响。

通过以上讨论，我们很难得出结论，在临床试验问题上，UPC 协议的规定可以为各国带来一致的解决办法。

此外要注意的是，事实上，各国法律在统一专利问题上都存在规定不一致的情况；且 B 类国家的意图可能会因申请欧洲专利时公司注册在 A 类国家境内或者权利人声称其专利具有统一效力的理由而被规避。这并不意味着，我们期望看到药品公司以在 A 类国家的任何一个国家境内有分公司为理由，在寻找提交专利申请的国家时，进行自主选择法院的行为。尤其是很长一段时间以来，当这样的专利申请在等待授予时，在这段时间里，这 4 个国家或许就会向大多数国家看齐，放松自己的豁免要求条件。

8.8 争论（因果难分的问题）

在 "Bolar 例外" 问题上，完全有可能通过正当程序出台新的欧盟指令，要求剩余的豁免范围较窄的少数国家和大多数国家保持一致（反之亦然），但各国国内法的演变进程显示，各国通过国内政治施压各自立法的自由权利可能会引起改变，即从中央层面推动立法的时间会更长，甚至根本无法推进立法。

根据 UPC 协议的规定，国与国之间的专利实体法，在授予专利的法律统一适用问题上是不分先后顺序的。英国对 Bolar 例外原则的修改是在签订 UPC 协议之前所作出的一种改变。这样的改变行为是否会在签订 UPC 协议以后被禁止？正如各国判例法之间的差异会在不同缔约成员国境内，因适用 UPC 协议第 25~27 条的相似规定而扩大化，没有理由说，这些国家不能在自己国内进行编纂或修改立法的活动；但是，若缔约成员国的立法背离 UPC 协议第 25~27 条规定，欧盟法院也可借由司法管辖权（如果要求的话），迫使该国遵守《欧盟运作条约》第 118 条规定（见 UPC 协议序文第 8 条）。

8.9 成员国之间差异的其他例子

UPC 协议第 27（c）条和第 27（k）条规定具有相同的保护范围，这一规定并非英国专利法的副本，它是规划协调委员会制定的一项规则，而且在法国、德国和荷兰的国内法中也早有相似的规定。英国知识产权局期望可以把它引入英国法律，但是起草只被大致提了一下。其豁免了 "为了培育、发现和开发其他植物多样性而使用生物材料"的专利侵权行为。法律允许基于开发目的,将专利植物品种和其他植物品种进行杂交的行为。这种权利的授予基于植物品种权。❹ 然而,实际的法律规定用语上,范围更广些。这种豁免被扩展适用到可在开发植物新品种上使用任何"生物材料",包括标记基因序列、酶、从其他植物提取的生物体基因以及一系列其他研究工具。

1977 年英国专利法和 UPC 协议第 25~27 条规定之间的其他细小差异,已经在英国专利代理人协会回复英国知识产权局的技术评审和基于 UPC 协议实施需要二次立法的证据要求❺等问题中被明确指出;但是除非诸如统一专利法院这样的单一法院被设立,否则在缔约成员国之间不可能有专利法的完全统一适用。统一专利法院将会花费很长时间来解决当前各国分歧中的细小差异问题。

---

❹ 1977 年植物多样性法第 8(c)条。
❺ 例如:根据专利法第 60(5)(c)条,药方必须由已注册的医药或牙科专业从业者提供,然而,UPC 协议第 27(e)条规定必须是"处方"。

第 9 章
成本和成本风险

9.1 法院费用

侵权诉讼（或者反诉）或者宣布不侵权诉讼或者赔偿权利许可证的诉讼费用由以下构成：
- 固定费用（提议为 11000 欧元[1]）；和
- 按价值计算，争议标的价值超过 500000 欧元的，按超过部分的 0.5% 计。

这些费用非常符合德国法院费用标准（参见图 9.1）。

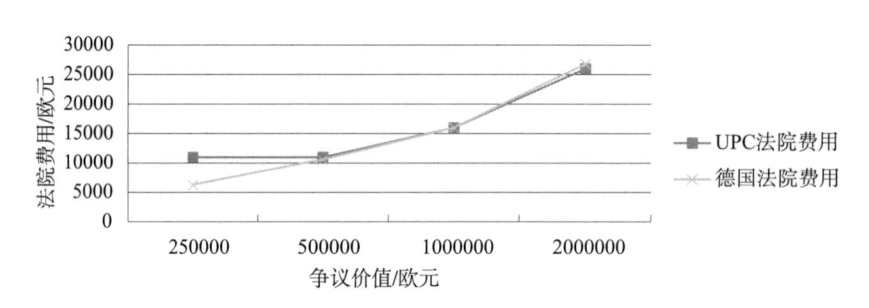

图 9.1　UPC 法院费用与德国法院费用对比

撤销诉讼的费用提议是 20000 欧元。这几乎是德国联邦专利法院费用的 2 倍。

反诉的费用和侵权诉讼的费用一样，被限制为 20000 欧元。

---

[1] 见 2015 年 5 月 8 号 UPC 筹备委员会协商文件。本节提到的数字均是从这份协商文件中摘取的。

9.2 争议标的

如果价值超过 500000 欧元，索赔者就必须在起诉书中陈述争议的标的价值（规则第13.1（p）条）。报告法官根据双方当事人在过渡期间提交的材料确定争议的标的价值（规则第22.1条）。撤销诉讼也是一样（规则59条）。这些规则没有规定如何在被诉撤销的专利上设置价值，但德国有很多先例来确定被诉撤销的专利的价值。公众对撤销专利的经济利益是确定争议价值的重要指标。在撤销诉讼的反诉中，其价值通常为侵权争议价值的小倍数（例如125%）。在单独撤销诉讼的情况下，会计算专利的未来收入（自己使用专利或可能的许可费用）。

基于标的价值，法院费用根据报告法官确定的价值确定。法院费用可能高于或低于预期。德国的经验表明，如果一方当事人提议的价值过低（例如当事各方共谋寻求低成本约束性仲裁），则法院可以设定较高的价值，以便收到与法院认为的真实价值相等的费用。

以德国的经验为指导，预计在法院的诉讼中，25%的诉讼费将低于50万欧元，90%的诉讼费将低于4000000 欧元。❷

在特殊情况下，争议价值在当事人之间会出现分歧（规则第104（i）条）。

9.3 支付费用的时间

固定费用必须在提交起诉书（或者相关文书——规则第371.1条）的时候支付。基于标的价值的费用必须在确定争议价值送达之后10日内缴纳（规则第371.4条）。

9.4 费用风险——败诉方支付

在欧洲统一专利法院提起一个诉讼后，法院费用只是一方当事人要承担的风险中的一小部分。大部分的风险来自败诉之后要承担另一方的诉讼成本。胜诉方产生的合理部分的诉讼成本和其他费用要由败诉方承担，规则中规定了上限(UPC 协议第69（1）条)。上限是基于争议价值设定的，在设定值的下端

---

❷ 统一专利法院筹备委员会协商文件关于法院费用和回收费用的规定，2015 年 5 月，第19页。

大多数是争议价值的20%，但是最终大多数案例会降至5%（参见图9.2）。

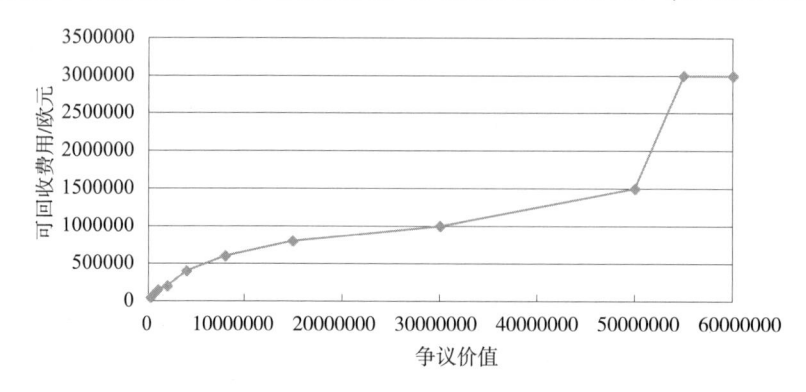

图9.2 可回收费用的最大值

这些可回收费用普遍比德国法院的高很多。

如图9.3所示，在价值范围中的低端，与德国法院的可回收费用进行了比较（对于德国来说，可回收价值只针对侵权诉讼，如果有撤销的反诉可能价值会变成2倍）。

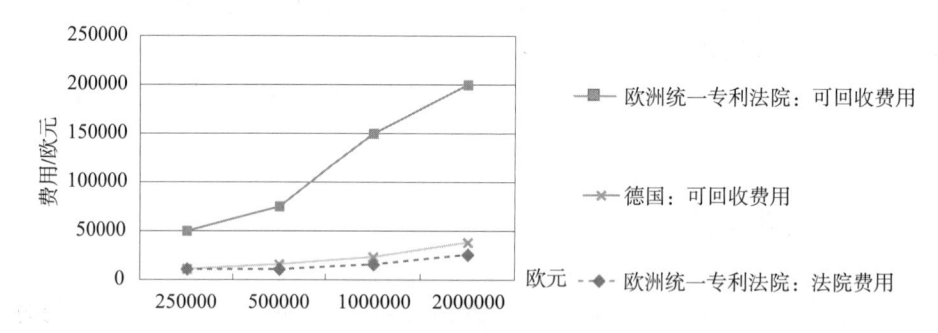

图9.3 UPC与德国法院可回收费用对比

在价值范围的高端，可回收费用比英国高等法院的费用高（例如，在1000000欧元等级以上）。❸

德国的经验表明，实际的法律费用和开支通常超过法院规定的上限。获胜方的成本通常不能完全收回，但开始诉讼的损失风险被限制在与法院费用相当的水平。相比之下，在欧洲统一专利法院之前，限制是高几倍。更可能的是，实际成本将是完全可回收的，并且败诉的成本相当大。

---

❸ Law Society and Economy Working Papers, 12/2012, Christian Helmers 和 Luke McDonagh，见于 www.lse.ac.uk/collections/law/wps/wps.htm。

9.5 成本风险的影响

启动诉讼并败诉的成本风险对诉讼当事人的行为有重大影响。相比而言，英国的诉讼成本高昂，而德国诉讼成本较低，因此在德国提起的诉讼更多，如图 9.4❹ 所示。

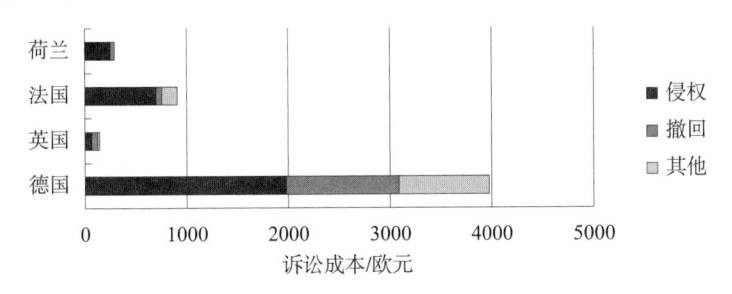

图 9.4　2000~2008 年各国发明和实用新型专利诉讼成本对比

人们经常说，当事人宁愿在英国选择庭外和解，也不要面临巨大的诉讼成本和风险。当诉讼开始时，风险很高，并且结案率很低（26%~33%）。相比之下，德国很低的风险使得在德国起诉是一个有吸引力的选择，并且存在更高的结案率（36%~46%）。

在欧洲统一专利法院提出的成本补偿的更高上限是折中了这些经验。在价值可能很高但问题很简单的情况下，实际成本可能无法达到上限，而在问题复杂且一方产生高成本和赢利的情况下，该方有可能收回与实际成本相当的成本（假设是合理的）。

9.6 降低费用的诉讼

有两种关于在特定情形下降低法院费用的替代提议正在被考虑。

第一种替代方法是一种退还策略。在听证会减少到单一法官时或者撤销诉讼中，根据进展采取一个可以退还的策略。第二种替代方法是允许中小型企业、微小型企业、非营利组织、大学和公共科研机构（UPC 协议第 36（3）条）申请基于价值的费用免除。

---

❹ 中心欧洲经济研究讨论文章第 13-072 号，欧洲专利诉讼 Katrin Cremers et al.

第 *10* 章
选择加入还是退出？

10.1 专利申请人的更多选择

在适当的时候，欧洲的专利申请人要保护专利权利可以有 3 种选择：
- 国家专利；
- 传统的欧洲专利；
- 统一欧洲专利。

另外就传统的欧洲专利来说，许多年都可以选择是否诉至统一专利法院（见第 4 章第 4.24 节）。

基于本章中阐述的原因，国家专利和统一专利更受申请人青睐，选择传统的欧洲专利的人则日益减少。

选择统一专利很简单，就是完成在线表格（UP 7000 表格）❶，没有费用（见第 2 章第 2.8 节）。如果选择了统一专利，选择退出统一专利法院的管辖权是不可能的（见第 4 章第 4.23 节），在任何一个过渡期间都没有可能。在"传统欧洲专利"案例中，选择退出统一专利法院的管辖权是积极的一步（见第 10.6 节）。图 10.1 说明了这种选择。

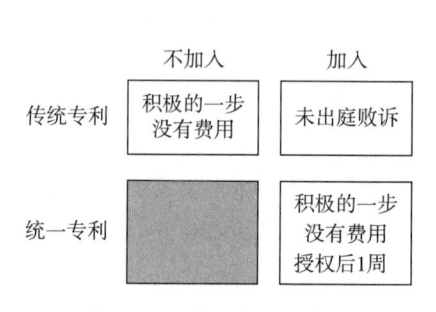

	不加入	加入
传统专利	积极的一步 没有费用	未出庭败诉
统一专利		积极的一步 没有费用 授权后1周

图 10.1 统一专利和统一专利法院的选择

---

❶ 另外，在过渡期间，必须提供将专利翻译成第二种语言的译文，见第 2 章第 2.9 节。

10.2 优势和不足

在考虑以下问题时，有必要列出不同选择的优势和不足：(1) 选择欧洲专利的统一法院；(2) 不选择统一专利法院。将会发现，与传统的欧洲专利相比，统一专利更倾向于这种选择，使得可以预期越来越多的欧洲专利将受到新法院的专属管辖，并且最终（在最后选择退出的专利到期后）都将这样做（见表10.1）。

表10.1　国家专利、欧洲专利和统一专利的优缺点比较

国家专利	欧洲专利	统一专利
优势： ● 快——一些国家机构审查专利时积压率相当低。其他一些国家（法国、荷兰）根本不测评 ● 权利要求的广度——许多国家机构授权的权利主张的范围比 EPO 所赋予的权利的范围要广 ● 分散性——很难在各国一一被撤销	优势： ● 一次性审查 ● 严格审查出的结果较为可靠 ● 授权后中央法院修改的效力仍然可行 ● 在被异议后，和国家专利具有一样的优势（不能从中央法院撤销，需要在各国分别撤销）	优势： ● 在申请期间，除了有欧洲专利的优势外，还有： ● 以更低的价格覆盖欧盟范围（最少的翻译费用） ● 欧盟范围的实施 ● 更低的续展费用（比起覆盖4个成员国以上的费用） ● 可以进行"法院选择" ● 在其存续期内可以整体转化
不足： ● 预先的成本——每项专利申请必须用官方文件语言提交 ● 诉讼的成本——必须和各国法院分别结算	不足： ● EPO审查可能比较慢而且非常严格 ● 授权后的9个月面对中央法院撤销较为脆弱 ● 如果专利在《伦敦协议》以外的国家生效，授权时成本高昂	不足： ● 专利存续期的任何时候面对中央法院撤销都较为脆弱 ● 先前在某一国的国家权利在成为统一专利后可能在所有国家都失效❷ ● 续展费高于"3个核心的"欧洲专利国家 ● "全有或全无"——不可能进行"部分更改"以便在部分国家节约续展费 ● 统一专利法院尚未审判案例，具有不确定性

---

❷ 见第4章第4.16节。

10.3　授权的成本

统一专利由 EPO 授权。在决定是选择统一专利保护还是"传统"的欧洲专利时（见第 2 章第 2.10 节），这两种选择在成本上没有什么区别。

统一效力的登记是不另外收取费用的（见第 2 章第 2.8 节）。

在过渡期内，选择统一专利的额外成本是需要提供说明书的完整译文（见第 2 章第 2.9 节）。但是，译文可以是西班牙语，因此可以重新用于西班牙的国家验证。或者翻译可以是廉价低质量的翻译（不是机器翻译），不用于其他目的，仅供参考（《统一专利翻译条例》第 12 节和第 6.2 条）。

将这些费用与国家专利体系的费用相比并无必要。国家专利体系是申请人熟悉了很多年的一种选择。

10.4　续展费

除各种专利的申请费用外，申请人也有意对各种专利的续展费用进行比较。

EPO 构建了详细的相当于 3 国、4 国、5 国、7 国以及 10 国的专利费的费用预测模型，并决定采用"最热 4 国组合"模型——相当于欧洲专利申请最频繁的 4 个国家——英国、法国、德国以及荷兰的专利费用的总和。以这种方式设定的统一专利的最低续展收费标准，EPO 行政理事会有力地引导成员国选择统一专利。从费用的角度来看，传统的专利取得费用对仅在德国、英国以及/或者法国申请专利的申请人比较低廉。因此通过极少的额外费用，专利的地域保护可以拓展至整个欧盟（西班牙除外）。

图 10.2 显示了统一专利的续展费和欧洲专利的续展费的对比（后者的费用在第 10 年达到峰值 1500 欧元）。美国专利的大致费用也标示于图 10.2。

如图 10.2 所示，统一专利的续展费在专利取得后的 11 年内均低于欧洲专利。事实上，如果专利申请在 6 年内通过，续展费将减半。专利申请 11 年后，由于新的申请出现费用增长。此后，申请欧洲专利将相对便宜。

欧洲专利组织根据对申请人行为的预测（即预测申请人仅根据费用进行选择，并且在假设所依赖的限制条件外才偏离该假设）进行分析得出，欧洲专利组织的收入不会因为统一专利减少。如果统一专利的费用高于相当于 5 个国家的专利保护费用之和，则申请人选择同一专利将出现明显的费用差别，欧洲专利组织将因此流失收入。

第 10 章　选择加入还是退出？

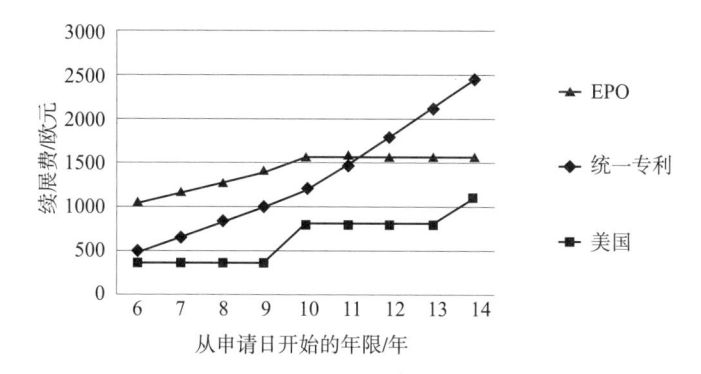

图 10.2　欧洲、统一专利和美国专利续展费对比

注：美国续展费按期在获得专利后第 3.5 年、7.5 年和 11.5 年下降，该图显示了近似的平均年费。

因此，专利续展费按照申请人申请传统欧洲专利支付的最低费用标准设置。通常选择在 3 个或更少的国家申请专利的申请人很可能愿意付出为数不多的额外费用以取得欧盟范围内的保护。通常选择在更多国家申请专利的申请人将因为选择统一专利而节省费用。此外，只需为统一专利付费，专利所有人可节省后续的行政费用。

统一专利的缺点是：它要么提供全域保护，要么不提供任何保护，将来如果费用升高不可以选择从专利保护范围中删除部分国家以节省费用。另外，由于当下的费用设定为"最热 4 国保护同等费用"，这个收费水平已经足够低廉，不可能降低。

10.5　与传统欧洲专利的费用比较

如今欧洲专利的取得已经成为一个复杂而昂贵的过程。在非《伦敦协议》缔约国的国家申请国内保护，必须准备一份用该国语言书写的完整的专利声明翻译文件（除非可重复使用以特定语言书写的文件）。

表 10.2 列出了基本按照 GDP 和人口排序的 EPC 的缔约国❸，其中特别标注了《伦敦协议》的缔约国以及参与 UPC 协议的国家。

---

❸　数据来源：http：//www.cia.org（2014 年的数据）。

表 10.2　EPC 的缔约国相关 GDP 及人口数据对比

国家	国内生产总值/十亿美元	人口/百万	统一专利	英语	《伦敦协议》
德国	3557	82	·		·
法国	2776	63	·		·
英国	2418	62	·	·	
意大利	2199	60			
西班牙	1494	46			
荷兰	840	17	·		·
土耳其	778	69			
瑞士 & 列支敦士登	636	7			·
瑞典	538	9	·		·
波兰	514	38	·		
比利时	513	11	·		
挪威	484	5			
奥地利	419	8	·		
丹麦	333	5	·		·
希腊	303	11			
芬兰	266	5	·		
葡萄牙	239	11			
爱尔兰	218	4	·	·	
捷克	215	10	·		
罗马尼亚	190	22	·		
匈牙利	140	10			·
斯洛伐克	96	5	·		
克罗地亚	64	4			·
卢森堡	58	0.50	·		
保加利亚	53	8	·		
斯洛文尼亚	50	2	·		·
塞尔维亚	45	7			
立陶宛	43	3	·		·
拉脱维亚	28	2	·		·
塞浦路斯	25	0.80	·		
爱沙尼亚	22	1.3	·		

续表

国家	国内生产总值/十亿美元	人口/百万	统一专利	英语	《伦敦协议》
冰岛	14	0.30			·
阿尔巴尼亚	13	3			
马其顿	10	2			·
马耳他	8	0.40		·	
摩纳哥	6	0.03	没有有效要求		
圣马力诺	1	0.03			
总的国民生产总值/十亿美元	19606		13862		9809
总人口/百万		594	391		249

数据来源：http://www.imf.org（2011年官方数据）。

通过上文第10.2~10.5节，以及对在以下国家注册欧洲专利和统一专利进行比较，可以看出：

• 在英国、法国、德国和一个《伦敦协议》缔约国（例如荷兰）注册的，统一专利在过渡阶段的费用稍微高于欧洲专利（考虑到需要进行完整翻译产生的费用），之后的费用相同；

• 在英国、法国、德国、一个《伦敦协议》的缔约国以及西班牙注册的，统一专利的费用基本相同（因为西班牙要求翻译作为生效的必要条件，这个要求符合《统一专利翻译条例》第6.1（b）条的规定，第2章第2.9节进行了论述）；

• 在更多国家尤其非《伦敦协议》缔约国的国家注册的，选统一专利费用明显更低。

总结：在为数不多的情况下，专利申请人会因为费用的原因选择传统的专利申请方式。不考虑专利授权费用以及专利请求书的翻译费用，这些情况包括：后续的续展费用过高，或者续展文件篇幅过长导致翻译费用过高。

10.6　传统的欧洲专利可以从统一专利法院自愿退出

传统的欧洲专利的申请人可以在过渡期结束前，自愿退出法院的管辖（见第4章第4.23节）。

最初的建议是：每个专利自愿退出法院管辖的费用为80欧元，但是根据2015年5月提议的费用进行磋商后，筹备委员会达成"明确共识"，自愿退出费用应该取消或降低。当专利人在提交专利申请时拒绝支付自愿退出费用时，其不属于欧洲专利体系。随着 IT 技术的发展，委员会决定自愿退出的行政管理成本是微不足道的，因此取消费用消除了如何处理费用支付的问题，并且整体减少了总的行政管理费用。

根据统一专利法院的管辖权（无论是不自愿退出现有的欧洲专利，还是通过选择对新授予的专利进行统一保护）将对那些倾向于支持在单一诉讼中跨越多个管辖区执行专利的可能性并且不畏惧无效的反诉的人具有吸引力。对于那些相信新法院将是对专利态度友好的法院或熟悉德国法院系统的人来说，因为大部分程序是建立在德国法院系统的模型上的（见第 9 章），并且他们对这种系统很满意，所以这一点也很有吸引力。

自愿退出统一专利法院管辖的制度吸引着一些申请人，他们认同依据 EPC 产生的现有程序，认同这些程序在选定国家生效且在其国家法院执行，也认同在某专利于 EPO 被提起了反对意见的 9 个月期间之后，第三方不可能申请从中央法院撤销该专利。例如，如果专利所有人通常在每个国家单独许可专利，则知道在一个国家撤销专利不会自动减损另一国的许可，这对他们来说可能是有吸引力的。

有人说："没有必要畏惧统一专利法院，除非你有一个坏的专利。"在授权时，专利权人通常没有理由怀疑最近授权的专利的有效性，并且有机会在任何案例根据 EPC 第 105a 条修订。在异议期届满之前，专利权人不能避免对有效性的集中攻击。另外，如果现有技术在那段时间之后引起专利权人的注意，自愿退出确实变得有吸引力，特别是如果新发现的现有技术不是对新颖性的破坏而仅仅是对创造性的怀疑，并且专利权人认为欧洲不同的法院明显可能有不同的看法。

大大小小的许多公司对此时间安排持续关注，尤其关注的是：
- 在竞争者申请撤销之前迅速地自愿退出，如果"日出条款"生效的话，可以利用它；
- 在竞争者有时间自愿退出前申请从中央法院撤销。

10.7 自愿选择回归

如果专利被自愿退出了，这也是可以取消的，可以自愿选择回归（规则第5.8条）。同样，撤销自愿退出也没有费用支出。

如果在登记取消自愿退出的申请之前，已经向某一缔约成员国的国家法院提起了诉讼，则自愿退出不能被撤销（规则第5.9条）。如果诉讼中止、撤回或结案了，这里未提及法院应如何对待。

可以自愿选择回归使专利权人选择诉讼法院时有更多选项（见第 5 章第 5.5 节），但当侵权人预先估计到这些选项并控制程序时，专利权人就必须制订复杂的计划来避免这样的情况发生了。

10.8 非自愿退出

假设一项没有自愿退出的欧洲专利服从于欧洲统一专利法院的管辖，也服从于各国法院的管辖（第 4 章第 4.23 节），问题就产生了：如果诉讼分别在欧洲统一专利法院和各国法院提起该怎么办？各国或许会不同于欧洲统一专利法院（实际上等于强制地排他地选择接受）？这会影响诉讼先提起、诉讼的实质和诉讼的程序吗？评论者推断，如果国家性诉讼先被提起，可能之后就不能向欧洲统一专利法院提起此专利的诉讼，但这似乎仅仅是类推到如果诉讼已经在各国法院提起了，而在欧洲统一专利法院取消自愿退出的情况——此情形似乎有剥离欧洲统一专利法院管辖权的所有条款作支撑。

10.9 调查数据

英国知识产权局进行的调查❹显示（在 EPO 制定统一专利费用规则之前，以及在欧洲统一专利法院筹备委员会公布其咨询文件之前），商业主体通常对新系统很谨慎，推断出费用在决定是否自愿退出时将是一个主要因素，也推论出许多调研的专利权人将开始寻求自愿退出他们的最有价值的专利，尽管一些人可能对待他们"最强大的"专利会自愿选择加入，为的是从"一站式"的执行中获益。

Allen&Overy 律师事务所进行了一项更广泛的调研，在更广的欧洲范围选取了调查对象样本，这些样本主要是申请专利的大中型企业的欧洲总部。

该调研显示，人们对将最有价值的专利置于欧洲统一专利法院的管辖中更有信心——尤其在执法需求强烈时。

后续的调研表明，大多数调研对象的专利组合包的大部分是不确定的（这类占 68%）。接近一半（49%）的被调研人说他们肯定会至少让其一部分专利自愿选择加入，而只有 15% 的人说他们肯定会在一些专利上自愿选择退

---

❹ Exploring Perspectives of the Unified Patent Court and Unitary Patent within the Business and Legal Communities. [EB/OL]. http：//www.ipo.gov.uk.

出。显而易见，当商业主体决定自愿选择加入，占其专利组合包的24%，他们会决定使自己最有价值的专利自愿选择加入。这意味着当商业利益最大化时，他们将自愿选择加入。大多数受调研者认为他们在新体系下将申请统一专利，而不是传统的欧洲专利或者国家专利。

一名荷兰的知识产权策略负责人评论说："执行统一专利的诉讼成本比无效风险重要。"

Allen&Overy律师事务所研究指出，欧洲统一专利法院将使专利权人能获得的救济比现在美国所提供的还要广，伴随而来的是更多用户涌入，且获得禁令更容易、简单和快捷。据评估，其成本将仅为美国的1/5❺。因此，这些独有的优点意味着欧洲统一专利法院可能变成可以匹敌美国的解决主要专利纠纷的法院。

---

❺ 原文为"其成本将比美国便宜5倍"。——编者注

附录 1

欧洲议会和欧盟理事会在创设统一专利保护领域实施"加强的合作"的条例

(EU) No. 1257/2012
2012 年 12 月 17 日

欧洲议会和欧盟理事会

考虑到《欧盟运作条约》(TFEU),尤其是其中第 118 条第 1 段,

考虑到 2011 年 3 月 10 日的欧盟第 2011/167 号决议在创设统一专利保护领域授权"加强的合作"❶,

考虑到欧盟委员会的提议,

在向各国议会呈递立法草案后,

根据普通立法程序❷,

鉴于:

(1) 创设法定条件使企业适应于其制造和销售跨国产品的活动,为企业提供更好的选择和更多的机会,有助于达成在《欧盟运作条约》第 3 (3) 条中设定的欧盟目标。

国际市场范围内的统一专利的保护,或至少在其重要部分,欧盟应该发挥作用,制定企业提议需要的法律文件。

(2) 根据《欧盟运作条约》中第 118 条第 1 段,采取措施建立和运作国际市场包括在欧盟创设统一专利保护,也包括在欧盟范围建立集中的授权、合作和监管制度。

---

❶ [2011] OJ L 76/53.
❷ 2012 年 12 月 11 日的《欧洲议会工作》(至今没有发布在官方刊物上) 和 2012 年 12 月 17 日的理事会决定。

（3）在2011年3月10日，理事会采纳了欧盟第2011/167号决议，授权比利时、保加利亚、德国、爱沙尼亚、爱尔兰、希腊、法国、塞浦路斯、拉脱维亚、立陶宛、卢森堡、匈牙利、马耳他、荷兰、奥地利、波兰、葡萄牙、罗马尼亚、斯洛文尼亚、芬兰、瑞典和英国（下文称"参与成员国"）之间在创设统一专利保护领域的"加强的合作"。

（4）统一专利保护将推动科学和技术的进步，使进入专利系统更容易、更便宜，从而促进国际市场的运作发展，也将加强法律保障，使在参与成员国获得统一专利保护具有可行性，削减企业获欧盟范围内统一专利保护的成本和复杂性，改善专利保护的水平。无论其国籍、居住地或成立地，对于来自成员国和其他国家专利权人来说此种保护均有效。

（5）《授予欧洲专利的公约》（EPC）于1973年10月5日制定并于1991年12月17日和2000年11月29日两次经过修订（下文称EPC）。此公约设立了欧洲专利组织，并赋予其授权欧洲专利的职责。该任务由欧洲专利局（EPO）执行。一项EPO授权的欧洲专利应该是，由专利所有权人申请，依据本条例在参与成员国受益于统一效力。这样一项专利在下文被称作"统一专利"。

（6）根据EPC第9部分，EPC缔约国可以规定被授权的欧洲专利在该国有统一特性。本条例的构成包括了一个在EPC第142条含义范围内的特别协定，一个在1970年6月19日《专利合作协议》（最后修订于2001年2月3日）第45（1）条意义范围内的区域性的专利条约，以及一个于1883年3月20日在巴黎签署的《保护工业产权公约》（最后修订于1979年9月28日）第19条意义范围内的特别协定。

（7）统一专利保护能够实现，归因于欧洲专利依据本条例在专利被授权后，在所有参与成员国中有统一效力。统一专利的主要特点应该是其统一特性，例如，提供统一的保护并且在所有参与成员国有同等的效力。所以，一项统一专利仅在参与成员国中被限制、转让、撤销或丧失。在全部或部分的参与成员国领土内，统一专利可以被许可。为确保统一专利保护授予的统一的、真实的保护范围，只有已被全部参与成员国以相同权利要求授权的欧洲专利，可以享受统一效力的待遇。最后，欧洲专利具有的统一效力应该有附件的性质，并应该被认为不能超出基本的欧洲专利被撤销和限制的范围。

（8）根据专利法的一般原则和EPC第64（1）条，统一专利保护应该可溯及地在参与成员国内生效，溯及某项欧洲专利于《欧洲专利公报》上的被授权之日起。如果统一专利保护生效，参与成员国应保证欧洲专利不被认为会在其境内作为一项国家专利生效，以此避免重叠的专利保护。

（9）统一专利应授权其所有权人去阻止任何第三人作出有违专利保护的

行为，这应当通过建立统一专利法来保证。在未被本条例或欧盟理事会第1206/2012号条例覆盖的范围，EPC条款、UPC协议（包含有关权利范围的条款和对权利的限制）和各国法律（包含国际私法的相关条款）都应适用。

（10）统一专利的强制许可应该依据参与成员国法律在其各自的境内进行管理。

（11）在本条例运行的报告中，欧盟委员会应该评估可适用的限制的运作，如果必要，制订合适的提案，考虑专利系统创新和技术进步的作用、第三方的合法利益和高于一切的社会利益。UPC协议不妨碍欧盟在此领域的权力。

（12）根据欧盟法院的判例法，权利用尽的原则也应该适用于统一专利。因此，对于被参与成员国范围内实施的专利覆盖的产品，在专利所有权人把该产品投放到欧盟市场以后，统一专利所赋予的权利应当不扩展到关于该产品的行为。

（13）适用于损害赔偿的管理体制应该依据参与成员国的法律管理，尤其是施行2004年4月29日欧洲议会和欧盟理事会关于知识产权执行的指令2004/48/EC[3]第13条的条款。

（14）作为财产权客体，统一专利应该整体性处理，并在所有参与成员国作为参与成员国国家性专利去处理，具体可在哪国处理取决于居住地、主营业地或营业地的具体标准。

（15）为了推动和促进统一专利在保护发明时也能得到商业利用，专利所有权人应当能够合理考虑同意许可专利。为实现此目标，专利所有权人应当向EPO提交一份声明，表示在合理考虑的情况下，其会准备授权许可专利。如果这样，EPO在收到此声明后，专利所有权人可以享受到续展费优惠的福利。

（16）成员国集体可以利用EPC第9部分的条款，授权EPO行事，并设立一个欧洲专利组织管理理事会的特别委员会（下文称"特别委员会"）。

（17）缔约成员国应将与欧洲统一专利有关的特定行政职权授予EPO，尤其关于统一专利申请的管理、注册、限制、许可、转让、撤销或失效，续展费的收取和分配，过渡期间的通信翻译，以及申请人以非EPO工作语言的语言提交欧洲专利申请产生的翻译费用补偿机制的权限。

（18）在特别委员会的框架内，在过渡期间按照欧盟第1260/2012号条例的规定，成员国应保证对上述成员国授权EPO的行政活动进行管理与监督，保证统一专利申请在欧洲专利公示后的1个月内提交EPO，以EPO的审理语言书写并且提交要求的翻译文件。成员国应保证按照EPC第35（2）条的投票

---

[3] [2004] OJ L 157/45.

程序，按照欧盟第 1260/2012 号条例的规定设置续展费和其分配的标准。

（19）专利权所有人应支付欧洲统一专利的年续展费。续展费在专利保护期内延续，加上在预授予阶段支付给欧洲专利组织的费用，应包括所有与欧洲专利授权和统一专利的行政保护有关的费用。续展费的标准应根据促进创新、提升欧洲商业的竞争力的目标进行，并考虑特定的商业实体比如中小型企业的情况，例如向其收取较低的费用。该标准初次设定时也应反映专利覆盖的市场规模，与一般的在成员国生效的欧洲专利的国内续展费水平相当。

（20）应设置合适的续展费标准和分发方式以保证欧洲统一专利收取的费用足以涵盖与统一专利保护有关的授权 EPO 的任务的一切费用，且续展费加上在专利授予前支付给 EPO 的费用可保证 EPO 的财政平衡。

（21）续展费应支付给 EPO。EPO 应保留该组织在执行 EPC 第 146 条规定的统一专利保护任务时产生的花销相应的数额。其他数额应在成员国内分发并用于与专利相关的目的。续展费的分发应基于公平、平等和其他相关考量，即专利活动的水平、市场规模，并保证分发给各成员国的数额不低于一个最低数目以保证分发系统平衡且可持续地运作。续展费的分发应对以非 EPO 工作语言作为工作语言的成员国，根据欧洲创新记分牌建立了非常低的专利活动水平的国家，以及相对较晚加入欧洲专利组织的国家进行补偿。

（22）加强 EPO 与成员国的中央工业产权局的合作关系，促进 EPO 适时利用中央工业产权局针对优先权被在后的欧洲专利申请所主张的国内专利申请的调查结果。所有中央工业产权局，包括在国内专利授予程序中不执行调查功能的产权局，可在强化合作中起到关键作用，例如给予潜在的专利申请人尤其是中小型企业建议与支持，接收申请并向 EPO 转交申请或者传播专利信息等。

（23）本管理条例由欧盟理事会根据《欧盟运作条约》第 118（2）条的规定通过的欧盟第 1260/2012 号条例补充规定。

（24）欧洲统一专利的司法审理应根据设立统一专利诉讼系统的法律规定进行和管理。

（25）为保证统一专利的运作、案例法的统一性、法律的确定性以及专利所有人支出的有效性，应当设立统一专利法院审理与统一专利相关的案例。因此成员国应将修改 UPC 协议以适应其国内宪法与国会程序并及时采取必要行动使该法院尽快进入运行作为首要任务。

（26）本管理条例不得影响成员国授予国内专利并且不得取代成员国的专利法。专利申请人有权选择申请国内专利、欧洲统一专利、仅在一个或数个 EPC 的缔约成员国生效的欧洲专利，或额外在一个或数个不参与欧洲统一专利的 EPC 缔约国申请的具有欧洲统一专利性质的专利。

(27) 由于本条例的目标，即创造统一的专利保护不可能仅依靠成员国得到充分的实现，由于条例的规模与效力，在联盟层面能得到更好的实现，欧盟可采取措施，在适当的时候根据《欧盟运作条约》第 5 条规定的辅助原则开展专利增强保护行动。根据第 5 条规定的合理性原则，本条例实行该目标不得超越必要的范围。

现制定以下条例：

第一章
基本条款

第 1 条　主体问题

1. 本条例在创设统一专利保护领域实施"加强的合作"，由决定 2011/167/EU 授权。

2. 本条例构成了一个在《关于授予欧洲专利的公约》（1973 年 10 月 5 日签订，1991 年 12 月 17 日和 2000 年 11 月 29 日修订，下文称"EPC"）第 142 条含义范围内的特别协议。

第 2 条　定义

为了本条例的目的，需运用下列定义：

（a）"参与成员国"是指根据决定 2011/167/EU 在创设统一专利保护领域参与"加强的合作"的成员国，或者在申请统一效力时，依据根据《欧盟运作条约》第 331（1）条第 2、第 3 小段制定的决定，作为第 9 条所提及的成员国家；

（b）"欧洲专利"是指欧洲专利局（EPO）依据 EPC 产生的程序规则而授权的专利；

（c）"统一专利"是指在成员国根据本条例享有统一效力的欧洲的专利；

（d）"欧洲专利登记簿"是指 EPO 依据 EPC 第 127 条保存的登记簿；

（e）"统一专利保护的登记簿"是指构成欧洲专利登记簿一部分的登记簿，其中登记了统一专利的限制、许可、转让、撤销和丧失；

（f）《欧洲专利公报》是指 EPC 第 129 条规定的定期出版的刊物。

第 3 条　统一专利

1. 一项在所有参与成员国获得相同的权利主张的授权欧洲专利将在参与成员国享有统一效力，此专利的统一效力已经被登记在统一专利保护的登记簿上。

一项欧洲专利被不同参与成员国授予不同的系列权利则不能享有统一效力。

2. 一项统一专利将有统一特性。它会受到统一保护，并且在所有参与国有同等的效力。

它只能在所有参与成员国内一起被限制、转让、撤销或丧失效力。

它可以在所有或部分参与成员国境内被许可。

3. 欧洲专利的统一效力应当不被承认能够扩展到已经被撤销或限制的欧洲专利上。

第 4 条　生效日期

1. 统一专利将于 EPO 在《欧洲专利公报》上提到的欧洲专利授权之日在参与成员国生效。

2. 参与成员国将采取必要的措施来确保：当欧洲专利的统一效力已经注册并在其境内生效，在《欧洲专利公报》公布授权之日起，欧洲专利不会在其境内产生国家专利的效力。

第二章
统一专利

第 5 条　统一的保护

1. 在遵守适当限制的条件下，统一专利将授权其所有权人有权阻止任何第三人在参与成员国境内任何地方作出任何违反专利保护的行为。

2. 在专利享有统一效力的所有参与成员国内，权利的范围和限制是统一的。

3. 第一段中所提到的违反专利保护的行为和适当的限制应该由特定的调整统一专利的法律来定义，此法律需要是可以适用于统一专利的、可将此专利作为符合第 7 条中财产权客体来调整的参与成员国的各国法律。

4. 在第 16（1）条中所提到的报告里，委员会将评估所适用的限制的运作，如有必要，也将作出合理的提案。

第 6 条　统一专利所赋予权利的用尽

对于被参与成员国范围内实施的专利覆盖的产品，在专利所有权人把该产品投放到欧盟市场以后，或者在专利所有权人的同意下，统一专利所赋予的权利将不会扩展到关于该产品的行为；除非专利所有权人有合理理由反对更进一步的对产品的商业利用。

第三章
统一专利作为财产权客体

第 7 条　将统一专利作为国家专利

1. 根据欧洲专利登记簿，有统一效力的欧洲专利作为财产权的客体，符合以下条件的，在所有参与成员国将被全面当作参与成员国的国家专利。

（a）在提交欧洲专利申请时，申请人在参与成员国有住所或主营业地；

(b) 当不适用 (a) 情况时, 在提交欧洲专利申请时, 申请人在参与成员国有营业地的。

2. 当两个或者更多人作为关键申请人被登记到欧洲专利登记簿, 应看第 1 段的 (a) 规定是否适用于显示在第一位的关键申请人。如果不能适用, 看第 1 段的 (a) 规定能否适用于登记簿上登记顺序中的下一位关键申请人。如果第 1 段的 (a) 规定无法适用所有关键申请人, 可以看 (b) 是否相应地适用于所有关键申请人。

3. 如果依照第 1~2 段, 没有申请人有居所、主营业地、营业地在统一专利的参与成员国境内, 统一专利作为财产权的客体将全面地在所有参与成员国被作为一项欧洲专利组织在此根据 EPC 第 6 (1) 条有总部的国家的国家专利对待。

4. 权利的取得与进入各国的专利登记簿无关。

第 8 条　专利权利的许可

1. 统一专利的所有权人可以向 EPO 提交申请, 表示在适当考虑后, 所有权人准备好了允许任何人都可作为被许可人使用此发明。

2. 本条例下取得的许可将视作合同下的许可。

第四章
制度性条款

第 9 条　欧洲专利组织框架的管理事务

1. 在 EPC 第 143 条含义范围内, 参与成员国将允许 EPO 根据 EPO 的国际规则执行下列任务:

(a) 管理欧洲专利的所有权人申请统一效力;

(b) 使统一专利保护的登记簿包含在欧洲专利登记簿以内, 并管理统一专利保护的登记簿;

(c) 在国际标准化机构中接收和登记第 8 条提到的许可声明, 以及其统一专利的所有权人作出的撤回和许可承诺;

(d) 在欧盟第 1260/2012 号条例第 6 条提到的过渡时期公开该条提到的翻译文件;

(e) 在《欧洲专利公报》发布中提及的授权年份之后, 收集和管理统一专利的续展费; 收集和管理额外的因延迟支付续展费产生的费用, 如果此延迟支付是在截止日期的 6 个月以内; 分配收集的续展费用给各参与成员国;

(f) 管理补偿金计划, 补偿欧盟第 1260/2012 号条例第 5 条提到的翻译的成本;

(g) 确保欧洲专利所有权人申请统一效力是使用 EPC 第 14 (3) 条定义的

诉讼用语言，在《欧洲专利公报》提及授权后的 1 个月以内提交申请；

（h）确保统一效力显示在统一专利保护登记簿上，如果统一效力的申请连同欧盟第 1260/2012 号条例第 6 条提到的翻译件在该条文规定的过渡期内已经被提交，如果 EPO 被通知统一专利的任何限制、许可、转让和撤销。

2. 参与成员国将确保服从本条例以实现它们在 EPC 中承担的国际义务，它们将为此进行合作。在它们作为 EPC 缔约国的资格中，参与成员国将保证管理和监督本条第 1 段提到的事务的有关活动，并保证根据本条例第 12 条设定续展费水平，并根据本条例的第 13 条设定续展费的分配。

参与成员国将为此在 EPC 第 145 条的含义范围内设立一个欧洲专利组织管理理事会的特别委员会（下文称"特别委员会"）。

特别委员会将包括参与成员国的代表、作为观察员的委员会的代表，以及能替代缺席的上述人员的人。特别委员会的成员可以接受建议者和专家的协助。

特别委员会的决定将被适当考虑到委员会的职务中，并且这些决定要符合 EPC 第 35（2）条确定的规则。

3. 参与成员国应确保在一个或几个参与成员国存在效力的法院，可提供有效的法律保护以反对 EPO 在执行第 1 段提及的事务时所作的决定。

第五章
财务条款

第 10 条　花费上的原则

在 EPC 第 143 条翻译的范围内，EPO 执行被参与成员国交给的额外任务，其所产生的花费将由统一专利所产生的收费来覆盖。

第 11 条　续展费用

1. 统一专利的续展费以及延迟支付产生的额外费用应由专利所有权人向欧洲专利组织支付。在统一专利于《欧洲专利公报》被提及授权后的几年，这些费用是应当支付的。

2. 如果适用续展费，而续展费以及其额外费用没有及时支付，统一专利将会失效。

3. 如果收到第 8（1）条提及的声明，续展费将会减少。

第 12 条　续展费的水平

1. 统一专利的续展费水平应该是：

（a）在整个统一专利保护期间是增多的；

（b）充分覆盖关于欧洲专利授权和统一专利保护的所有成本；

（c）是充足的，且连同在授权前期支付给欧洲专利组织的收费应能保证欧洲专利组织的收支平衡。

2. 续展费水平的设定应考虑中小企业之类的具体的个体情况，其意旨是：

（a）促进创新，培育欧洲商业的竞争力；

（b）反映专利覆盖的市场的大小；

（c）近似于在参与成员国生效的欧洲专利在续展费初次被设定时的平均各国续展费。

3. 为了本章的设定具有客观性，设定的续展费水平应当是：

（a）等同于付给现行欧洲专利的平均地理范围的续展费的水平；

（b）反映现行欧洲专利的续展率；

（c）反映统一效力的申请数量。

第13条　分配

1. EPO将保留第11条所述的统一专利的续展费的50%。按照依据第9（2）条设定的续展费分配，剩余的部分将分配给参与成员国。

2. 为了本章的设定具有客观性，在参与成员国间的续展费分配应基于下列公正、平等、有关联的标准：

（a）专利申请的数量；

（b）市场的大小，当保证分配给各参与成员国的最小数量时；

（c）补偿出现以下情形的参与成员国：

（i）有一种官方语言不属于EPO官方语言；

（ii）专利活动水平不成比例地低；

（iii）最近才取得欧洲专利组织成员资格。

第六章

最终条款

第14条　委员会和EPO的合作

委员会将在本条例涉及的领域通过与EPO的实际业务协议来建立紧密的合作。此合作将包括定期交换对实际业务协议的意见，尤其是交流续展费及其对欧洲专利组织收支的影响的问题。

第15条　竞争法和不正当竞争法的适用

本条例将无偏见地适用竞争法和不正当竞争法。

第16条　运作本条例的报告

1. 自第一件统一专利生效后的3年内起，每5年委员会将向欧洲议会和欧盟理事会呈递关于本条例运作的报告，如有必要，可提出合理的修订提案。

2. 委员会将定期向欧洲议会和欧盟理事会报告第11条提到的续展费的运

作情况，尤其关注第 12 条的履行。

第 17 条　参与成员国的通知

1. 参与成员国应根据第 9 条制定的措施在适用本条例之日通知委员会。

2. 每个参与成员国应根据第 4（2）条制定的措施在适用本条例之日通知委员会；或者如果在适用本条例之日，在某参与成员国内欧洲统一法院对统一专利没有排他管辖权，或从在该参与成员国有此排他管辖权之日起，其应根据第 4（2）条制定的措施通知委员会。

第 18 条　生效和适用

1. 本条例将于其发布在《欧盟官方期刊》的第 20 天生效。

2. 在 2014 年 1 月 1 日或 UPC 协议生效日之间，较晚者将是本条例开始适用的日期。

经由第 3（1）条、第 3（2）条、第 4（1）条的减损，为其统一效力登记在统一专利保护登记簿上的欧洲专利将只在特定参与成员国有统一效力，该国内统一专利法院对统一专利自其注册登记之日起有排他管辖权。

3. 每个参与成员国在其存放对协定的批准文件时都应将其批准通知委员会。委员会将在《欧盟官方期刊》发布协定的生效日期以及在此生效日批准了协定的参与成员国名单。委员会将在此后定期更新批准协定的参与成员国名单，并在《欧盟官方期刊》发布此更新的名单。

4. 参与成员国应保证在本条例适用时第 9 条所述的措施到位。

5. 每个参与成员国应保证在适用本条例时第 4（2）条所述的措施到位；或者如果在适用本条例之时，在某参与成员国统一专利法院对统一专利没有排他管辖权，就到统一专利法院在该参与成员国有此排他管辖权之时，参与成员国应保证第 4（2）条所述的措施到位。

6. 自本条例适用之日起，所有被授权的欧洲专利可以申请统一专利保护。本条例的所有条款都具有法律约束力并将根据条约直接适用于参与成员国。

完成于布鲁塞尔，2012 年 12 月 17 日
欧洲议会议长
M. 舒尔茨
欧盟理事会主席
A. D. 麦费洛亚内斯

附录 2

在适用翻译计划以保护统一专利的领域实施"加强的合作"的理事会条例

(EU) No.1257/2012

2012年12月17日

欧盟理事会:

参考《欧盟运作条约》,尤其是第118条的第2段内容;

参考在2011年3月10日的欧盟第2011/167号理事会决议,批准了在统一专利保护发明领域的"加强的合作";

参考欧洲委员会方面的建议;

在将已起草的立法法案提交至各国议会后;

参考欧洲议会的意见;

与专门的立法程序保持一致,实施本条例;

然而:

(1)依据欧盟第2011/167号决议,比利时、保加利亚、捷克、丹麦、德国、爱沙尼亚、爱尔兰、希腊、法国、塞浦路斯、拉脱维亚、立陶宛、卢森堡、匈牙利、马耳他、荷兰、奥地利、波兰、葡萄牙、罗马尼亚、斯洛文尼亚、斯洛伐克、芬兰、瑞典和英国(下文统称"参与成员国")已被授权在各国,关于统一专利保护发明领域,启动"加强的合作"项目。[1]

(2)根据欧洲议会和理事会在2012年12月17日作出的欧盟第1257/2012号条例,以实现统一专利保护发明领域中的"加强的合作",依据在1973年10月5日订立的,并于1991年12月17日和2000年11月29日两次修订的《欧洲专利公约》(EPC)中的一些规定和程序要求,某些由欧洲专利局

---

[1] [2011] OJ L 76/53.

(EPO)所授予的欧洲专利,在专利权人的要求下,应该受益于参与成员国的统一效力。

(3)在参与成员国统一效力中受益的欧洲专利(以下简称"统一效力欧洲专利")的翻译计划,应该以一种单独条例的形式建立,并与《欧盟运作条约》第118条第2段内容保持一致。

(4)与欧盟第2011/167号决议相一致,为统一效力欧洲专利制订的翻译计划,应该简单和具有良好的成本效益。它们应该同那些在理事会条例中提出的关于欧洲专利翻译计划的建议保持一致,这些建议在2010年6月30日的委员会中被提出,也结合了在2010年11月理事会会长所建议的一些已获得广泛支持的可妥协事项。

(5)这些翻译计划应该确保法律的确定性和激励创新,尤其应该使中小企业从中受益。其应该使统一效力欧洲专利和专利体系的入口整体上更加简单,成本更低,且有法律的安全保障。

(6)因为EPO负责授予专利,统一效力欧洲专利的翻译计划应该在EPO的当前程序基础上构建。这些计划应该在申请程序成本和技术信息的可获得性方面,致力于实现经营者利益和公共利益之间的必要平衡。

(7)不影响过渡安排计划,即统一效力下,一个欧洲专利的说明书依据EPC第14(6)条的要求进行出版,更深入的翻译内容就不再被需要。EPC第14(6)条要求欧洲专利的说明书必须以程序中所要求的语言递送EPO,且包含EPO其他两种官方语言的权利要求书的译文。❷

(8)如果出现与统一效力欧洲专利有关的争论,依法,专利权人应该在被认定是侵权人的要求下,提供一份所谓侵权的发生地或成员国侵权人的住所地的参与成员国中任何一种官方语言的专利的全文翻译。同时,在参与成员国中授权法院的要求下,专利权人还应提供有关统一效力欧洲专利争论的授权法院之程序规定使用语言的专利翻译全文。这些翻译不应由法院自主负担,而应由专利权人付费提供。

(9)如果出现与损害赔偿要求有关的争论,在听审此争论时,法院应该考虑,在提供给侵权人基本国语言之前,其行为可能出自善意,以及其并不知道或并无合理原因得知其正在侵犯他人的专利权。授权法院应该评估不同案例的不同情况,尤其应该考虑侵权人是否只是在当地经营的中小企业、EPO要求的程序语言和在过渡时期统一效力所要求一起提交的翻译文书。

(10)为了促进统一效力欧洲专利的申请,尤其针对中小企业,申请人应

---

❷ 见附录1。

该能够用欧盟的任何一种官方语言撰写自己的专利申请书，并递交至 EPO。作为一种补充性措施，某些利用统一效力欧洲专利渠道的申请人，在已递交一份用某种欧盟官方语言，但非 EPO 官方语言撰写的欧洲专利申请书后，且其住所或主要经营地在某个成员国境内，应该得到因为将专利申请书另外翻译成 EPO 申请程序语言而花费成本的附加赔偿，应超过 EPO 近来确定的适当数额。这些赔偿应该由 EPO 根据欧盟第 1257/2012 号条例第 9 条的要求管理实施。

（11）为了提高专利信息的可利用性和技术知识的传播，用机器将专利申请书和说明书翻译成欧盟所有官方语言的举措应该尽快实现。EPO 正在推行机器翻译，机器翻译是寻求提高专利信息普及率和广泛传播技术知识的重要工具。机器翻译及时可用的高质量欧盟所有官方语言的欧洲专利申请书和说明书将会大大造福使用欧洲专利体系的所有用户。机器翻译是欧盟决策的一个重要特征。这些机器翻译应该仅为资讯用途服务，而不应具有法律效力。

（12）在过渡时期，在体系化地高质量地将申请书翻译为欧盟所有官方语言的机器翻译变得可用之前，参考欧盟第 1257/2012 号条例第 9 条规定，统一效力要求，在 EPO 的官方语言是法语或德语时，专利说明书必须被全文翻译为英文，或者翻译为成员国内的任何一种官方的，同时是欧盟中 EPO 申请程序要求为英文的官方的语言。这些计划将会确保在过渡期间，所有的统一效力欧洲专利都可用英文书写，因为英文是国际技术调查和出版领域的惯用语言。此外，这些计划将会确保在关乎欧洲专利统一效力的问题上，翻译将会被以参与成员国其他官方语言的形式出版。这些翻译不应该通过自动化方式实现，它们的高质量应该有益于 EPO 的翻译引擎的培训工作，从而加强专利信息的传播。

（13）过渡时期应该在高质量地将申请书译为欧盟所有官方语言的机器翻译变得可行后尽快终止，并服务于由参与成员国在欧洲专利组织的框架中，以及由 EPO 的代表和欧洲专利体系的用户们所组成的，一个独立的专家委员会所作出的一份定期的和客观的质量评估报告。考虑到技术发展的现状，高质量机器翻译发展的最长时限不能超过 12 年。因此，过渡期间，如果不能在指定期限内终止，从条例规定的申请日起计算，也不能超过 12 年。

（14）因为实质性规定适用于由欧盟第 1257/2012 号条例所规定的统一效力欧洲专利，且已由为本条例而设立的翻译计划所完成，所以本条例自欧盟第 1257/2012 号条例生效同日开始适用。

（15）本条例不影响依照《欧盟运作条约》第 342 条建立起来的管理欧盟语言部门的规定，而在 1958 年 4 月 15 日建立起来的理事会条例，则决定了欧洲经济共同体所应使用的语言。本条例在 EPO 的语言管理体制基础上建立，不应被认为是为欧盟建立了一种特殊的语言管理体制，或是作为欧盟未来法律文书专门而创立的有限语言管理体系的先例。

（16）因为本条例的目标，即为统一效力欧洲专利设立的统一简单的翻译管理体制，不能被成员国完全接受，因而，考虑到规模和条例的影响，它能被欧盟层次更好地接受，欧盟应该接受这些举措，加强合作是恰当的，它与《欧盟运作条约》第 5 条所展现的辅助性原则相一致。根据"均衡原则"正如本条所展示的，本条例不能超过为了实现目标而必须的内容，

以下条例已被采用：

第 1 条 主 旨

本条例负责实施由欧盟第 2011/167 号决议所授权的关于适用翻译计划以保护统一专利的领域实施"强化的合作"。

第 2 条 定 义

参考本条例目的，以下规定应该适用：

（a）"统一效力欧洲专利"指的是可以受益于参与成员国所签订的欧盟第 1257/2012 号条例的欧洲专利。

（b）"程序语言"指的是在 EPO 申请程序中使用的语言，这些语言被定义于 1973 年 10 月 5 日签订，并于 1991 年 12 月 17 日和 2000 年 11 月 29 日修订的 EPC 中的第 14（3）条规定中。

第 3 条 统一效力欧洲专利翻译计划

1. 不影响本条例的第 4 条和第 6 条，当欧洲专利的说明书可受益于根据 EPC 第 14（6）条而出版的统一效力时，不再需要更深层次的翻译。

2. 在欧盟第 1257/2012 号条例第 9 条中提及的统一效力请求应该用程序语言提交。

第 4 条 在争议中的翻译

1. 如果发生与统一效力欧洲专利侵权有关的争议，专利权人应该在被控侵权人的要求和选择下提供一份已翻译成侵权发生地的参与成员国或是被控侵权人住所地所在成员国的任何一种官方语言的欧洲专利翻译全文。

2. 如果发生与统一效力欧洲专利侵权有关的争议，专利权人应该在法律程序中，在参与成员国授权管辖关于统一效力欧洲专利侵权有关争论的法院的要求下，提供一份法院程序中使用语言的专利翻译全文。

3. 第 1 段和第 2 段所提到的翻译成本应该由专利权人承担。

4. 如果发生与赔偿请求有关的争议，法院审理争议时应该评估和考虑以下情形：尤其当被控侵权人是中小企业、自然人、非营利组织、大学或者公共

研究机构时；是否是在不知情的情况下，或者没有合理理由可证明被控侵权人知情的情况下，侵权人侵犯了在第1段中提及的已经被提供了翻译原文的统一效力欧洲专利。

第5条 赔偿机制管理

1. 考虑到欧洲专利申请书可以以EPC第14（2）条中规定的任何语言形式提交，参与成员国必须按照欧盟第1257/2012号条例第9条规定保持一致，在EPC第143条的意义下，给予EPO管理所有翻译成本具有赔偿上限的赔偿体制的任务，以使申请人在EPO递交以任何一种欧盟的但非EPO的官方语言撰写的申请书。

2. 第1段中提及的赔偿机制应该依据欧盟第1257/2012号条例第11条中提及的数目进行资金分配，且只能用于在成员国境内有住所地或主要经营地的中小企业、自然人、非营利组织、大学或者公共研究机构。

第6条 过渡性措施

1. 在过渡期间，从本条例规定的申请日开始，欧盟第1257/2012号条例第9条中提及的统一效力的请求，应该同下列文件一起提交：

（a）当程序语言为法语或德语时，一份完整的英文欧洲专利说明书的译文；

（b）当程序语言为英语时，一份完整的用任何其他欧盟官方语言翻译的欧洲专利说明书的译文。

2. 同欧盟第1257/2012号条例第9条规定相一致，在EPC第143条的意义下，参与成员国应该赋予EPO，在欧盟第1257/2012号条例第9条中提及的统一效力请求的提交日期之后，尽快出版该条第1段中提及的翻译任务。这些翻译的正文不具有法律效力，且只能用于资讯目的。

3. 在本条例规定的申请日之后的6年，及其后的每2年，一个独立的专家委员会将对EPO推行的将专利申请书和说明书译为欧盟所有官方语言的高质量机器翻译的可行性进行客观的评估。这个专家委员会将在参与成员国于欧洲专利组织的框架下，由EPO的代表们和由作为EPC第30（3）条规定遵守者的欧洲专利组织管理委员会邀请的非政府组织代表欧洲专利体系用户一起组成。

4. 以第3段中提及的首次评估为基础，和其后每2年，在后面评估的基础上，委员会应该向理事会提交一份报告，如果可能的话，还应就过渡时期的终止时间提出建议。

5. 如果这个过渡时期并没有在委员会的建议基础上终止，则它的最长期限不应超过本条例规定的申请日后的第12年。

第 7 条 生　效

1. 本条例应该在《欧盟官方期刊》上发表后的第 12 天生效。

2. 它应该自 2014 年 1 月 1 日，或 UPC 协议生效日中较晚的日期后应用。本条例应该按照条约规定，对所有参与成员国全面约束和直接适用。

2012 年 12 月 17 日，于布鲁塞尔

致理事会主席

S. 阿彻瑞斯

附录 3

统一专利法院协议

各缔约成员国：

考虑到欧盟成员国之间在专利领域深入促进欧洲一体化进程的合作，尤其是欧盟内部市场的建立，以商品和服务自由流通，以及确保内部市场竞争免于扭曲的体系创制为特征；

考虑到分裂的专利市场和各国法院体系的巨大差异不利于创新，尤其不利于无法使用专利和无力同无理由请求或本应被撤回的专利请求相抗争的中小企业；

考虑到欧盟所有成员国已批准的《欧洲专利公约》（EPC），EPO 对授予的欧洲专利提供了单独程序；

考虑到借助欧盟第 1257/2012 号条例❶，专利权人可以要求其欧洲专利享有统一效力以获得参与加强合作之列的欧盟成员国的统一专利保护；

为了增强专利的实施和对抗无理由的请求及本应被撤回的专利，以及通过建立一个应对与专利侵权和专利有效性相关诉讼的统一专利法院来增强法律确定性；

考虑到统一专利法院应被用来确保作出高效和高质量的决定，维持权利所有人和其他团体之间利益的合理平衡，以及考虑均衡性和灵活性的需求；

考虑到统一专利法院应该是一个为各缔约成员国所共有的法院，因此，法院的部分司法体系在关乎统一效力欧洲专利和在 EPC 条款要求下授予的欧洲专利事务中具有独享管辖权利；

考虑到欧盟法院是为了确保欧盟法律秩序同欧盟法第一效力地位的一致性；

回顾《欧盟公约》和《欧盟运作条约》所规定的各缔约成员国的义务，包括实现《欧盟公约》第 4（3）条所要求的真诚合作的义务，以及确保通过

---

❶ 见附录 1。

统一专利法院，欧盟法律在各国领土内的履行和该法所规定的个体权利司法保护的实现；

考虑到任何一个国内法院，统一专利法院必须尊重和履行欧盟法律，与作为欧盟法守护者的欧盟法院的合作，是为了确保正确履行和统一解释；统一专利法院必须特别同欧盟法院进行合作，通过依赖后者的判例法和要求初审裁决与《欧盟运作条约》第 267 条内容保持一致，来正确解读欧盟法；

考虑到缔约成员国应该同欧盟法院判例法所规定的非合同义务保持一致，各成员国应为统一专利法院制定的欧盟法所规定的侵权损害，包括欧盟法院初审裁决请求的失败而负责；

考虑到统一专利法院制定的欧盟法所规定的侵权，包括欧盟法院初审裁决请求的失败，可直接归因于缔约成员国，因此，侵权程序应该依据《欧盟运作条约》第 258 条、第 259 条和第 260 条来对抗任何一个缔约成员国，以确保欧盟法的第一效力地位和正确的履行；

回顾欧盟法的首要地位，它包含了《欧盟公约》《欧盟运作条约》《欧盟基本人权宪章》和欧盟法院所订立的欧盟法的总则，尤其是法庭裁决时的有效补救权利，由独立公正的法庭在合理时间内作出的公平公开的听审和欧盟法院及第二位的欧盟法的惯例法；

考虑到本协议应该由各缔约成员国公开接受；已决定不参加在统一专利保护发明领域深化合作的成员国可以加入关于授予各自领土范围内欧洲专利的本协议；

考虑到本协议应该在 2014 年 1 月 1 日，或者在缴纳第 13 次保证金后的第 4 个月的第 1 天生效，如果缔约成员国，包括欧洲专利生效数量最高的 3 个国家，将要处理它们的批准文件或登记册时，在本协议签署时间的前一年，或是与本协议有关的欧盟第 1215/2012 号条例修正案❷生效日后的第 4 个月的第 1 天，其中最近的一个日期，

已经同意下列内容：

第一部分　一般规定
第一章　总　　则
第 1 条　统一专利法院

统一专利法院是为了解决与欧洲专利和据此建立的统一效力欧洲专利有关的争议。

---

❷ 欧洲议会和 2012 年 12 月 12 日的理事会在司法管辖权和民事商事裁决的意见和执行中所成立的欧盟第 1215/2012 号条例，包括随后的修正案。

统一专利法院是各缔约成员国所共有的法院，因此，依照欧盟法，它应履行与各缔约成员国的任何一个国内法院一样的义务。

第 2 条 定 义

本协议的目的：

（a）"法院"指的是根据本协议所成立的统一专利法院。

（b）"成员国"指的是欧盟的各成员国。

（c）"缔约成员国"指的是签订本协议的成员国团体。

（d）"EPC"指的是 1973 年 10 月 5 日签订的《欧洲专利公约》，包括随后的修正案。

（e）"欧洲专利"指的是根据 EPC 条款而授予的专利，此类专利并未在欧盟第 1257/2012 号条例所诞生的统一效力中获益。

（f）"统一效力欧洲专利"指的是根据 EPC 条款而授予的，并在欧盟第 1257/2012 号条例所诞生的统一效力中获益的专利。

（g）"专利"指的是欧洲专利，及（或）统一效力欧洲专利。

（h）"补充保护证书"指的是根据欧共体第 469/2009 号条例[3]或欧共体第 1610/96 号条例[4]而授予的补充保护证书。

（i）"规约"指的是附则 I 中已经陈述的法院规约，是本协议的重要组成部分。

（j）"程序规则"指的是法院程序规则，根据第 41 条规定订立。

第 3 条 适用范围

本协议应该适用于：

（a）统一效力欧洲专利；

（b）为受专利保护产品而颁发的补充保护证书；

（c）在本协议还未生效前，或在本协议生效日后，被授予的欧洲专利，不影响第 83 条规定；而且

（d）在本协议生效时仍未最终决定，或在本协议生效后才提交的欧洲专利申请书，不影响第 83 条规定。

第 4 条 法律地位

（1）法院在各缔约成员国内享有法律人格，并根据成员国国内法律，享

---

[3] 欧共体第 469/2009 号条例，包括随后的修正案，由欧洲议会和 2009 年 5 月 6 日的理事会颁布，涉及药品补充保护证书。

[4] 欧共体第 1610/96 号条例，包括随后的修正案，由欧洲议会和 1996 年 7 月 23 日的理事会颁布，涉及植物保护产品补充保护证书的设立。

有赋予法人法定身份的最广泛权限。

（2）法院代表人是根据法院规约选举出来的上诉法院院长。

第5条 责 任

（1）法院的契约责任由与欧共体第593/2008号条例❺（Rome I）相一致的，且适用于尚在讨论中契约的法律来规定，这可能与法院所选出成员国的法律相一致，也可能不同于其法律。

（2）涉及法院工作人员失职而引发损害赔偿的法院非契约责任，且不是欧共体第864/2007号条例❻（Rome II）指定的民事和商事事件，应由损害发生地所在缔约成员国的法律来规定。本规定不影响第22条规定的适用。

（3）享有根据第2段内容解决争议的管辖权的法院，应是损害发生地所在缔约成员国的法院。

第二章 组织条款
第6条 法 院

（1）法院应该由初审法院、上诉法院和登记处组成。

（2）法院应该履行本协议所规定的职能。

第7条 初审法院

（1）初审法院应该由中央法院、地方法院和地区法院组成。

（2）中央法院将设于巴黎，伦敦和慕尼黑另设分院。中央法院主管的案例根据附则II进行分类，是本协议的重要组成部分。

（3）根据法院规约的要求，在缔约成员国境内设立地方法院。一个缔约成员国设立一所地方法院。

（4）附加的地方法院，应根据在本协议生效前或生效后的连续3年期间，缔约成员国境内，依每年100件专利案例的需求而设立。单一缔约成员国境内地方法院的设立数量不得超过4个。

（5）地区法院，应由两个或以上缔约成员国根据法院规约申请设立。这些缔约成员国应指定地区法院的设立地。地区法院可以审理多地区案例。

第8条❼ 初审法院合议庭的组成

（1）初审法院的合议庭应由多人组成。在不违背本条第5段和第33（3）（a）条规定的前提下，初审法院应由3名法官组成合议庭。

---

❺ 欧共体第593/2008号条例（Rome I），包括随后的修正案，由欧洲议会和2008年6月17日的理事会制定，涉及适应于契约责任的法律。

❻ 欧共体第864/2007号条例（Rome II），包括随后的修正案，由欧洲议会和2007年7月11日的理事会制定，涉及适应于非契约责任的法律。

❼ 修订于2013年1月29日。

（2）缔约成员国地方法院的合议庭组成，在本协议生效前或生效后的连续3年期间，已经着手审理的专利案例平均每年少于50件时，应由1名相关的领导地方法院的业务娴熟的本国法官，及2名根据案例实情并依照第18（3）条规定由法官团体分配的相关业务娴熟的外籍法官组成地方法院合议庭。

（3）除了第2段中已提及的情形，当缔约成员国地方法院的合议庭，在本协议生效前或生效后的连续3年期间，已经着手审理的专利案例平均每年达到或多于50件时，应由2名相关的领导地方法院的业务娴熟的本国法官，及1名依照第18（3）条规定由法官团体分配的相关业务娴熟的外籍法官组成地方法院合议庭。这3名法官应有在地方法院长期工作的经验，能够在高负荷工作状态下，维持法院的有效运行。

（4）地区法院的合议庭，应由2名相关业务娴熟的本国的地区法官，及1名依照第18（3）条规定由法官团体分配的相关业务娴熟的外籍法官组成。

（5）根据地方法院或地区法院其中之一法官团体的要求，地方法院或地区法院可要求依照第18（3）条规定由法官团体指定的初审法院院长，额外增加1名具有技术能力且在相关技术领域有工作经验的法官。此外，地方法院或地区法院的合议庭，可在团体协商后，自主提交认为是正确的相关请求。

当已分配具有技术能力的法官后，不必依据第33（3）（a）条再分配其他具有技术能力的法官。

（6）中央法院合议庭，应由2名业务娴熟的外籍法官，及1名依照第18（3）条规定由法官团体分配的具有技术能力的，且在相关技术领域有工作经验的法官组成。但是，中央法院合议庭的选任，若涉及第32（1）（i）条有关规定，应由3名业务娴熟的外籍法官组成。

（7）除了第1段至第6段提及的相关内容，根据程序规则，合议庭应同意让1名业务娴熟的法官审理其案例。

（8）初审法院的法官团应由业务娴熟的法官担任。

第9条　上诉法院

（1）上诉法院的合议庭，应由多国的5名法官组成。即由3名业务娴熟的外籍法官和2名具有技术能力，且在相关技术领域有工作经验的法官组成。这些具有技术能力的法官，依据第18条规定，应由上诉法院院长在法官团体中选派任命。

（2）除了第1段中提及的内容，若涉及第32（1）（i）条有关规定，合议庭应由3名业务娴熟的外籍法官组成。

（3）上诉法院的合议庭，应由业务娴熟的法官担任。

（4）上诉法院合议庭的组成应与法院规约的要求保持一致。

（5）上诉法院应设立在卢森堡。

第 10 条　登记处

（1）登记处应设立在上诉法院。应由依据法院规约所指定的登记员进行管理和履行职能。依据本协议所罗列的情况及程序规则，登记处的登记员应该对外公开。

（2）附属登记处应设立在初审法院的所有下级法院。

（3）登记处应记录法院的所有案例。在提交申请后，相关附属登记处应将每个案例都通报总登记处。

（4）法院应依据法院规约第 22 条规定任命登记员，并制定登记员应遵循的行为规范。

第 11 条　委员会

管理委员会、预算委员会和咨询委员会的设立，是为了确保本协议的有效实施和运行。各委员会尤其应履行本协议和法院规约所规定的义务。

第 12 条　管理委员会

（1）管理委员会，应由各缔约成员国的 1 名代表组成。作为遵守协议的管理委员会，在相关会议上，可代表欧盟理事会。

（2）各缔约成员国享有 1 个投票权。

（3）管理委员会应接受多达 3/4 的缔约成员国代表投票通过的建议，本协议和法院规约另有规定的除外。

（4）管理委员会应接受法院的程序规则。

（5）管理委员会应在所有委员中选出 1 名委员长，每 3 年一届，可连选连任。

第 13 条　预算委员会

（1）预算委员会，应由各缔约成员国的 1 名代表组成。

（2）各缔约成员国享有 1 个投票权。

（3）预算委员会可以接受缔约成员国多数代表投票通过的建议。但是，当此建议为 3/4 的缔约成员国多数代表投票通过时，预算委员会必须接受。

（4）预算委员会应遵守法院的程序规则。

（5）预算委员会应在所有委员中选出 1 名委员长，每 3 年一届，可连选连任。

第 14 条　咨询委员会

（1）咨询委员会应该：

(a) 协助管理委员会任命法院法官的准备工作。

(b) 对依据法院规约第 15 条规定，并在第 19 条规定中提及的法官培训体制的指导方针，向主席团提出建议。

（c）就第48（2）条规定中提及的法官能力要求，向管理委员会提出意见。

（2）咨询委员会应包含专利法官和具有专利法和专利诉讼领域普遍认可的高素质从业人员。这些人应依据法院规约中的程序要求进行任职，每6年一届，可连选连任。

（3）咨询委员会的组成，应确保各缔约成员国都具备广阔的专业知识和代表来源。咨询委员会的成员在履行职能时，应完全独立，不受任何部门的指令约束。

（4）咨询委员会应遵守法院的程序规则。

（5）咨询委员会应在所有委员中选出1名委员长，每3年一届，可连选连任。

第三章 法院的法官

第15条 法官任命的适任标准

（1）法院应具有业务娴熟的法官和具有技术能力的法官。法官应具备高能力素质和在专利诉讼领域的工作经验。

（2）业务娴熟的法官应具备各缔约成员国司法机关任命时要求的能力。

（3）具备技术能力的法官应有大学学历，并具备已经证明的技术领域的专业知识，同时应掌握民法知识和专利诉讼相关程序的基本知识。

第16条 就职程序

（1）咨询委员会应根据法院规约，起草法院适任法官的最合适人员名单。

（2）在此名单的基础上，管理委员会经共同同意，应委任这些适任法官。

（3）适任法官任命规章的执行，应依据法院规约的规定。

第17条 司法独立和公正

（1）法院、法官、登记员均享有司法独立权。在履行职责中，法官不受任何部门指令约束。

（2）法院的全职法官，包括业务娴熟的法官和具备技术能力的法官，不能从事任何其他职业的兼职工作，无论该职业有无报酬，管理委员会指派的职业除外。

（3）除了第2段中提到的内容，法官团体在行使权力时，不应将国家层面履职的司法部门排除在外。

（4）具备技术能力的法官团体，同时是法院兼职法官时，在履职过程中，不应将其他没有利益冲突的履职部门排除在外。

（5）为避免利益冲突，相关法官不得参与审理程序。规范利益冲突时应参考法院规约相关法条。

第 18 条 法官团体

（1）法官团体的设立应与法院规约的要求相一致。

（2）法官团体，应由来自初审法院的全职或兼职的业务娴熟的法官和具备技术能力的法官组成。法官团体应包含，至少 1 名具备相关领域知识和工作经验的技术能力法官。这些来自法官团体的具备技术能力的法官应可被上诉法院调用。

（3）应本协议或法院规约的要求，来自法官团体的法官，应由初审法院院长考虑分配到具体的下级法院。法官的任命，应基于个人的法律或技术专业知识、语言能力和相关的工作经验。法官的任命，应确保初审法院所有法官具有相同的高质量工作和具备相同层次的法律和技术专业知识。

第 19 条 培训体系

（1）为法官设立的培训体系，法院规约中规定了具体要求。此体系的设立是为了提升和提高可用专利诉讼的专业知识，同时确保这些专业知识和经验的广泛地域分配。培训体系的设施应位于布达佩斯。

（2）培训体系应尤其关注：

（a）在各国专利法院实习，或在初审法院下属法庭审理大量专利诉讼案例；

（b）语言能力的提升；

（c）专利法的技术层面；

（d）为具备技术能力的法官讲解民事诉讼程序的相关知识和经验；

（e）为候选法官做准备。

（3）培训体系应提供持续的训练，应组织法院所有法官的定期会面，以讨论专利法的进展和确保法院判例法的一致性。

第四章 欧盟法的首要地位，缔约成员国的责任和义务

第 20 条 欧盟法的履行和其首要地位

法院应全面履行欧盟法，并维护其首要地位。

第 21 条 对先行裁决的请求

作为缔约成员国共有的，也是各国司法体系组成部分的法院，应同欧盟法院合作，以确保正确履行和统一解释欧盟法。各国法院，尤其应该与《欧盟运作条约》第 267 条规定保持一致。欧盟法院的决定应对统一欧洲专利法院有约束力。

第 22 条 违反欧盟法的损害责任

（1）缔约成员国应共同和各自为违背上诉法院制定的欧盟法的损害而负

责,应与欧盟法所提及的各成员国法院因为违背欧盟法而引发的非契约责任保持一致。

(2) 当原告的住所地或主要经营地,或虽然没有住所地或主要经营地,但经营地属于缔约成员国的管辖范围时,规定这些损害责任的法案可用来对抗缔约成员国。当原告没有住所地或主要经营地,但营业所仍位于缔约成员国境内时,原告可以在缔约成员国管辖范围内,向所在的上诉法院递交起诉书以对抗缔约成员国。

对于欧盟法或本协议没有规定的任何问题,除了国际私法以外,主管部门应该履行侵权行为地法律。原告有权根据这项法案的规定从缔约成员国主管部门获得全部赔偿。

(3) 已经支付赔偿的缔约成员国有权获得根据第 37(3)条规定而设立的相应供款。

(4) 这些供款出自其他的缔约成员国。本段规定缔约成员国应负供款的细则由管理委员会决定。

第 23 条 缔约成员国的义务

法院颁布的法案可由缔约成员国各自履行;《欧盟运作条约》第 258 条、第 259 条和第 260 条规定的内容,所有缔约成员国应共同履行。

第五章 法律渊源和实体法

第 24 条 法律渊源

(1) 在完全履行第 20 条规定的前提下,根据本协议审理案例时,法院的决议应基于:

(a) 欧盟法,包括欧盟第 1257/2012 号条例和欧盟第 1260/2012 号条例❽;

(b) 本协议;

(c) EPC;

(d) 适用于专利且对所有缔约成员国有约束力的其他国际条约;

(e) 各国国内法;

(2) 当法院的决议基于各国国内法时,包括相关的非缔约成员国的国内法,则该法是否适用应由下列情形决定:

(a) 可直接适用的包含国际私法规定的欧盟法条款;

(b) 在欧盟法条款不可直接适用,或不能适用时,适用包含国际私法规定的国际条约;

---

❽ 附录 1 和附录 2。

(c) 在（a）、(b) 规定的条款都不能适用时，适用法院决定的有关国际私法的各国条款。

(3) 非缔约成员国国内法的适用，应根据第 2 段中提及的，尤其与第 25~28 条、第 54 条、第 55 条、第 64 条、第 68 条和第 72 条相关的条款的履行来实施。

第 25 条　防止他人直接使用发明的权利

专利权人有权阻止未经其许可的第三方从事以下活动：

(a) 制造、许诺销售、销售、使用依专利方法直接获得的产品，进口或储存这些产品以用于其他用途；

(b) 使用专利方法，在第三方知道，或应当知道，未经专利权人许可，不得使用该方法时，仍在该专利已生效的缔约成员国境内提供该方法以供他人使用；

(c) 许诺销售、销售、使用、进口或储存依照专利方法直接获得的产品以用于其他用途。

第 26 条　防止他人间接使用发明的权利

(1) 专利权人有权阻止未经其许可的第三方，在该专利已生效的缔约成员国境内，除了专利权人已授权可使用该发明专利的团体，在第三方知道，或应当知道，以任何故意适用的形式，提供、许诺提供，或将与该发明主要技术相关成分付诸实践的行为。

(2) 当专利方法用于生产日常主要商品时，第 1 段中提及的规定不适用。但第三方有意诱导他人提供第 25 条所禁止的商品除外。

(3) 第 27 (a) ~ (e) 条所规定的行为个体不能被认为是第 1 段中提及的有权使用该专利的团体。

第 27 条　专利权利的限制

专利保护权限不包括以下行为：

(a) 非商业目的的个人行为。

(b) 为科学实验而使用相关专利的行为。

(c) 为繁殖、发现和开发植物多样性而使用生物材料的行为。

(d) 依照欧共体第 2001/82 号指令[9]第 3（6）条或欧共体第 2001/83 号

---

[9] 2001 年 11 月 6 日欧洲议会和理事会制定的欧共体第 2001/82 号指令，包括随后的修正案，涉及兽用药品相关的团体代码。

指令❿第 10（6）条规定而出台的法案中涉及的任何一项专利，包括以上任何一项指令中所规定的产品。

（e）药房临时使用的，出于个例，根据药方而开具的药物，或准备相关药物的行为。

（f）除了专利生效地所在的缔约成员国，工业产权保护国际联盟国家（《巴黎公约》）或世界贸易组织成员使用了发明专利的船只，譬如船只上使用了该发明专利的机械装置、用具、齿轮或其他部件；在这些船只临时或意外进入专利生效地所在的缔约成员国的水域时，只要这些发明仅用于运输工具本身。

（g）除了专利生效地所在的缔约成员国，工业产权保护国际联盟国家（《巴黎公约》）或世界贸易组织成员在制造和操作中使用了发明专利的航空器、陆上交通工具或其他形式的交通工具，或这些交通工具的配件使用了该发明专利，在这些交通工具临时或意外进入专利生效地所在的缔约成员国的疆域时。

（h）除了专利生效地所在的缔约成员国，根据1944年12月7日的《国际民用航空公约》第 27 条⓫出台的法案中所规定的，根据公约而列举的一国相关航空器。

（i）当农民仅为个人农作物产量的提升和增加，而使用该发明专利时；如果农作物的播种材料以贩卖或其他商业形式由该农民获得，或当专利权人已同意将该专利用于农业用途时。应根据欧共体第 2100/94 号条例⓬第 14 条规定，来判断该专利的合理使用程度和情况。

（j）当农民仅为农业用途而使用受保护的家畜时，如果良种家畜或其他动物的生殖材料以贩卖或其他商业形式由该农民获得，或已经过专利权人同意时。这些使用，包括为了从事自己的农业活动而制造的这种动物或其他动物可用的生殖材料，不能超出制度规定的非贩卖行列，也不得用于其他的商业生殖材料用途。

（k）欧共体第 2009/24 号指令⓭第 5 条和第 6 条，尤其是有关反编译和可

---

❿ 2001 年 11 月 6 日欧洲议会和理事会制定的欧共体第 2001/83 号指令，包括随后的修正案，涉及人用药品相关的团体代码。

⓫ 国际民用航空组织（ICAO），《芝加哥公约》，第 7300/9 号文件（第 9 版，2006 年）。

⓬ 1994 年 7 月 27 日的欧共体第 2100/94 号理事会条例，包括随后的修正案，涉及团体的植物多样性权利。

⓭ 2009 年 4 月 23 日由欧洲议会和理事会制定的欧共体第 2009/24 号指令，包括随后的修正案，涉及计算机程序的法律保护。

操作性的条款中，所允许的既得信息的使用和其他活动。

（1）欧共体第98/44号指令❹第10条所允许的其他行为。

第28条　专利在先使用的权利

在缔约成员国境内，当一项国家级的发明专利被授予时，任何人，基于在先使用该专利或个人所有该专利的权利，享有相同的使用涉及相同发明专利的权利。

第29条❺　欧洲专利的权利用尽

已授予的欧洲专利不能限制已投入欧盟经济市场的专利产品的买卖行为，除非经专利权人同意，且专利权人有合法理由反对该产品的进一步商业流通。

第30条❻　补充保护证书效力

补充保护证书享有与专利相同的权利，同时受到相同的限制，承担相同的义务。

第六章　国际司法管辖权和权限

第31条　国际司法管辖权

法院的国际司法管辖权应依据欧盟第1215/2012号条例建立，或在适用情况下，在EPC对司法管辖权和对民商事判决结果的执行和承认基础上建立（《卢加诺公约》）。❼

第32条　法院的权限

（1）在以下方面，法院享有专属管辖权：

（a）关于事实上的专利侵权或有威胁性的专利侵权的起诉，以及关于补充保护证书和相关防御的起诉，包括与专利许可有关的反诉；

（b）关于非专利侵权声明及补充保护证书的起诉；

（c）关于临时性保护措施和强制令的起诉；

（d）关于撤销专利和宣告补充保护证书无效的起诉；

（e）关于撤销专利和宣告补充保护证书无效的反诉；

（f）关于由已提出的欧洲专利申请授予的临时性保护所带来的损害或赔偿的起诉；

---

❹ 1998年7月6日由欧洲议会和理事会制定的欧共体第98/44号指令，包括随后的修正案，涉及生物信息技术发明的法律保护。

❺ 修订于2013年1月29日。

❻ 修订于2013年1月29日。

❼ EPC对司法管辖权和对民商事判决结果的执行和认定，包括随后的修正案，于2007年10月30日在卢加诺制定。

(g) 与专利授予之前的发明使用有关，或与基于专利在先使用权利有关的起诉；

(h) 关于基于欧盟第 1257/2012 号条例第 8 条赔偿许可的起诉；以及

(i) 关于欧盟第 1257/2012 号条例第 9 条中提及的有关 EPO 在执行任务中相关决议的起诉；

(2) 缔约成员国国内法院有权处理，不在欧洲统一专利法院专属管辖权之内的，涉及专利和补充保护证书的起诉；

第 33 条[18] 初审法院下属部门权限

(1) 在不违背本条第 7 段的前提下，依据第 32（1）（a）、（c）、（f）、（g）条规定而提出的起诉；

(a) 存在事实专利侵权或有威胁性专利侵权已经出现，或即将出现的由缔约成员国所掌管的地方法院，或由缔约成员国参与的地区法院；或者

(b) 当一名被告出现在缔约成员国所掌管的地方法院；或涉及多名被告，且其中一名被告有住所，或有主要经营地，或无住所，或无主要经营地，但它的经营地位于缔约成员国所参与的地区法院。可以用来对抗多名被告的起诉，只有在被告与同样宣告侵权的起诉所在地有商业关系时才成立。

第 32（1）（h）条中提及的诉讼，必须根据（b）中第 1 小段规定，在地方法院或地区法院提起。

对抗有住所地，有主要经营地，或无住所地，无主要经营地，且其经营地在缔约成员国的领土之外的被告的诉讼，应该根据（b）中第 1 段规定，在地方法院或地区法院提起；或直接在中央法院提起诉讼。如果相关缔约成员国没有设立地方法院或没有参与地区法院，这类诉讼应直接在中央法院提起。

(2) 如果依据第 32（1）（a）、（c）、（f）、（g）或（h）条规定提起的诉讼在初审法院的下属法院尚未判决，任何一项依据第 32（1）（a）、（c）、(f)、(g) 或 (h) 条规定而提起的，介于相同的当事人双方之间，围绕同一专利的诉讼，不能在任何其他地方法院提起。

在第 32（1）（a）条中提及的，在地区法院起诉的尚未出判决的诉讼，且侵权发生在 3 个或更多的地区法院管辖范围内，相关地区法院应该依据被告的请求，将案例移送中央法院。

有关介于相同的当事人双方，围绕同一专利，在几个不同的下属法院提起的诉讼，首先受理的下属法院有权负责整个案例，任何随后受理此案例的下属

---

[18] 修订于 2013 年 1 月 29 日。

法院都可以依据程序规则宣告不受理该起诉书。

（3）第32（1）（e）条中提及的被撤回的反诉，可以依据第32（1）（a）条中相关的侵权起诉规定而重新提出。相关地方法院或地区法院应在听审双方当事人论辩后，作出以下裁量：

（a）继续处理侵权诉讼和被撤回的反诉，并要求初审法院的院长依据第18（3）条规定，从法官团中指定1名具备相关技术领域专业知识和丰富经验的专业技能法官；

（b）将被撤回的反诉的决定提交至中央法院，并推迟或继续处理该侵权诉讼；或者

（c）在当事人双方都同意的前提下，将案例的决定提交至中央法院。

（4）第32（1）（b）和（d）条中提及的诉讼应被提交至中央法院。但是，如果是第32（1）（a）条中提及的，介于相同当事人之间，有关同一专利，且已经被提交至地方法院或地区法院的案例，就只能被同样的地方法院或地区法院受理。

（5）第32（1）（d）中提及的在中央法院尚未判决的被撤回的诉讼，第32（1）（a）条提及的，介于相同当事人之间，有关同一专利，依据本条第1段在任何一个下属法院提起的诉讼，或在中央法院提起的诉讼。相关地方法院或地区法院依据本条第3段规定享有继续处理案例的自由裁量权。

（6）第32（1）（b）条中涉及的由中央法院受理，尚未判决的有关宣告非侵权的案例，当其是第32（1）（a）中提及的，介于相同当事人之间，或介于独占许可权人和要求宣告关于同一专利非侵权的当事人之间的侵权诉讼，且在起诉书被提交至中央法院的前3个月内，在地区法院和地方法院起诉时，此案例应当延期执行。

（7）当事人双方可以在协商同意后，依据第32（1）（a）～（h）条的规定，自由选择要在哪个法院提起诉讼，包括中央法院。

（8）第32（1）（d）和（e）条中提及的诉讼，可以在申请者没有在EPO提交异议申请书的前提下提起。

（9）第32（1）（i）条提及的诉讼，应在中央法院提起。

（10）当事人一方可以通知法院，其在EPO提请的任何一个尚未决定的撤回、限制或反对程序，以及任何在EPO提请的要求加快审判进程的请求。当EPO期望得到迅速的决定时，法院应延期执行自己的诉讼程序。

第34条 裁决覆盖的领土范围

涉及欧洲专利时，法院的裁决应该覆盖该欧洲专利已生效的所有缔约成员国领土。

第七章　专利调解和仲裁

第 35 条　专利调解和仲裁中心

（1）据此建立专利调解和仲裁中心（即"中心"）。它将在卢布尔雅那（斯洛文尼亚首都）和里斯本（葡萄牙首都）处设立办事处。

（2）中心应为本协议覆盖范围内专利纠纷的调解和仲裁提供设施。通过使用中心设施适用第 82 条将已在细节处所作的必要修正来解决争议，包括通过调解而达成的解决办法。但是，一项专利不能在调解或仲裁程序中被撤销或被限制。

（3）中心应该制定专利调解和仲裁规则。

（4）中心应该起草调解员和仲裁员名单，以帮助双方当事人解决争议。

第二部分　财务供给

第 36 条　法院的预算

（1）法院的预算应该由法院自己的财务收入来支撑，依据第 83 条中提及的规定，至少应在必需的过渡时期，由缔约成员国资助。法院的预算应保持平衡。

（2）法院自己的财务收入应包含法院收费和其他的收益。

（3）法院的收费标准应由管理委员会确定。它应包括固定费用，并结合超过预先设定上限的以价值为基础的费用。法院的费用应该固定在某一水平，以保持公平获取正义原则，尤其是对中小企业、微实体、自然人、非营利组织、大学和公共研究机构及为法院运营成本缴纳了足够费用的当事人，和考虑到参与当事人的经济利益，与一个财务平衡经济自给法院的目的之间的合理平衡。法院的费用水平应该由管理委员会定期评估。

为中小企业和微实体制定的定向扶持政策应被考虑在内。

（4）如果法院不能在自己的资源基础上保持预算平衡，缔约成员国应该给予法院特殊的财务援助。

第 37 条　法院财务管理

（1）依据法院法规约，法院的运行成本应该涵盖在法院的预算内。

缔约成员国在组建地方法院时，应该为其提供必要的设施。缔约成员国在共同组建地区法院时，共同为其提供必要设施。缔约成员国在组建中央法院、中央法院的下属法院或上诉法院时，应该为其提供必要设施。在本协议正式生效日期后，过渡时期的前 7 年里，相关缔约成员国也应该在不违背法院规约中员工规定的前提下，为法院提供管理支持人员。

（2）在本协议正式生效日期，缔约成员国应该为法院的设立提供必要的启动资金支持。

(3) 在过渡时期的前 7 年里，从本协议正式生效日期起计算：由任何一个缔约成员国所批准或加入的，在本协议正式生效前启动的资助项目的预算资助，应基于在本协议正式生效时，该成员国境内已生效的欧洲专利的数量，以及在本协议正式生效 3 年前，在各成员国国内法院已提起的有关侵权或撤回的欧洲专利的数量。

在同一过渡时期的前 7 年间，对于成员国已批准或已加入的，在本协议正式生效后的资助项目，其预算的计算，应基于正式批准日或加入日时，各批准成员国或加入成员国境内已生效的欧洲专利的数量，以及正式批准或生效 3 年前，在已批准或已加入的各成员国国内法院提起的，有关侵权或撤回的欧洲专利的数量。

(4) 当过渡时期的 7 年期限结束，在法院被要求实现财务自给时，由缔约成员国所提供的资助是必要的；当资助是必需的时，这些资助应由各缔约成员国依据为可适用统一效力欧洲专利每年更新费用的分配数额来决定。

第 38 条　法官培训体制的财务管理

法官培训体制的经费应由法院的预算划拨。

第 39 条　调解和仲裁中心的财务管理

中心的运行费用应由法院的预算划拨。

第三部分　组织和程序规章

第一章　总　则

第 40 条　法院规约

(1) 法院规约应制定法院各组织和职能的分工细节。

(2) 法院规约是本协议的附则。法院规约，只有依据管理委员会基于法院提议或缔约成员国在与法院协商后提议的基础上作出的决定，才能修改。但是，相关修正案不能与本协议相矛盾，也不能修改本协议。

(3) 法院规约应确保法院以最高效和最低成本的方式履行职能，同时应确保公平正义。

第 41 条　程序规则

(1) 程序规则应该依据本协议和法院规约，制定法院行事程序的细节要求。

(2) 程序规则应由管理委员会基于与各方利益相关者的协商后通过。需要征求欧盟理事会有关程序规则和欧盟法之间兼容性的意见。

程序规则应由管理委员会基于法院提议和与欧盟理事会协商后的决议规定来修改。但是，相关修正案不能与本协议相矛盾，也不能修改本协议。

(3) 程序规则应该确保法院判决的最佳质量和法院程序以最高效和最低

成本的方式进行；应该确保所有团体合法利益的合理平衡；应该在不损害当事人程序可预见性的前提下，为法官预设限制内的必要的自由裁量权。

第 42 条　均衡和公平原则

（1）法院应该处理重要性和复杂性相当的诉讼案例。

（2）法院应该确保本协议和法院规约中要求的规则，程序和救济以公平正义的方式进行，避免歪曲竞争。

第 43 条　案例管理

法院应依据程序规则，在不妨碍当事人自由选择其案例标的物和支持证据的前提下，积极主动地审理已提起的案例。

第 44 条　电子程序

法院应依据程序规则，充分利用电子程序，诸如当事人电子文件提交、电子形式的证据说明和视频会议。

第 45 条　公开程序

程序应该向公众公开；法院出于保护当事人一方或其他关联人利益，或考虑到正义或公共秩序的总体利益，在必需程度上选择保密的除外。

第 46 条　法定资格

任何有权依据其本国法律提起诉讼的自然人或法人，或任何相当于法人的团体，有资格成为欧洲统一专利法院的诉讼主体。

第 47 条　当事人

（1）专利所有权人有权在欧洲统一专利法院提起诉讼。

（2）除非许可合同特别规定，否则独占使用专利的被许可人有权享有，在事先通知专利权人后，在相同条件下，和专利权人相同的，在欧洲统一专利法院提起诉讼的权利。

（3）非独占许可的专利使用人不享有在欧洲统一专利法院提起诉讼的权利，但专利所有权人事先已得到通知，且许可合同中明确表示允许起诉的情况除外。

（4）由专利被许可人在欧洲统一专利法院提起的诉讼，专利权人有权参与。

（5）在专利权人没有参与诉讼程序的前提下，仅由被许可专利使用人提起的专利侵权案例中的专利的有效性不得被质疑。被指控专利侵权的当事人，如果要质疑该专利的有效性，应当重新提起针对专利权人的诉讼。

（6）任何自然人或法人，或任何依据其本国法律有权提起诉讼的主体，与一项专利有关时，可以依据程序规则提起诉讼。

（7）任何自然人或法人，或任何依据其本国法律有权提起诉讼的主体，在因为 EPO 为完成欧盟第 1257/2012 号条例第 9 条规定中相关任务的决定受到影响时，有权依据第 32（1）（i）条规定而提起诉讼。

第 48 条　代理人

（1）当事人应该由在各编的成员国法院有资格出庭的律师代理。

（2）当事人可以选择由 EPO 依照 EPC 第 134 条授权的作为专业领域代表人的欧洲专利律师，或具有诸如欧洲专利诉讼证书等适当资格证书的人担任自己的代理人。

（3）第 2 段中提及的资格证书的认可要求应由管理委员会制定。有权在法院代表当事人的欧洲专利律师的名单应由登记处登记。

（4）当事人的代理人可由依据程序规则被允许在法院听审中参与辩论的专利律师协助。

（5）当事人的代理人享有为了独立履行义务的权利和必要豁免权，包括在程序规则规定的条件下，有关一方代理人和一方当事人，或其他人，在法院依照证据披露程序进行交流的特权；但相关当事人明确表示放弃这种特权的除外。

（6）当事人的代理人有义务在明知或应当知道事实的情况下，不在法庭上作虚假陈述。

（7）依据本条第 1 段和第 2 段，代理人不需要再被第 32（1）（i）条规定约束。

第二章　法律程序用语（诉讼语言）
第 49 条　初审法院的诉讼语言

（1）任何地方法院或地区法院的诉讼语言应该是欧盟官方语言的一种，或主导相关法院的缔约成员国的官方语言之一，或共同主导地区法院的缔约成员国指定的官方语言。

（2）尽管第 1 段已有规定，缔约成员国仍然可以指定 EPO 的一种或多种官方语言作为自己地方法院和地区法院的诉讼语言。

（3）当事人双方可以在语言使用上进行协商，在全体陪审员同意的前提下，以该专利被授予时的语言作为程序语言。如果陪审团不支持当事人的选择，当事人可以要求将案例移交中央法院。

（4）在双方当事人同意的前提下，全体陪审员可以以方便和公平为理由，决定以该专利被授权时的语言作为程序语言。

（5）在当事人一方的要求下，且已经征求过另一方和陪审员的意见，初审法院的院长，可以出于公平原则和考虑到所有相关情况（包括双方当事人的住址，尤其是被告的住址），决定以该专利被授权时的语言作为程序的语言。在这种情况下，初审法院的院长可以根据实际需求，作出具体的笔译和口译工作安排。

（6）中央法院的程序语言应该是相关专利被授权时的语言。

第 50 条　上诉法院的诉讼语言

（1）上诉法院的诉讼语言应该是初审法院的诉讼语言。

（2）尽管第 1 段已进行了规定，但双方当事人仍然可以在协商后，以该专利被授权时的语言作为程序语言。

（3）在双方当事人同意的前提下，视特殊且被认为是恰当的情况而定，上诉法院可以决定以另一种缔约成员国的官方语言作为全部程序或部分程序的使用语言。

第 51 条　其他语言安排

（1）任何初审法院和上诉法院的合议庭都可以在适当情况下处理翻译请求的资源分配。

（2）应一方当事人的请求，在适当情况下，初审法院和上诉法院的任何一个下级法院都可以在口头答辩中，提供口译的便利条件，以帮助相关当事人。

（3）尽管第 49（6）条已进行了规定，但在中央法院受理侵权案例的起诉时，当被告的住所，主要经营地或经营地位于某缔约成员国境内时，或被告在希望使用语言的缔约成员国境内无住所、主要经营地或经营地时，基于以下情况，该被告有权在主动要求后获得其住所或主要经营地所在的缔约成员国使用语言的相关文件的译文：

（a）根据第 33（1）条第 3 段或第 4 段规定，中央法院已被委任司法管辖权；并且

（b）中央法院的程序语言不是该被告的住所、主要经营地或经营地所在的缔约成员国的官方语言；若被告在希望使用语言的缔约成员国境内无住所、主要经营地或经营地时；并且

（c）被告不理解该程序语言时。

第三章　向法院递交申请的程序

第 52 条　书面程序、临时程序和口头程序

（1）依据程序规则，法院的程序必须包括书面程序、临时程序和口头程序。所有的程序都应以灵活和均衡的方式进行。

（2）在临时程序中，继书面程序之后，且在适当情况下，由全部陪审员通过任命的作为记录员的法官，负责召开临时听审会。法官尤其应致力于促使双方当事人达成和解，包括通过调解，和（或）通过仲裁以及通过使用第 35

条中提及的调解和仲裁中心的便利条件达成和解。

（3）口头程序应该给予双方当事人合理解释自己观点的机会。法院应该在双方当事人同意的前提下进行口头审理。

第 53 条　证据来源

（1）法院程序中的有关提供或获得证据的方式，具体应该包括以下方面：

（a）当事人的听审；

（b）起诉书的请求；

（c）文书记录；

（d）证人的听审；

（e）专家意见；

（f）审查；

（g）以对比为依据的检验或试验；

（h）书面誓词（宣誓书）。

（2）程序规则应该规定采集证据的相关程序。对证人和专家的询问必须在法院的主持下进行，仅限于必要方面。

第 54 条　举证责任

在不违背第 24（2）～（3）条规定的前提下，对事实的举证责任应由当事人基于这些事实而承担。

第 55 条　举证责任倒置

（1）在不违背第 24（2）～（3）条规定的前提下，如果一项专利的标的物是生产新产品的专利方法，则没有经过专利所有权人同意而生产出来的完全相同的产品，在没有相反证据时，应当被认为是由这种专利方法获得的。

（2）第 1 段中所列举的原则，同样适用于当某产品具有由某专利方法生产出来完全相同产品的实质可能性，且专利权人在合理努力后仍然不能证明该专利方法被实际用在该相同产品的生产时。

（3）在引用相反证据时，被告有关保护产品制造和商业秘密的合法权益应该被考虑在内。

第四章　法院的权力
第 56 条　法院的一般权力

（1）法院可以依据程序规则，根据情况，对本协议所规定的采取措施、启动程序和实施救济，制定具体的实施顺序。

（2）法院应该预期考虑当事人双方的利益，在制定具体的实施顺序前，给予任何一方当事人解释的机会；但与这种顺序下法律运行实效相矛盾的情况除外。

第 57 条　法院专家

（1）在不损害当事人双方提供专业证据可能性的前提下，法院随时可以指派专家为案例专业领域提供专门知识。法院可以为专家提供用于给出专家意见所必需的案例信息。

（2）为了这个目的，已确定法院专家的名单必须由法院依据程序规则来起草。这份名单应由登记员进行登记保管。

（3）法院专家应当保证独立和公正。法院规约第 7 条中列举的适用于法官的利益冲突时的相关规定，类推适用于法院专家。

（4）由法院专家向法院提供的专家意见，应该提供给双方当事人，并允许他们对其作出自己的评价。

第 58 条　保　　密

为了保护商业秘密，程序中当事人一方，或第三方的个人信息或其他保密信息，或者为了预防滥用证据，法院应该要求法庭程序中相关证据的收集和使用仅限于特定人群，且应限制或阻止该证据的外泄。

第 59 条　出示证据的要求

（1）在当事人一方的要求下，在该当事人已出示合理可用，足以支持自己诉求的证据，且已经证实其诉讼请求，同时另一方当事人或第三方仍掌控有规定的其他证据时，法院出于保密，有权要求另一方当事人或第三方出具该证据。这项要求不能导致自证其罪的后果出现。

（2）在当事人一方的要求下，法院可以出于保密，基于第 1 段中详细列举的情况，要求另一方当事人提交其名下的银行业务、经济或商业文件等证据。

第 60 条　证据保全和检查场所

（1）在申请人的要求下，在该申请人已出示合理可用、足以支持自己诉求的证据，并诉称其专利已被侵权或即将被侵权时，法院可以出于保密，根据案情，在审判程序开始前，迅速采取有效的临时措施，以保全与该侵权相关的证据。

（2）这些举措，包括具体的描述、有抽样调查或无抽样调查、对侵权产品的实际获取，和在特殊情况下，对使用在生产和（或）销售该产品的材料和实施工具的实际获取及其相关文件。

（3）法院可以根据案情，在审判程序开始前，在申请人的要求下，该申请人已出示证据证实自己的诉称——其专利已被侵权或即将被侵权，要求检查场所。这应由法院根据程序规则任命的个人负责实施。

（4）在检查场所，申请人不能就事实进行自我陈述，但是可以由法院已列举的具体名单上的独立的专业从业人员为其陈述。

（5）这些措施，必要时，可以在未通知另一方当事人的情况下，尤其是当任何延误都可能对专利所有权人造成不可挽回的伤害，或当有显而易见的证据表明该专利有将被损害的风险时，被法院责令实施。

（6）在未通知案例另一方当事人的情况下所实施的证据保全或检查场所措施，在这些措施启动后，不应有任何拖延，应当在最短的时间里，给予受影响的一方公告提示。包含听审权利的复审，可以在受影响一方当事人的请求下进行，包括了解法院所作决定和在法院采取措施后的合理时期内，这些措施是否会被修改、撤销或确认的事实。

（7）证据保全的措施，应以有充分安全措施或等价确信的申请人，为了确保因为第9段中规定的被告所带来损害的赔偿而提出的申请为准。

（8）法院应该保证，应被告的请求，在不损害原告诉请的损害赔偿下，撤销或停止生效相关的证据保全措施；若申请人在不超过31天公历日或20天工作日，两者中较长的一个期限内不再提起诉讼，根据案情，法院可对诉讼作出裁决。

（9）当法院撤销证据保全措施，或因为申请人的作为或不作为而判断失误，或随后发现没有事实上的专利侵权或专利侵权的威胁时，法院可以应被告的请求，要求申请人向被告提供因为实施这些措施而为被告带来损害的合理赔偿。

第61条　冻结令

（1）在申请人的要求下，该申请人已出示证据证实自己的请求——其专利已被侵权或即将被侵权，法院可以根据案情，在审判程序开始前，要求一方当事人不能转移法院司法管辖权范围内的任何资产，或无论是否在法院的司法管辖权范围内，都不能使用任何资产。

（2）第60（5）~（9）条类推适用本法条中提及的这些措施。

第62条　临时保护措施

（1）法院可以出于，适当考虑临时性和限制重复性罚款以阻止即将出现的专利侵权，或是为了保证权利所有人得到补偿，要求被告提交保证金以防止继续出现专利侵权行为的目的，以指令的形式授予禁令，以此对抗专利侵权人或为专利侵权人提供服务的中间人。

（2）法院有权自由衡量各方当事人的利益，尤其要考虑法院颁发禁令或拒绝颁发禁令所带给各方当事人的潜在损害。

（3）法院同样可以责令，扣押和移交涉嫌专利侵权的产品，以阻止其进入或流通于商业领域。若申请人表示当前情况可能危及损害赔偿金的支付，法院可以下令，事先扣押侵权人的动产和不动产，包括封锁侵权人的银行账户和其他资产。

（4）法院可以根据第1段和第3段中提及的措施，要求申请人提供合理证据，以在充分肯定的程度上证明自己是该专利的所有权人且自己的合法权利受到了或即将受到侵害。

（5）第60（5）~（9）条类推适用本法条提及的措施。

第63条 永久禁令

（1）在发现专利侵权并作出决定后，法院可以出于阻止侵权行为继续的目的，颁布禁令以对抗侵权人。法院也可以颁发禁令以对抗为第三方进行专利侵权活动提供服务的中间人。

（2）在合理程度上，若侵权人不遵守第1段中提及的禁令，法院可以对其处以多次罚款。

第64条 侵权程序的补救措施

（1）在不损害受伤一方当事人由于专利侵权而获得的赔偿，且没有任何形式的赔偿措施可以对该当事人进行补偿的情况下，法院可以在申请人的要求下，根据已发现的专利侵权产品，适当依据主要用于设计或生产这些产品的物质和工具，实施恰当的救济措施。

（2）这些救济措施包括：

（a）宣告侵权；

（b）将这些产品从商业流通领域召回；

（c）剥夺产品的侵权财产；

（d）明确将侵权产品移除出商业流通领域；

（e）销毁该产品和（或）相关的生产材料和工具。

（3）法院应要求侵权人承担实施这些措施的所有费用，有阻止这种要求的特殊原因者除外。

（4）根据本条衡量救济措施请求时，法院应该采用均衡原则——保持侵权严重程度、救济程度、侵权人停止侵权行为的意愿和第三方利益之间的平衡。

第65条 专利有效性的判决

（1）法院应基于撤销专利起诉书和撤销专利反诉书来决定专利的有效性。

（2）法院只能依据EPC第138（1）条和第139（2）条的相关规定作出部分地或全部地撤销一项专利的决定。

（3）在不损害EPC第138（3）条规定的前提下，如果撤销的理由仅出于部分专利的不完善，则该专利可以根据要求针对该撤销部分进行相应的修改。

（4）若一项专利的撤销决定被认为从一开始就不应作出，该决定的效力详见 EPC 第 64 条和第 67 条。

（5）在法院作出完全撤销专利，或是只撤销专利的一部分的最终裁决时，法院应该向 EPO 提交一份该裁决书的副本；涉及欧洲专利时，法院还应向相关缔约成员国的国内专利局提交一份该裁决书的副本。

第 66 条　法院在 EPO 决定上的权限

（1）在第 32（1）（i）条规定可提起的诉讼，根据欧盟第 1257/2012 号条例第 9 条规定，包括为保护统一效力欧洲专利登记处的修正案，法院可以使用 EPO 授予的委任权处理案例。

（2）根据第 32（1）（i）条规定提起诉讼的当事人可以依据第 69 条的减损条款，负担各自的成本费用。

第 67 条　要求信息互换的权力

（1）为回应申请人合乎情理且恰当的诉讼请求，根据程序规则，法院可以要求侵权人向申请人提供以下信息：

（a）侵权产品或侵权方法的来源和流通渠道；

（b）生产、制造、运输、接收或预定的数量和侵权产品获得的数额；以及

（c）参与侵权产品的生产或流通，或参与使用侵权方法的第三方身份。

（2）根据程序规则，法院也可以要求任何具有以下行为的第三方：

（a）被发现有为其所有的已达商业规模数量的侵权产品或在商业范围内使用了侵权专利方法；

（b）被发现为侵权活动提供用于商业用途的服务；

（c）当已查明第三方参与（a）和（b）中提及的生产、制造，或配送侵权产品，或占有侵权产品，或为侵权活动提供服务时，此第三方应当向申请人提供第 1 段中所要求的信息。

第 68 条　损害赔偿

（1）应受损伤一方当事人的请求，法院应当要求明知或有合理理由应当知道自己进行了专利侵权行为的侵权人支付其侵权行为所导致的受损害一方当事人损失的合理赔偿。

（2）在合理的范围内，应将受损害的一方当事人置于侵权尚未发生的情境之中。侵权人不得因侵权而获利。

（3）当法院设定损害赔偿数额时：

（a）应考虑所有合理方面，如不良经济后果，包括受损害一方当事人所遭受的损失收益或侵权人的不当得利；且在适当情形下除了经济因素外的其他

要件，如受损害一方当事人因为被侵权所承受的道德损害；或者

（b）作为（a）中规定的一项替代选择，可以在适当情形下，至少基于诸如许可费或酬金的数额，即对于若侵权人已请求许可使用尚在审议中的专利的合理数额，将损害赔偿数额设定为一笔整数。

（4）当侵权人并不知道或没有合理理由应当知道其参与了侵权活动时，法院可以要求其恢复专利权人的收益或支付赔偿。

第69条 诉讼费用

（1）一般来说，合理且比例适当的诉讼费用和胜诉方的其他支出，应由败诉方承担，但显失公平的情况除外；应根据程序规则设定承担数额上限。

（2）当一方当事人只是部分地或出于例外情况地胜诉，法院应公平地设定费用承担比例，或要求双方当事人各自承担自己的费用支出。

（3）一方当事人应当承担其为法院或另一方当事人带来的不必要开支。

（4）应被告请求，尤其当涉及第59～62条中规定的情形时，法院可以要求申请人完全承担其有责任承担的被告所遭受的诉讼费用和其他开支。

第70条 法庭诉讼费

（1）在法院提起诉讼程序的双方当事人应当支付法庭诉讼费。

（2）法院诉讼费应当事先支付，程序规则另有规定的除外。任何一方未支付所规定法庭诉讼费的当事人不得继续参与诉讼程序。

第71条 法律援助

（1）当作为自然人的一方当事人无力支付全部或部分程序费用时，可以随时申请法律援助。法律援助的授予条件由程序规则规定。

（2）法院可以根据程序规则规定，决定全部或部分授予法律援助，或拒绝授予法律援助。

（3）根据法院的提议，管理委员会应当订立法律援助的层级和制定法院因此所支出成本的规则。

第72条 诉讼时效

在不损害第24（2）～（3）条规定的前提下，从申请人知道或有合理理由应当知道可提起诉讼的最终事实之日起5年以后，申请人不能再提起相关的任何形式的经济赔偿诉讼。

第五章 上 诉

第73条 上 诉

（1）针对初审法院的判决，败诉一方当事人应在裁决通知下发日起的2个月内，向上诉法院提交对裁决全部或部分内容不服的上诉书。

（2）针对初审法院的命令，败诉一方当事人应向上诉法院提交对指令全

部或部分内容不服的上诉书：

（a）对于第49（5）条、第59～62条和第67条中提及的命令，应在申请人接到命令通知的15个公历日内；

（b）除了（a）中提及命令外的其他命令：

（ⅰ）和不服裁决的上诉书一起；或者

（ⅱ）在法院授予许可上诉后，法院裁决生效通知的15日内。

（3）应基于法律层面和客观事实提出不服初审法院判决或命令的上诉。

（4）只有当初审法院诉讼程序中，相关当事人的意见提交没有达到合理预期时，才能根据程序规则采用新证据和新事实。

第74条　上诉效力

（1）如果上诉法院在一方当事人的积极请求下没有另外作出决定，该上诉不应有未确定的效力，程序规则应确保不拖延裁决。

（2）尽管第1段中已有规定，但不服撤销专利的起诉或反诉裁决的上诉和基于第32（1）（i）条规定的起诉，可以有未确定的效力。

（3）不服第49（5）条、第59～62条和第67条中提及的命令的上诉，不能阻止主要程序的继续进行。但是，初审法院可以在相关上诉法院判决给出意见之前，在主要程序中自己作出判决。

第75条　上诉的受理和发回

（1）根据第73条提起的有充分理由的上诉，上诉法院可以撤销初审法院的判决并给出最终判决。在例外情况下，根据程序规则，上诉法院可以将案例发回初审法院，令其重审。

（2）根据第1段中的规定，当案例被发回初审法院时，在法律层面上，初审法院应受上诉法院判决的约束。

第六章　判　决

第76条　判决基础和听审权利

（1）法院应根据当事人提交的请求作出判决，判决范围不得超过请求范围。

（2）根据案情的判决，只能基于当事人提交的或法院命令程序所采用的理由、事实和证据；同时当事人应当有机会陈述自己的观点。

（3）法院应当自主且独立地评估证据。

第77条　形式要件

（1）法院所作出的判决和命令应出具理由，并根据程序规则，以书面形式作出。

（2）法院所作出的判决和命令应使用程序语言。

第78条 法院判决和异议

（1）根据法院规约，法院所作出的判决和命令应由合议庭的多数人通过。在投票数均等的情况下，首席法官的投票具有决定权。

（2）在例外情况下，合议庭中的任何法官都可独立提出对法院判决的异议。

第79条 庭外和解

在诉讼程序中，当事人可以随时以庭外和解的方式，经由法院判决确认，结束自己的案例。一项专利不能通过和解的形式被撤销或被限制。

第80条 公布判决

在申请人请求和由侵权人支付费用的前提下，法院可以通过恰当的方式，公布法院判决等相关信息，包括出示判决书和将其部分或全部地在媒体上发布。

第81条 再 审

（1）在法院作出最终判决后要求再审的请求，应由上诉法院基于以下情况例外地受理：

（a）当要求再审的当事人所发现的事实信息是决定性因素，且当法院的判决作出时，要求再审的一方当事人并不知情；这项请求只能基于，各国法院作出最终判决的行为已构成刑事犯罪的事实而被受理；或者

（b）由于基本程序的缺陷，尤其是当没有出席法庭的被告，未及时收到诉讼程序启动文件或其他对等文件的通知，而不能促使被告合理安排答辩时。

（2）要求再审的请求应当在判决做出之日起10年内，但不晚于发现新的事实或程序缺陷之日起2个月内提出。这项请求不能有未确定的效力，上诉法院另有规定的除外。

（3）如果要求重审的理由充分，上诉法院应该全部或部分地撤销正在接受审理的判决，并根据程序规则，重新启动新的审理和判决程序。

（4）当事人出于善意目的使用正在接受审理的判决标的物的专利时，应当被允许继续使用该专利。

第82条 判决和命令的执行

（1）法院的判决和命令，在任何一个缔约成员国境内，都应当是可执行的。用于执行判决的命令应当由法院为判决添加附件。

（2）在适当情况下，尤其是在颁发禁令后，执行判决应当要求提供担保或同等担保，以确保任何损失都有赔偿。

（3）在不损害本协议和法院规约的前提下，执行程序应当由执行地的缔约成员国的法律进行规制。法院的任何判决，在同等条件下，应当由作出判决的执行地缔约成员国执行。

（4）如果当事人一方没有遵守法院的命令，则该当事人可被处以向法院提交经常性罚金的惩罚。个人处罚应当与执行指令的重要性成正比，且个人处罚不能损害当事人诉请损害赔偿或保全的权利。

第四部分　过渡性条款
第 83 条　过渡领域

（1）在本协议正式生效日后的 7 年过渡时期里，侵权或要求撤销欧洲专利的诉讼，侵权或主张宣告已授予的由欧洲专利所保护的专利产品的补充保护证书无效的诉讼，仍旧可以在各国法院或其他可胜任的各国机构提起。

（2）在过渡时期结束时，各国法院尚未判决的案例不因为过渡时期已满而受影响。

（3）除非一项诉讼已经在法院提起，依据第 1 段规定，或在适当情况下，依据第 5 段，在过渡时期结束时已授予或已申请的欧洲专利的所有权人或申请人，以及已授权的由欧洲专利所保护的专利产品的补充保护证书的持有人，应当有从法院的专属职权中自愿退出的可能性。为此，他们最迟可在过渡期间已满之前 1 个月，告知登记处自己的退出决定。自愿退出决定在递交至登记处后即生效。

（4）除非一项诉讼已经在某国法院提起，欧洲专利的所有权人或申请人，或由欧洲专利所保护的专利产品的补充保护证书的持有人，根据第 3 段规定决定自愿退出时，只要依程序告知了登记处，有权随时撤销这一决定。撤销自愿退出决定在递交至登记处后即生效。

（5）在本协议生效 5 年后，管理委员会应当广泛咨询专利系统的使用人和调查欧洲专利和由欧洲专利所保护的专利产品的补充保护证书的数量；这些调查依据第 1 段规定，有关仍旧在各国法院提起的专利侵权、撤销专利或宣告专利无效的诉讼、它们提起的原因以及由此可能产生的结果。基于这种咨询和法院的意见，管理委员会可以决定将过渡时期延长至 7 年。

第五部分　最终条款
第 84 条　签名、批准和增设

（1）本协议应当在 2013 年 2 月 19 日向各缔约成员国公开征求签名；

（2）本协议应当依据缔约成员国各自的宪法规定分别批准。批准后的文件应当由欧盟理事会总秘书长（以下简称"保管人"）予以保管。

（3）各签署本协议的缔约成员国，依据欧盟第 1257/2012 号条例第 18（3）条规定，应该在签署批准文书后，告知欧盟理事会各自的批准行为。

（4）本协议应当对缔约成员国开放，以供其加入。加入协议文书应当由保管人保管。

第 85 条 保管人的职务

（1）保管人应起草本协议的具有证明文件的准确副本，并将这些副本传送至所有签约或加入成员国的政府。

（2）保管人应该通知已签约或加入成员国的政府以下内容：

（a）任何签名；

（b）任何批准或加入文书的保管；

（c）本协议的生效日期。

（3）保管人应该将本协议在联合国秘书处予以登记。

第 86 条 协议有效期

本协议不受有限期限制。

第 87 条 修 正

（1）在本协议生效 7 年后，或法院已判决的侵权案例数多达 2000 件时，在二者中更早的时间点上，在其后必要的固定间隔里，管理委员会应当，就法院的职能、效率和成本效益，以及用户对专利系统中法院判决资格的信任和信心方面，广泛咨询专利系统用户的意见。基于咨询和法院的意见，管理委员会可以出于改进法院职能的目的决定修改本协议。

（2）管理委员会可以修改本协议，以使它与有关专利的国际条约或欧盟法保持一致。

（3）管理委员会基于第 1 段和第 2 段规定所作出的决定，在 12 个月内，不应在缔约成员国，基于自己相关制定程序的内部决定而宣告其不希望被该管理委员会决定束缚时生效。在这种情况下，应当召开缔约成员国的复查会议。

第 88 条 本协议使用语言

（1）本协议起草原件的使用语言为英语、法语和德语，每种语言的文本内容具有同等效力。

（2）除了第 1 段中的特别规定，各缔约成员国用自己官方语言起草的，且已由管理委员会批准通过的本协议的文本，应当被认为是官方文本。有关不同文本之间的分歧，以第 1 段中规定的文本版本为准。

第 89 条 生 效

（1）本协议应在 2014 年 1 月 1 日，或根据第 84 条规定，在第 13 份批准或加入文书受理后的第 4 个月的第 1 天，包括在 1 年内生效欧洲专利数量最多的 3 个缔约成员国境内签署本协议的前一年，或欧盟第 1257/2012 号条例中有关其与本协议关系的修正案生效日后的第 4 个月的第 1 天，三者中最早的时间点生效。

（2）在本协议生效后的任何批准或加入应当在该批准或加入文书受理后

的第 4 个月的第 1 天生效。

谨在此，经正式授权，签订该协议。

2013 年 2 月 19 日，签订于布鲁塞尔。本协议使用英语、法语和德语签订，三种语言文本具有同等效力，每一文本的副本将由欧盟理事会的秘书长进行档案保管。

附则 I 统一专利法院规约

第 1 条 范 围

本法根据本协议第一条要求设立法院规约，包括统一专利法院的体制和财务规划。

第一章 法 官

第 2 条 法官适任条件

（1）任何缔约成员国的国民，满足本协议第 15 条和本法所列举的条件，即可被委任为法官。

（2）法官至少需要精通一门 EPO 的官方语言。

（3）本协议第 15（1）条中，任命所要求的专利诉讼经验，可以通过本法第 11（4）（a）条的培训获得。

第 3 条 法官的任命

（1）法官的任命程序应参照本协议第 16 条规定进行。

（2）空缺的职位应该公开招聘，并指明第 2 条中要求的相关适任标准。咨询委员会应当就候选人作为法院法官履行职能的合适性给出意见。意见应包含所有适合候选人的名单。该名单至少应包含实际空缺职位两倍数量的法官人数。在必要情况下，咨询委员会可以在最终任命决定前推荐已接受本法第 11（4）（a）条中专利诉讼培训的候选法官。

（3）在任命法官时，管理委员会应当确保最好的法律专业知识和技术知识，以及法院法官构成的均衡性，即尽可能基于地理因素，在各缔约成员国的公民中选出适任法官。

（4）管理委员会应当选任法院正常运转所需要的最多数量的法官。管理委员会应当首先任命必需数量的法官，用于配备初审法院每个分院的合议庭和上诉法院的至少两个合议庭。

（5）任命全职或兼职的具备法律技能法官和全职具备技术技能法官的管理委员会决定，应当陈明法院或/和一审法院中任命法官和技术法官任命的技术领域情况。

（6）兼职具备专业技术技能的法官应当被任命为法院的法官，基于自己的专业技能和经验，应当加入法官团行列。

法院任命的这些法官应确保覆盖所有技术领域。

第 4 条 法官的任期

（1）法官每任 6 年，从委任文书上规定的日期起算，可连选连任。

（2）在任何规章中有关日期规定不明时，任期以委任文书上的规定日期起算。

第 5 条 咨询委员会委员的任命

（1）任何缔约成员国都可提议满足本协议第 14（2）条要求的候选人担任咨询委员会的委员。

（2）咨询委员会委员的任命应经过管理委员会的共同同意。

第 6 条 誓 言

在开始履职之前，法官应当在法院公开宣誓，将会公正无私和切实认真地履行自己的义务，并对法院的审议保守秘密。

第 7 条 公 正

（1）宣誓后，法官应当签订书面声明，以表明自己无论是在担任公职期间还是卸任后，都会严格履行誓言和承担由此产生的义务，尤其是正直谨慎履职，不会接受在自己卸任后的某些职位或利益。

（2）法官不得参与以下案例审理程序，当该法官：

（a）已经是咨询人员；

（b）已经是一方当事人或一方当事人的代理人；

（c）已经应邀作为法院、法官席、上诉委员会、仲裁或调解专家组、审查委员会或其他任何公职机构的一员；

（d）与本案或一方当事人存在个人利益或经济利益联系；

（e）与一方当事人有关或因亲属关系而作为一方当事人代理人。

（3）若出于某种特殊原因，法官认为自己不应当参与某个特殊案例的判决和审理，该法官应当告知对应的上诉法院的院长，或当自己是初审法院的法官时，告知初审法院的院长。若出于某种特殊原因，上诉法院的院长，或当涉及初审法院法官时的初审法院的院长，认为某名法官不应当参与某个特殊案例或为该案例提交意见书时，上诉法院的院长和初审法院的院长可以用书面文件证明这种判断的正当性，可通知相关法官回避该案例。

（4）任何案例的当事人，基于合理理由，有权反对第 2 段中列举的或有充分理由怀疑的有偏袒倾向的法官参与审判程序。

（5）在适用本条时出现的任何困难，应根据程序规则，由执行委员会的决定解决。相关法官可以听审该判决但不得参与审议程序。

第 8 条　法官的豁免权

（1）法官应享有法定程序的豁免权。在法官已卸任后，仍然可以在涉及履行公职相关事项上继续享有豁免权。

（2）执行委员会可以免除法官的豁免权。

（3）当某法官的豁免权被免除，且已针对其提起了刑事诉讼，在任何缔约成员国境内，该法官只能由有能力判断该案情的最高国内司法部审判。

（4）在不损害本法中列举的，法官享有法定程序豁免权的相关规定的前提下，欧盟有关特权和豁免的协议，适用于法院的所有法官。

第 9 条　职责终止

（1）除了第 4 条规定中的法官任期已满后的人员更换或是法官死亡的情况，法官的职责在法官辞职后终止。

（2）辞职时，法官需要向上诉法院的院长，或当涉及初审法院法官时的初审法院的院长，提交辞职信，以通知管理委员会的委员长相关辞职事项。

（3）在第 10 条规定适用时，法官应当继续担任公职，直至有继任者代其履职。

（4）应当从前任法官任期里的其余人员中委任新的法官，填补职位空缺。

第 10 条　免　职

（1）只有当执行委员会认为某法官不再满足必须条件或没有履行其职责时，该法官才能被剥夺职位或其他利益。相关法官应当参与决定听审但不得参与审议。

（2）法院的登记人员就该决定应当与管理委员会的委员长进行沟通。

（3）在作出罢免某法官的决定后，该空缺职位应当予以公示。

第 11 条　培　训

（1）应当在根据本协议第 19 条规定设立的培训体制下，为法官组织定期和合适的培训。执行委员会应当通过《培训章程》，以确保培训体制的实施和整体连贯性。

（2）培训体制应提供专业知识交换平台和问题讨论论坛，尤其是在以下方面：

（a）组织课程、会议、研讨会、讲习班和座谈会；

（b）在知识产权领域，与国际组织以及教育组织进行合作；

（c）促进和支持更高层次的职业训练。

（3）应当起草每年的工作计划和实训指南，包括根据《培训章程》，为每一位法官制定为满足其主要培训需求的年度培训计划。

（4）培训体系应当添加以下内容：

(a) 确保法院候选法官和新任法官的相应培训；
(b) 支持旨在促进专利律师、专利代理人和法院之间合作的项目。

第 12 条 酬 劳

管理委员会应当确认上诉法院院长、初审法院院长、法官、登记人员、副登记组长和一般职员的酬劳数额。

第二章 组织规定
第 1 节 一般条文
第 13 条 上诉法院院长

（1）上诉法院院长每任 3 年，具体法官人数由上诉法院的所有法官选举产生，可连选连任。

（2）上诉法院院长的选举应采取不记名投票形式。获得绝对多数选票的法官当选。若没有法官获得绝对多数选票，应进行第二轮的不记名投票，其中获得绝对多数选票的法官当选。

（3）上诉法院院长应当领导司法活动，管理上诉法院和代表上诉法院的全体意志。

（4）若上诉法院院长的职位在现任院长任期满期之前出现空缺，应在法院其余成员中选出继任者。

第 14 条 初审法院院长

（1）初审法院院长每任 3 年，就具体法官人数，由初审法院的所有全职法官选举产生，可连选连任。

（2）初审法院的第一任院长应是中央法院所在地的缔约成员国的公民。

（3）初审法院院长应当领导法院的司法活动和管理初审法院。

（4）第 13（2）～（3）条规定类推适用于初审法院院长。

第 15 条 执行委员会

（1）执行委员会应当由作为委员长的上诉法院院长、初审法院院长、就具体人数选出的上诉法院的 2 名法官、就具体人数选出的初审法院的 3 名全职法官，和作为不投票成员的登记人员组成。

（2）执行委员会应当根据本规约履行职能。在不损害自己职责的前提下，执行委员会可以在其成员中委任一名代表，执行某项任务。

（3）执行委员会应当负责管理法院，尤其在以下方面：

（a）根据本协议第 41 条规定和法院财务条例中的提议，起草修正程序规则的提议；

（b）准备法院的年度预算、年度决算和年度财务报告，并提交至预算委员会；

（c）为法官的培训项目设立指导方案，并监督方案的实施；

（d）就登记人员和副登记书记的任命和免职作出决定；

（e）制定管理包括登记处分部在内的各登记处规则；

（f）根据本协议第 83（5）条规定内容给出建议。

（4）在登记人员未参与的情况下，执行委员会可以作出第 7 条、第 8 条、第 10 条、第 22 条中提及的决定。

（5）执行委员会作出的决定只有在全体成员都出席或充分出席的情况下才有效。所作出的决定应由多数投票通过。

第 16 条　工作人员

（1）法院的公务人员和其他服务人员有义务协助上诉法院院长、初审法院院长、法官和登记人员、需要对登记人员负责，受上诉法院院长和初审法院院长的领导。

（2）管理委员会应当为公务人员和其他服务人员设立职员条例。

第 17 条　法官假期

（1）在向执行委员会咨询后，上诉法院院长可以决定法官假期长度和制定庆祝官方假日的相关规则。

（2）在法官的假期期间，上诉法院和初审法院的运转应由各自院长所要求的法官负责。在紧急情况下，上诉法院院长可以召集法官。

（3）在适当情况下，上诉法院院长和初审法院院长可以批准上诉法院和初审法院各自法官的休假请求。

第 2 节　初审法院

第 18 条　地方法院或地区法院的设立和废止

（1）一个或多个缔约成员国要求设立地方法院或地区法院的请求书应递交至管理委员会的委员长。请求书中应指明地方法院或地区法院的所在地。

（2）管理委员会作出设立地方法院或地区法院的决定书中应指明相关法院配备的法官人数并对外公布。

（3）管理委员会，在主管地方法院或参与地区法院的缔约成员国的请求下，可以决定废止该地方法院或地区法院。有关废止地方法院或地区法院的决定书中，应指明法院不再收到新的起诉书的具体日期和该法院被废止的具体日期。

（4）在地方法院或地区法院后，原来指派到该地方法院或地区法院的法官应当被指派回中央法院；该地方法院或地区法院中尚未判决的案例应与分区登记处以及所有的文档一起转移到中央法院。

第 19 条 合议庭

(1) 一个法院合议庭中法官的分配和案例的指定,应当由程序规则规制。根据程序规则,合议庭的一名成员可以被指派担任审判长。

(2) 根据程序规则,专家组可以将部分职务委任给一名或多名成员。

(3) 根据程序规则,每个法院的常设法官可以被指派审理紧急案例。

(4) 根据本协议第 8 (7) 条规定,一名临时性法官,或根据本条第 3 段规定,一名常设法官在审理案例时,可以履行合议庭的所有职务。

(5) 根据程序规则,合议庭中的一名法官可以担任记录员。

第 20 条 法官团

(1) 法官团组成法官名单应由登记处起草。涉及每位法官时,名单中至少应指明其语言技能、技术领域、相关经验和之前审理过的案例。

(2) 递交至初审法院院长处要求从法官团指派法官的请求书,应当指明,尤其是案例的诉讼标的、合议庭法官使用的 EPO 的官方语言、程序语言和要求的技术领域。

第 3 节 上诉法院
第 21 条 专家组

(1) 一个法院专家组中法官的分配和案例的指定,应当由程序规则规制。根据程序规则,合议庭的一名成员可以被指派担任审判长。

(2) 若某案例异常重要,尤其是案例判决将影响到法院案例法的一致性和统一性时,上诉法院可以基于审判长的提议,决定将案例转移至法院的审判委员会。

(3) 根据程序规则,合议庭可以将部分职务委任给一名或多名成员。

(4) 根据程序规则,合议庭中的一名法官可以担任记录员。

第 4 节 登记处
第 22 条 登记处办公人员的任命和免职

(1) 法院的登记处人员由执行委员会任命,任期 6 年,可连选连任。

(2) 在登记处人员任命确定日期前两周,上诉法院院长应通知执行委员会其收到的该职位的申请书。

(3) 在正式履职前,登记处人员应在执行委员会前宣誓,保证公正无私和切实认真地履行义务。

(4) 登记处人员不再履行其公职义务时,应当被免职。执行委员会可在听取登记处人员意见后,作出免职决定。

(5) 若登记处人员在任期未满前出现职位空缺,执行委员会应当任命新的登记处人员,任期 6 年。

（6）若登记处人员缺席或被禁止参与审判或出现职位空缺，上诉法院院长可在咨询执行委员会意见后，从上诉法院员工中指派一名成员代替登记处人员履行职务。

第 23 条　登记处的义务

（1）登记处人员应协助法院、上诉法院院长、初审法院院长和法官们履行各自职务。登记处人员应对上诉法院院长领导下的登记处的组织和活动负责。

（2）登记处人员尤其应为下列活动负责：

(a) 保存包括法院受理所有案例档案的记录；

(b) 保存和管理根据本协议第 18 条、第 48（3）条和第 57（2）条规定起草的名单；

(c) 保存和公开本协议第 83 条规定中的公告清单；

(d) 公开法院的判决，需要保护的保密信息除外；

(e) 公开带有统计数据的年度财务报告；并且

(f) 确保本协议第 83 条规定中的自愿退出决定信息传达至 EPO。

第 24 条　登记记录保管

（1）法院登记记录保管的具体规定应由执行委员会通过的用于规范登记处人员的规则确定。

（2）调取登记处文件的规则由程序规则规定。

第 25 条　登记处分部和副登记员

（1）副登记员应由执行委员会任命，任期 6 年，可连选连任。

（2）第 22（2）~（6）条规定类推适用本条。

（3）副登记员应对登记处和初审法院院长领导下的登记处分部的组织和活动负责。副登记员的义务尤其包括下列活动：

(a) 保存初审法院所有受理案例的记录；

(b) 将初审法院每件受理案例都告知登记处。

（4）副登记员也可以为初审法院的分院提供行政和秘书事务协助。

第三章　财务规定
第 26 条　预　算

（1）预算应当基于执行委员会的提议，由预算委员会通过。预算应当根据《财务条例》中公认的会计原则起草，并依据本法第 33 条进行制定。

（2）依据财务条例，在预算中，执行委员会可以在不同的财务方向进行资金转移权配置。

（3）依据财务条例，登记员应对预算的执行负责。

（4）每年，登记员应当基于前一年财务有关执行委员会所批准通过预算的执行情况并发表声明。

第 27 条　授权支出

（1）除财务条例另有规定外，预算中列入的开支应当是一段已授权的会计期间。

（2）依据财务条例，除了职员开支有关拨款外，在会计年度结束时，尚未使用的任何拨款都可以转入下一段会计期间，但不得迟于下一段会计期间。

（3）依据财务条例，拨款应当根据类型和目的，在不同的条目下列出，必要时应进行细分。

第 28 条　无法预见开支的拨款

（1）法院的预算可以包含无法预见开支的拨款。

（2）法院使用这些拨款时，应得到预算委员会的事先准许。

第 29 条　会计期间

会计期间应当始于每年的 1 月 1 日，并终于 12 月 31 日。

第 30 条　预算准备

执行委员会应当不晚于财务条例中规定的日期，向预算委员会提交法院的预算草案。

第 31 条　临时预算

（1）在会计期间开始时，如果预算还未被预算委员会通过，根据财务条例的规定，在前一会计期间预算拨款的 1/12 的额度内，开支应当在每月预算的每项条目或其他预算分支中产生，但执行委员会可做出的拨款额度不得超过预算草案拨款的 1/12。

（2）在遵守第 1 段中提及的其他规定的前提下，预算委员会可为前一会计期间批准超过 1/12 的预算拨款。

第 32 条　账目审计

（1）法院每年的财务报告应由独立的审计员进行检查。

审计员应由预算委员会任命，或在必要时予以解雇。

（2）审计应基于专业审计标准作出并生效，必要时，应就各账目确保预算以一种合法和恰当的方式执行以及确保法院的财务管理按照经济政策和完善的财务管理进行。审计员应当在会计期间结束时起草一份包含已签名审计意见的报告。

（3）执行委员会应当向预算委员会提交法院每年的财务报告，前一会计期间里的年度预算执行报告和审计员的审计报告。

（4）预算委员会应当通过年度账目和审计员的审计报告，并且免除执行委员会有关预算执行的责任。

第33条 财务条例

（1）财务条例应由管理委员会批准。管理委员会应基于法院的提议修改财务条例。

（2）财务条例应特别规定：

（a）有关预算制定和执行的计划以及报账和账目审计的计划；

（b）各付款和资助的方式和程序，包括本协议第37条中规定的法院可使用的最初财务资助；

（c）有关批核人员和会计人员职责的规则，以及对其监督的办法；

（d）公认的预算和每年财务报告所遵循的会计规则。

第四章 程序规定

第34条 审议保密

法院的审议内容具有机密性质，应当保密。

第35条 判 决

（1）当合议庭的法官组成人员为偶数时，法院的判决应由合议庭的多数人投票决定。若出现票数相同的情况，以审判长所投票的判决为准。

（2）若合议庭的一名法官被要求禁止参与审判，根据程序规则，应从另一合议庭中选派法官予以替代。

（3）若法院规约要求上诉法院以合议庭对某案例作出判决时，该判决只有在合议庭组成法官3/4投票通过时才有效。

（4）法院的判决应当包括判决案例的所有法官名单。

（5）判决案例的所有法官，上诉法院给出判决的登记处，初审法院给出判决的副登记员，应在判决上签名。判决应在公开法庭上予以宣读。

第36条 异 议

根据本协议第78条规定，合议庭法官提出各自异议时，应给出理由和提交书面异议书，并在异议书上签字。

第37条 缺席判决

（1）在诉讼中一方当事人的请求下，根据程序规则，只要法院向另一方当事人送达了审判程序开始的提示文件或其他具有同等作用的文件，而另一方当事人未向法院提交书面答辩意见书或出席口头审理时，法院可以作出缺席判决。对缺席判决的异议，应当在当事人一方接到判决通知后一个月内提出。

（2）对缺席判决的异议没有停止执行该判决的效力，法院另有规定的除外。

第 38 条 提交至欧盟法院的问题

（1）欧盟法院在欧盟内部为初步判决的参考设立的程序可以适用。

（2）无论何时，当初审法院或上诉法院决定将一个有关《欧盟公约》或《欧盟运作条约》或有关欧盟机构法案有效性和解释的问题提交至欧盟法院时，审判程序应当停止。

附则 II

中央法院内部案例分配[19]

伦敦法院	巴黎法院	慕尼黑法院
—	院长办公室	—
（A）人类生活必需	（B）作业；运输	（F）机械工程；照明；加热；武器；爆破
（C）化学；冶金	（D）纺织；造纸	—
—	（E）固定建筑物	—
—	（G）物理	—
—	（H）电学	—

---

[19] 从 A 到 H 的 8 种分类是基于世界知识产权组织的国际专利分类作出的［EB/OL］. http：//www.wipo.int/classifications/ipc/en.

附录4

统一专利法院程序规则拟定条款

2014年1月31日第16次草案

引 言

当前文件包括《统一专利法院规则》（以下简称"UPC"或"法院"）和法院规约的规定草案。

UPC协议的第三部分已经制定了程序法的基本原则，例如均衡和公平、案例管理、有权听审、公开和程序步骤等。协议包括有关语言、当事人、代理、取证方式和专家的总则内容，也定义了统一专利法院有关下达临时措施指令（尤其是预先禁令），下达证据保全命令和补救措施命令的权力。

然而，协议中几处本应通过程序细节详细说明但却指定参考程序规则的规定。这是一种经过反复考验的立法技巧：协议中只包含基本原则，很多程序细节都留给二手法律文书制定。

根据协议第41（2）条，《统一专利法院规则》应由管理委员会，基于和所有利益相关人的广泛协商和就规章与欧盟法兼容性方面，听从欧盟理事会的意见后，予以通过。

已签订协议的缔约成员国已经设立了为法院早日建立和尽快运转做实践规划的筹备委员会。缔约成员国意识到了为法院设立适当规则和统一适用的重要性，这对确保法院判决具有最高质量和程序以一种最高效且成本效益好的方式运行至关重要。

缩写词

EPC：《欧洲专利公约》

Regulation（EU）No. 1257/2012：

（欧盟第1257/2012号条例：欧洲议会和欧盟理事会在2012年12月17日做出的以实现统一效力欧洲专利保护发明领域加强合作的欧盟第1257/2012号条例）

Regulation（EU）No. 1260/2012：

（欧盟第 1260/2012 号条例：欧盟理事会在 2012 年 12 月 17 日作出的以实现统一效力欧洲专利保护发明领域有关可适用翻译计划加强合作的欧盟第 1260/2012 号条例）

Regulation（EU）No. 1215/2012：

（欧盟第 1215/2012 号条例：欧洲议会和欧盟理事会在 2012 年 12 月 12 日作出的民商事领域，有关司法管辖权认可和判决执行的欧盟第 1215/2012 号条例）

不同层次程序费用不应包括在内。

这些规定中提及的人、适用法人和自然人；"男性"一词的含义应包括女性，反之亦然。

对于所有的书面答辩意见书，当事人需要使用网上的格式模板（见第 4 条）。法条中列举了答辩内容要求，"*"标志着可用于引导当事人的格式模板。

目　录

序　言　规则适用和解释

第 1 条　规则适用

第 2 条　补充保护证书

第 3 条　登记处和登记处分部员工在履行登记处职责时的权限

第 4 条　文件提交

第 5 条　自愿退出申请和撤回

第 6 条　命令、判决、书面答辩意见书和其他文件的提供和服务

第 7 条　书面答辩意见书和书面证据语言

第 8 条　当事人和当事人的代理人

第 9 条　法院权限

第 10 条　程序步骤

第 11 条　庭外和解

第一章　书面程序

第 1 节　侵权诉讼

第 12 条　（侵权诉讼）书面答辩书交换

起诉书

第 13 条　起诉书的内容

第 14 条　起诉书语言

第 15 条　侵权诉讼费用

第 16 条　起诉书的形式审查

第 17 条　（初审法院，侵权诉讼）登记处记录

第 18 条　报告法官的委任

被告提起初步异议的程序

第 19 条　初步异议

第 20 条　关于初步异议的判决或命令

第 21 条　初步异议判决或命令的上诉

侵权诉讼以标的额为基础的诉讼费用

第 22 条　侵权诉讼以标的额为基础的诉讼费用

答　辩

第 23 条　提交答辩书

第 24 条　答辩书的内容

第 25 条　撤销的反诉

第 26 条　撤销的反诉的诉讼费用

第 27 条　对答辩书形式要件的审查

第 28 条　进一步程序

对撤销之反诉的答辩，对答辩书的答复以及申请修改专利和对答复的第二次答辩

第 29 条　对撤销之反诉提出答辩，对答辩书的答复和对答复的第二次答辩

第 29A 条　反诉的答辩的内容

第 30 条　修改专利的申请

第 31 条　包含撤销反诉的争议的以价值为基础的诉讼费用

对修改专利的申请的答辩

第 32 条　对修改专利的申请的答辩，对答辩的答复和对答复的第二次答辩

申请对合议庭分配一名技术合格的法官

第 33 条　当事人申请分配一名技术合格的法官

第 34 条　报告法官请求分配一名技术合格的法官

书面程序的最后步骤

第 35 条　书面程序结束

第 36 条　进一步交换书面答辩

第 37 条　对《协议》第 33（3）条的适用

依据《协议》第 33（3）（b）条向中央法院提起的撤销之反诉

第 38 条　中央法院依据《协议》第 33（3）（b）条规定处理要求撤销判决的反诉书时的书面程序

第 39 条　中央法院程序语言

第 40 条　中央法院加速程序

依据《协议》第 33（3）（c）条向中央法院提出的诉讼

第 41 条　中央法院依据《协议》第 33（3）（c）条规定处理已提交诉讼的书面程序

第 2 节　撤销专利诉讼

第 43 条　直接针对专利所有人的诉讼

第 44 条　（撤销专利诉讼）书面答辩交换

撤销起诉书

第 45 条　撤销起诉书内容

第 46 条　撤销起诉书语言

第 47 条　撤销诉讼的费用

第 48 条　登记处记录（初审法院，撤销诉讼）

对撤销的答辩

第 49 条　撤销专利答辩的提交

第 50 条　撤销专利答辩的内容和侵权反诉

第 51 条　撤销专利答辩的回复

第 52 条　回复的第二次答辩

第 53 条　侵权反诉的费用

申请修改专利答辩和侵权反诉答辩

第 56 条　侵权反诉答辩的提交

第 57 条　撤销专利诉讼以价值为基础的费用（包括侵权反诉）

第 58 条　争议中以价值为基础的费用（包括侵权反诉）

第 3 节　确认未侵权的诉讼

第 60 条　未侵权之确认

第 61 条　（确认未侵权的诉讼）书面答辩的交换

第 62 条　确认未侵权的诉讼答辩书的内容

第 65 条　确认未侵权的诉讼答辩书的提交

被告应当在收到确认未侵权的诉讼答辩书之日起 2 个月内，提出对确认未侵权之诉的答辩。

第 66 条　确认未侵权的诉讼答辩书的内容

第 67 条　确认未侵权的诉讼答辩书的答复和对答复的第二次答辩

第 68 条　确认未侵权诉讼费用

第 69 条　确认未侵权诉讼以价值为基础的费用

第 4 节　根据本协议第 33（5）~（6）条规定提起的诉讼

第 70 条　本协议第 33（5）条在地方法院或地区法院提起的撤销专利诉讼和随后的侵权诉讼

第 71 条　本协议第 33（6）条规定的确认未侵权诉讼

第 72 条　确认未侵权诉讼和撤销专利诉讼

第 5 节　基于欧盟第 1257/2012 号条例第 8 条规定的专利许可赔偿诉讼

第 80 条　专利许可权利的赔偿

第 6 节　欧盟第 1257/2012 号条例第 9 条中的反对 EPO 实施案例移递决定的诉讼

第 85 条　诉讼阶段（只有一方当事人参加听审的单方程序）

第 86 条　中止效力

第 87 条　撤销或修改 EPO 决定的理由

第 88 条　撤销或修改 EPO 决定的申请

第 89 条　形式审查（只有一方当事人参加听审的单方程序）

第 90 条　登记处记录（只有一方当事人参加听审的单方程序）

第 91 条　EPO 的中间修改

第 92 条　合议庭、单独法官的指派和报告法官的委任

第 93 条　撤销或修改 EPO 决定申请的审查

第 94 条　向 EPO 局长查询的意见

第 95 条　临时程序的特别规定（只有一方当事人参加听审的单方程序）

第 96 条　口头程序的特别规定（只有一方当事人参加听审的单方程序）

第 97 条　有关撤销 EPO 驳回统一效力请求决定的申请

第 98 条　费　　用

第二章　临时程序

第 101 条　（案例管理）报告法官的职责

第 102 条　移送合议庭

第 103 条　临时会议准备

临时会议

第 104 条　临时会议的目的

第 105 条　临时会议的召开

第 106 条　临时会议的记录

口头审理的准备

第 108 条　口头审理传唤

第 109 条　口头审理中的同声传译

第110条 临时程序的终止

第三章 口头程序

第111条 （案例管理）审判长的职责

第112条 口头审理的召开

第113条 口头审理的期限

第114条 法院决定需要进一步提交必要证据时的休庭

第115条 口头审理

第116条 口头审理中一方当事人的缺席

第117条 口头审理中双方当事人的缺席

第118条 事实判决

第119条 损害赔偿的临时判决

第四章 确定损害和赔偿的程序

第125条 确定赔偿数额的单独程序

第126条 确定损害程序的启动

第1节 确定损害的申请

第131条 确定损害的申请内容

第132条 确定损害的申请费用

第133条 确定损害的以价值为基础的费用

第134条 对确定损害的申请形式要件的审查

第135条 登记处的记录和送达

第136条 确定损害申请的中止

第137条 对败诉方的答复

第138条 对确定损害的申请的抗辩的内容

第139条 对确定损害的申请抗辩的答复以及对答复的第二次抗辩

第140条 进一步程序（确定损害的申请）

第2节 申请公开的请求

第141条 申请公开请求的内容

第142条 败诉方的抗辩，对抗辩的答复和对答复的第二次抗辩

第143条 对申请公开请求的决定

第五章 费用决定程序

第150条 费用决定的单独程序

第151条 费用决定程序的开始

第152条 实质性判决中对代理费的赔偿

第153条 专家费的赔偿

第 154 条　证人费用的赔偿

第 155 条　口译人员和翻译人员费用的赔偿

第 156 条　进一步程序

第 157 条　对费用决定的上诉

第六章　对费用的担保

第 158 条　对一方当事人费用的担保

第 159 条　对法院费用的担保

第二部分　证　　据

第 170 条　证据的形式和获取证据的形式

第 171 条　提供证据

第 172 条　举证的义务

第一章　当事人的证人和专家

第 175 条　书面证人证言

第 176 条　申请证人亲自出席听证

第 177 条　传唤证人出席口头听证

第 178 条　证人听证会

第 179 条　证人义务

第 180 条　证人作证费用补偿

第 181 条　当事人的专家证人

第二章　法院的专家证人

第 185 条　法院专家的指定

第 186 条　法院专家证人的义务

第 187 条　专家报告

第 188 条　法院专家听证

第三章　证据呈庭令、信息披露令

第 190 条　证据呈庭令

第 191 条　信息披露申请

第四章　证据保全令（SAISIE）和调查令

第 192 条　证据保全申请

第 193 条　证据保全的形式审查、备案、合议庭委任、报告法官委任、法官的委任

第 194 条　证据保全的实质审查

第 195 条　口头听证会

第 196 条　证据保全令

第 197 条　不听取被告意见的证据保全令

第 198 条　证据保全令的撤销

第 199 条　检查令

第五章　其他证据

第 200 条　资产冻结令

第 201 条　法院指示进行的实验

第 202 条　委托书信

第三部分　临时强制措施

第 205 条　庭审流程（简易程序）

第 206 条　临时强制措施申请

第 207 条　保护申请书

第 208 条　形式审查、备案、合议庭委任、报告法官委任、独审法官

第 209 条　临时强制措施申请审查

第 210 条　口头听证

第 211 条　临时强制措施令

第 212 条　被申请人未进行听证时的临时措施指令

第 213 条　临时措施的撤销

第四部分　上诉法院庭前程序

第 220 条　可上诉判决

第 221 条　上诉许可的申请

第 222 条　上诉法院开庭前程序主要内容

第 223 条　"中止效应"的申请

第一章　书面程序

第 1 节　上诉书、上诉理由声明

第 224 条　提出上诉书及上诉理由声明的时间

第 225 条　上诉书的内容

第 226 条　上诉理由声明的内容

第 227 条　上诉书及上诉理由声明的用语

第 228 条　上诉费用

第 229 条　针对上诉书中诉求是否符合规定的审查

第 230 条　（上诉法院）登记处记录

第 231 条　报告法官的任命

第 232 条　文件翻译

第 233 条　上诉理由声明的初步审查

第234条 针对不予采信（不予审理）裁定的质疑

第2节 被告声明

第235条 答辩书

第236条 答辩书内容

第237条 交叉上诉书

第3节 针对交叉上诉书的答复

第238条 针对交叉上诉书的答复

第4节 移交合议庭

第238A条 决定移交审判委员会

第二章 暂行程序

第239条 报告法官的角色

第三章 口头程序

第240条 口头审理的实施

第241条 关于费用判决上诉的口头审理

第四章 判决和判决效力

第242条 上诉法院的判决

第243条 发回重审

第五章 再审申请程序

第245条 再审申请的提交

第246条 再审申请的内容

第247条 基本程序缺陷

第248条 程序缺陷的异议义务

第249条 刑事犯罪的认定

第250条 再审费用

第251条 中止效力

第252条 再审申请的形式审查

第253条 再审申请的合议庭委任

第254条 再审申请的实质审查

第五部分 一般规定

第一章 一般程序规定

第260条 登记处主动审查

第261条 申请日期

第262条 公共查询

第263条 变更诉讼请求许可

第 264 条　听证权

第 265 条　撤　　诉

第 266 条　欧洲法院初级审理

第 267 条　《协议》第 22 条规定的诉讼

第二章　送　　达

第 1 节　《协议》签约国或缔约成员国间的送达

第 270 条　本部分适用范围

第 271 条　诉讼请求送达

第 272 条　送达结果告知

第 2 节　缔约成员国以外的送达

第 273 条　范　　围

第 274 条　缔约成员国外的送达

第 3 节　以其他方式送达

第 275 条　以其他方式或其他地址送达请求声明

第 4 节　命令、判决和书面答辩状的送达

第 276 条　命令和判决的送达

第 277 条　基于第 5 部分第 11 章作出的缺席判决

第 278 条　书面答辩和其他文书的送达

第 279 条　变更电子送达地址

第三章　代理人的权利和义务

第 284 条　代理人不得歪曲事实和案例的义务

第 285 条　代理人的权利

第 286 条　代理人被授权参与法院审理的证明

第 287 条　律师与客户间的保密特权

第 288 条　诉讼特权

第 289 条　特权、豁免和便利条件

第 290 条　法院针对代理人的权力

第 291 条　程序上的排除

第 292 条　专利代理人的听证权

第 293 条　代理人的变更

第四章　诉讼的中止

第 295 条　诉讼的中止

第 296 条　诉讼中止的期限和效力

第 297 条　诉讼的恢复

第 298 条　EPO 的加速程序

第五章　期　　限

第 300 条　期限的计算

第 301 条　期限的自动延长

第六章　诉讼当事人

第 1 节　多名当事人

第 302 条　多名原告或多项专利

第 303 条　多名被告人 *

第 304 条　多名当事人的法院费用

第 2 节　当事人的变更

第 305 条　当事人的变更

第 306 条　当事人变更的后果

第 3 节　诉讼当事人的死亡、失踪或破产

第 310 条　诉讼当事人的死亡或失踪

第 311 条　诉讼中当事人的破产

第 4 节　专利权的转让

第 312 条　诉讼中专利权或专利申请权的转让

第 5 节　调解规则

第 313 条　调解申请

第 314 条　对于调解申请的命令

第 315 条　调解声明

第 316 条　调解邀请

第 317 条　对调解申请命令无上诉权

第 6 节　权利的恢复

第 320 条　权利的恢复

第七章　有关语言的其他规定

第 321 条　当事人共同申请以专利授权语言进行诉讼。

第 322 条　报告法官建议以专利授权时使用的语言进行诉讼

第 323 条　一方当事人申请以专利授权时使用的语言进行诉讼

第 324 条　诉讼过程中诉讼语言变更的后果

第八章　案例管理

第 331 条　案例管理责任

第 332 条　案例管理的基本原则

第 333 条　案例管理顺序的审查

第334条　案例管理的权利

第335条　变更或撤销命令

第336条　案例管理权力的履行

第337条　基于法院自身意志的命令

第340条　共同诉讼的联系

第九章　法院的组织机构

第341条　法官地位

第342条　法院开庭的日期、时间和地点

第343条　诉讼处理的顺序

第344条　评　　议

第345条　合议庭的组成和诉讼分配

第346条　法院规约第7条的适用

第十章　判决和命令

第350条　判　　决

第351条　命　　令

第352条　受担保约束的判决或命令

第353条　判决和命令的更正

第354条　执　　行

第十一章　缺席判决

第355条　缺席判决（一审法院）

第356条　申请撤销缺席判决

第357条　缺席判决（上诉法院）

第十二章　注定败诉或禁止的诉讼

第360条　无宣判必要

第361条　注定败诉的诉讼

第362条　诉讼进行的绝对限制条件

第363条　明显不会被采信主张的驳回命令

第十三章　和　解

第365条　经法院确认的和解

第六部分　费用和法律援助

法院费用

第370条　法院费用

第371条　支付法院费用的期限

法律援助

第 375 条　范围和目的

第 376 条　法律援助的相关费用

第 377 条　授予法律援助的条件

第 378 条　申请法律援助

第 379 条　审查和决定

第 380 条　法律援助的撤销

第 381 条　上　　诉

第 382 条　恢　　复

序　言

根据《统一专利法院协议》（以下简称《协议》）、《统一专利法院规约》（以下简称"法院规约"）和这些规则，法院可以开始程序。若《协议》和（或）法院规约的规定存在冲突，同时法院规约和规则之间存在冲突，应优先适用《协议》和（或）法院规约。

根据《协议》第 41（3）条、第 42 条和第 52（1）条规定，基于均衡原则、灵活性原则和公平正义原则，规定可以被适用和解释。

应通过充分考虑各个案例的性质、复杂程度和重要性，确保实现均衡原则。

灵活性原则，应通过一种灵活和平衡适用所有程序规则的方式，结合法官实际需要自由裁量权的层次，以最高效和成本效益最好的方式来组织程序。

应通过考虑所有当事人的合法权益，确保实现公平正义原则。

根据这些原则，法院应当以能作出最高质量判决的方式，来适用和解释规定。

根据这些原则，程序应当允许正常初审时，有关专利侵权和专利有效性的最终口头审理在一年内完成，同时需要认识到，复杂的案例需要花费更长的时间和更多的步骤，简单的案例需要花费更短的时间和更少的步骤。有关成本和（或）损害赔偿金的裁决应当同时或在其后尽快做出。案例管理应当根据这些目标进行组织。当事人应当和法院合作，在程序中尽可能早地呈现案例的所有内容。

法院应尽可能确保，所有初审地方法院和上诉法院中规则适用和解释的一致性。在任何违背程序要求准许上诉的判决中，都需要充分考虑这一目标。

第 1 条　规则适用

1. 根据《协议》、法院规约和程序规则，包括规则的序言和序言中陈述的原则，法院可以启动程序。若《协议》和（或）法院规约中的规定存在冲突，同时法院规约和规则之间存在冲突，应优先适用《协议》和（或）法院规约。

2. 当则作为法院审理任何案例而非法院合议庭专有诉讼的依据时，初审法院院长或上诉法院院长可以委任以下人员审理案例：

（a）指派案例合议庭的审判长或报告法官；

（b）当案例委任给某一法官时，该法官应法律专业技能娴熟；

（c）根据第345.5条规定委任主审法官。

对应于《协议》第8（7）条

对应于法院规约第19（3）条

第2条 补充保护证书

1. 根据第2款规定，在这些规定中，除了第5条，在适当情况下，"专利"和"专利所有权人"的表述，应当分别包括《协议》第2（h）条中定义的补充保护证书和授予该证书的专利和专利所有权人。

2. 专利被授予时的语言应是这些规定的适用语言；适用语言不应是专利被授予时的补充保护证书的语言。

第3条 登记处和登记处分部员工在履行登记处职责时的权限

在登记处或登记员适用规则和利用规则审理案例时，适用对象应包括相关登记处分部，审理人员应包括登记员、登记处工作人员或相关登记处分部工作人员。

第4条 文件提交

1. 书面答辩书和其他文件应当以电子形式在登记处提交。当事人可以利用网上可获取的格式模板。文件的收据应由可显示提交日期和当地时间的电子收据的自动回复设置予以确认。

2. 无论出于何种原因，当不能提交电子形式文件时，当事人应当提交文件的复印件，并在随后尽快提交电子形式的文件。

对应于《协议》第44条

第5条 自愿退出申请和撤回[20]

1.（a）欧洲专利（包括已到期的欧洲专利）的所有权人，或欧洲专利的公开申请（以下在第5条中称为"申请"）的申请人，根据《协议》第83（3）条规定，希望从法院独有的权限中自愿退出专利或申请时，应当根据第

---

[20] 第5条的注释：作为对已收到评论的回应，起草委员会想要注解时，《协议》中有关自愿退出的第83条规定应当清楚提供：

（ⅰ）统一专利法院司法管辖权的完全取代；

（ⅱ）根据第5.6条，这些取代应是为了相关专利或申请；而且

（ⅲ）包括上述所有权人的所有委任。

5.13条，在登记处提交申请。

(b) 当专利或申请被两个或更多所有权人或申请人所共有时，全部所有权人或申请人都应在登记处提交申请。

(c) 申请应在该欧洲专利被授权的缔约成员国提交。

2. (a) 根据第5.1条自愿退出欧洲专利或申请的申请书，或根据第5.8条撤销自愿退出的申请书内容范围可以扩及任何基于该欧洲专利的补充保护证书。

(b) 若提交申请书时，这些补充保护证书已被授予该补充保护证书的所有权人，如果和该专利所有权人并非同一人时，应当和该专利所有权人一起提交申请书。

(c) 若申请书提交后，这些补充保护证书才被授予，自愿退出的效力将自动延至上述已授予的补充保护证书；基于欧洲专利的该补充保护证书的所有权人，应当根据第5.3条告知登记处具体信息。

(d) 第5.7条和第5.9条应当在有关任何补充保护证书诉讼开始时，在细节上做出必要的修改。

(e) 在毫无疑点的情况下，不能自愿退出基于统一效力欧洲专利的补充保护证书（无论该补充保护证书是由缔约成员国还是其他机关授予的）。

3. 自愿退出申请应当包括：

(a) 该欧洲专利或专利申请的所有权人或申请人的名字，上述基于该欧洲专利的补充保护证书的所有权人的名字和所有相关的邮政地址或可用的电子地址；

(b) 当这些所有权人、申请人或持有人已经委派代理人时，应提供该代理人的姓名、邮政地址和电子地址；

(c) 专利和（或）专利申请的所有细节，包括专利号和专利申请号；而且

(d) 基于该相关专利的补充保护证书的所有细节，包括补充保护证书的证件号。

4. 根据第5条，第8条不适用于作出申请。当有委派代理人时，该代理人应当包括EPC第134条规定的，以及《协议》第48条提及的专业技术代理人和法律从业人员。

5. 自愿退出申请人应当根据第6节规定缴付固定费用。当固定费用未缴付时，该申请不能被提交至登记处。也应当缴付有关自愿退出申请已被受理的欧洲专利或专利申请的固定费用，包括基于上述的专利或专利申请的补充保护证书。

6. 根据第5.5条，登记员应尽快将该自愿退出申请提交至登记处。根据第5.7条，该自愿退出申请在提交至登记处之日起生效。

7. 若有关包含自愿退出申请之前即提交至登记处日期的自愿退出申请的专利或专利申请，法院开始审理该专利或专利申请的诉讼时，有关上诉专利或专利申请的自愿退出申请应是无效的。

8. 根据该法条，专利或专利申请的所有权人，即自愿退出的主体，应当提交一份申请，以撤销有关该专利或专利申请（一份或多份专利或专利申请，但并非同一专利或专利申请的不同授权委任）的自愿退出申请。申请书应当包括第5.3条中的特殊事项，并应和第六部分规定的固定费用一起缴付；第5.5条在适用时应在细节上加上必要的修改内容。根据固定费用的收据，登记员应尽快将申请在登记处予以撤销，该撤销在进入登记处之日起生效。

9. 若有关包含撤销自愿退出的申请书之前即提交至登记处日期的专利或专利申请，缔约成员国的法院开始审理该专利或专利申请的诉讼时，有关上诉专利或专利申请的撤销自愿退出的申请书应是无效的。

10. 根据该法条，已自愿退出的欧洲专利的申请，可以继续申请统一效力欧洲专利的授权，所有权人应当告知登记处。该自愿退出被视为已经撤销，且登记员应尽快将该撤销提交至登记处。根据第5.8条，不需要支付其他费用。

11. 一项已提交至登记处的专利或专利申请，申请撤销该专利或专利申请的主体，此后，不得成为进一步自愿退出申请的主体。

12. 根据第5.6条和第5.8条规定，登记员应尽早通知EPO已进入登记处的文件。

13. 自愿退出申请可以在EPO宣告后一日和《协议》正式生效前，提交至EPO。申请应当和第5.5条中的固定费用一起提交，并另外遵守EPO有关提交申请的指令要求。在《协议》正式生效时，根据《协议》第89条规定，EPO应当将所有申请（包括尚未确定的申请）的细节信息和相关费用移送登记处。登记员应当在上述《协议》正式生效日将申请提交至登记处。

对应于《协议》第83（3）～（4）条

第5条的注释：作为对已收到评论的回应，起草委员会想要注解时，有关自愿退出的《协议》第83条应当清楚提供：

（i）统一专利法院司法管辖权的完全取代；

（ii）根据第5.8条规定，这些取代应是为了相关专利或申请；而且

（iii）包括上述所有权人的所有委任。

第6条 命令、判决、书面答辩意见书和其他文件的提供和服务

1. 根据第五部分第二章的规定，登记处应尽快送达：

（a）法院下发给当事人的命令和判决；

（b）一方当事人给另一方当事人的书面答辩意见书；

在适当情况下，登记处应当通知当事人其答辩机会或在程序中可采取的合适措施，或在任何诉讼阶段可做的事项。

2. 登记处应当尽快为当事人提供涉及这些规则的文件副本，已提交的答辩书和书面证据。

3. 根据规则，当一方当事人已提交的送达邮政地址和电子地址发生改变时，该当事人应在改变发生后尽快告知登记处和另一方当事人。

第7条 书面答辩意见书和书面证据语言

1. 书面答辩意见书和其他文件，包括书面证据，应当用程序语言提交，法院或程序规则另有规定的除外。

2. 当法院或程序规则要求书面答辩书和其他文件被翻译时，不必要提供该翻译准确性的正式证言，除非该翻译的正确性被另一方当事人所质疑或被法院要求予以证明。

第8条 当事人和当事人的代理人

1. 若程序规则（第5条、第88.5条和第378.5条）无另外规定，根据《协议》第48条规定，当事人可以被代理。

2. 有关专利的所有程序，当程序规则规定当事人可以提起任何诉讼或任何可由当事人提起的诉讼，该诉讼都可被当事人的代理人予以提起。

3. 除了程序规则另有的规定，一方当事人不能在未通知另一方当事人的情况下，和法院进行沟通。若该沟通是以书面形式做出的，若程序规则未要求法院向另一方当事人提供该沟通的副本，该当事人应向另一方当事人提供副本。

4. 程序规则中有关专利所有权人的所有程序，EPO登记处登记的人员应得到和所有权人相同的待遇。

对应于《协议》第48条

第9条 法院权限

1. 法院可以在诉讼或自己提议或在一方当事人合理请求下的任何阶段，要求另一方当事人，在详细规定的时间期间内，执行措施、回答问题和提供说明或证据。

2. 法院可以对当事人未在法院或程序规则规定的时间期限内采取或提交的任何措施、事实、证据或答辩不予理睬。

3. 根据第4款的规定，在一方当事人的合理请求下，法院可以：

（a）延长，甚至追溯，程序规则中提及的或法院规定的时间期限；而且

(b) 缩短时间期限。

4. 法院不能延长第 198.1 条和第 224.1 条中提及的时间期限。

第一部分　初审法院程序

第 10 条　程序步骤

初审法院程序应当包括以下步骤：

(a) 书面程序；

(b) 临时程序，包括和当事人双方的临时会议；

(c) 口头程序，根据第 116.1 条和第 117 条，应当包括必要的对双方当事人的口头审理；

(d) 损害赔偿金的执行程序，包括公开记录；

(e) 成本决策的程序。

对应于《协议》第 52（1）条和第 68 条、第 69 条

第 11 条　庭外和解

1. 在任何诉讼阶段，法院如果认为争议双方适宜达成庭外和解，可以建议双方当事人利用专利调解和仲裁中心（即"中心"）的便利条件，来和解或寻求争议的和解办法。尤其是在临时程序中的报告法官，根据第 104（d）条规定，可以召开临时会议，以寻求双方当事人达成和解的可能性，包括利用"中心"的便利条件，进行调解和（或）仲裁。

2. 根据第 365 条，法院可以，在当事人的请求下，以判决的形式，确定任何形式的调解或仲裁的授予（无论这一调解或仲裁是中心授予的，或是其他机构授予的），包括强制专利所有权人限制、放弃或同意撤销专利的条款或不再坚持起诉另一方当事人和（或）第三方。当事人可以就判决费用达成协议，或要求法院根据第 150～156 条作细节上必要的修改，决定判决费用。

3. 在执行任何当事人没有表达意见、提出建议、作出倡议、予以承认或起草文件的任何和解条款时，在和解事项没有在法院或其他法院由当事人公开和自由地予以表达确认时，该和解的真实性，应基于法院，或法院程序中的当事人，或任何其他法院提供的证据予以确认。

对应于《协议》第 35 条和第 52（2）条、第 79 条

第一章　书面程序

第 1 节　侵权诉讼

第 12 条　（侵权诉讼）书面答辩书交换

1. 书面程序应当包括：

(a)（原告）起诉书的提交［第 13 条］；

(b)（被告）答辩书的提交［第 23 条和第 24 条］；而且，选择性地

（c）提交（原告）对答辩书的回复［第 29（b）条］；而且，

（d）提交（被告）对第二次答辩的回复［第 29（c）条］。

2. 答辩书中应当包括撤销反诉书［第 25.1 条］。

3. 若撤销反诉书被提交：

（a）原告和任何所有权人，根据第 25.3 条（此后，在第 12 条和第 29～32 条称"所有权人"），作为一方当事人时，应当提交一份撤销反诉书的答辩书［第 29 条］，包括修改专利权人所有专利的申请书［第 30 条］；

（b）被告应当提交一份对撤销反诉书的答辩书的回复［第 29（d）条］；而且，

（c）原告和任何所有权人应当提交对撤销反诉书的答辩书回复的第二次答辩［第 29（e）条］。

4. 若专利所有权人提交了修改专利的申请书，被告可以提交对撤销反诉书的答辩书回复中对该修改专利申请书的答辩书，专利所有权人可以提交对修改专利申请书的答辩回复，且被告可以提交对该回复的第二次答辩［第 32 条］。

5. 报告法官可以在详细规定的时间期间内，允许双方当事人进一步交换书面答辩［第 36 条］。

起诉书

第 13 条　起诉书的内容

1. 原告可以在自己选择的法院提交起诉书［《协议》第 33 条规定］，起诉书应当包括：

（a）原告的名字（原告如果是企业实体的话，包括其注册办公地点）和原告代理人的名字；

（b）起诉书所针对的另一方当事人（被告）的名字（被告如果是企业实体的话，包括其注册办公地点）；

（c）原告的邮政地址和电子地址，以及原告授权代收法院通知的代理人名字；

（d）被告的邮政地址，如果可能的话，可送达的电子地址，以及被告授权代收法院通知的代理人名字，如果知道的话；

（e）在原告不是相关专利的所有权人或不是唯一的所有权人时，专利所有权人的邮政地址，如果可能的话，可送达通知的电子地址，以及其授权代收法院通知的代理人地址，如果知道的话；

（f）在原告不是相关专利的所有权人或不是唯一的所有权人时，原告需要举证证明自己有权提起诉讼［《协议》第 47（2）～（3）条规定］；

（g）相关专利的具体信息，包括专利号；

（h）在可适用的情况下，在法院提起的与该专利相关的先前或（正在进行的）尚未决定的诉讼程序，包括在中央法院提起的撤销专利诉讼或尚未决定的宣告未侵权诉讼，以及 EPO 或其他任何法院受理的这些诉讼的日期；

（i）一项法院开具的表明其有能力受理该案例以及其确已听审该诉讼的证明 [《协议》第 33（1）~（6）条]；根据《协议》第 33（7）条规定，当事人已达成合意的，法院开具的表明其确已听审该诉讼的证明应同被告的合意证据一同提交；

（j）在可适用情况下，表明某一法官单独审理该诉讼的证明 [《协议》第 8（7）条规定]，应同被告的合意证据一同提交；

（k）原告所提诉讼的性质、要求和救济内容；

（l）一项基于事实的证明，尤其是：

（ⅰ）宣称侵权或有侵权威胁的一审或多审具体日期和各自地点；

（ⅱ）宣称侵权专利的具体证明信息；

（m）依据的证据 [第 170.1 条]，在可适用情况下，以及一项支持诉求的进一步证据；

（n）专利侵权诉求所依据的事实和理由，包括法律论证，在可适用情况下，以及对已提起诉讼翻译的解释；

（o）原告在临时程序中可找到的任何要求的证明 [第 104（e）条]；

（p）当原告高估侵权诉讼中专利的价值时，有关该价值的证明；而且

（q）文件清单，包括起诉书中提及的任何证人证言，以及该文件的全部或部分不需要被翻译的请求和（或）第 262.2 条中规定的申请书。

2. 原告应当同时提交起诉书中提及的任何文件的副本。

3. 报告法官应当在根据第 18 条就任后，尽快决定根据第 13.1（q）条提起的任何请求。

第 14 条 起诉书语言

1. 在不损害《协议》第 49（3）、（4）、（6）条规定的前提下，依据第 14.2 条和第 272.7 条，应当起草起诉书：

（a）根据《协议》第 49（1）条规定中的官方语言或官方语言的一种作为程序语言；或者

（b）根据《协议》第 49（2）条规定中指定语言的一种作为程序语言。

选择 1：

2. 缔约成员国主导的本地法院，可以指定超过一种《协议》第 49（1）条规定中的官方语言，并根据法院专家组的实际情况，命令或建议使用这些语

言中的一种作为程序语言。这条规定类推适用于缔约成员国共同参与的地区法院和根据《协议》第49（2）条规定中指定官方语言的情形。

选择2：

2. 当被告在缔约成员国主导的本地法院或共同参与的地区法院境内有永久居住地或主要经营地时，可根据《协议》第49（1）条和（或）第（2）条规定，指定几种官方语言；而且当诉讼不是依据《协议》第33（1）（a）条规定在任何本地法院或地区法院提起时，或当被告在缔约成员国境内有永久居住地或主要经营地的地区官方语言有多种本地语言时，起诉应当用缔约成员国的官方语言提起起诉。

若缔约成员国或地区有多种官方语言时，或被告有多个位于不同缔约成员国的永久居住地或主要经营地时，或缔约成员国的不同地区有不同官方语言时，应由原告自己选择起草起诉书。

3. 根据第49（5）条规定和第321～323条，起诉书语言应为程序语言；在不损害第16.5条的前提下，登记处应当驳回任何未使用程序语言提交的答辩书。

对应于《协议》第49条

第14.2条的注释：起草阶段的协商清楚表明，在最初起草时，第14.2条不具有实践性，提出了两种选择。委员会没有达成一致意见，尽管有较多人支持了选择1，但预备委员会最终决定将两种选择都纳入考虑范围。

然而，委员会自身更赞同其中可允许原告选择程序语言的简单规则。

第15条 侵权诉讼费用

1. 原告应当根据第六部分的要求缴付侵权诉讼的固定费用；

2. 在侵权诉讼费用未缴付前，不能被视为已提交起诉书，[第371条]另有规定的除外。

对应于《协议》第36（3）条、第70条和第71条

第16条 起诉书的形式审查

1. 登记处应尽快核查一项或多项专利是否是《协议》第83（3）条和第5条相关规定中的自愿退出的对象。有关自愿退出时，登记处应尽快，在合适情况下，通知将撤销或修改该起诉书的原告。

2. 若相关专利不是自愿退出的对象，登记处在起诉书提交后，应尽快核实原告是否遵守了第13.1（a）～（k）条、第13.2条、第14条和第15.1条的规定。

3. 若原告没有遵守（2）中提及的相关条款，登记处应尽快要求原告：

(a) 在接到通知后的14天内，修改起诉书的不足之处；而且

（b）在可适用情况下，在上述 14 天内提交侵权诉讼费用。

4. 根据第 355 条，若原告未在上述时间期限内，修改起诉书的不足之处和（或）提交侵权诉讼费用，登记处同时应当通知原告，法院可能给出违约判决。

5. 若原告未修改起诉书的不足之处或未提交侵权诉讼费用，登记处应当通知法院的法官，以违约判决为由不予采纳该起诉书。法官可以给原告机会，进行事先审理。

6. 根据第 356 条，原告可以作出申请，以撤销违约判决。

第 17 条　（初审法院，侵权诉讼）登记处记录

1. 若第 16.2 条中提及的要求都得到了遵守，登记处应尽快：

（a）记录起诉书收据的日期和为该起诉书编号；

（b）在登记处记录该文件；而且

（c）通知原告该案例号和收据日期。

2. 法院的审判长应当将案例委任给合议庭。

3. 下列情形可以决定在中央法院的不同部门之间分配诉讼案例：

（a）当诉讼案例涉及一份具有单一分类的专利时，根据《协议》附则 Ⅱ 的规定，登记处可以将案例分配给适宜管理该专利分类的部门。该部门的审判长应当将案例委任给合议庭。

（b）当诉讼案例涉及同一分类的一项或更多项专利时，根据《协议》附则 Ⅱ 的规定，登记处可以将案例分配给适宜管理该专利分类的部门。该部门的审判长应当将案例委任给合议庭。

（c）当（a）（b）的规定都不适用时，根据《协议》附则 Ⅱ 的规定，登记处应当将诉讼案例移送至第 1 段中提及的适宜管理该专利分类的部门的审判长。若该部门审判长认为该诉讼案例应当由其部门予以审理的，他应当将案例委任给合议庭。若他认为不宜审理的，他应当将诉讼案例移送至其他他认为适宜管理该专利分类的部门的审判长。此部门审判长同样应当考虑其部门是否适宜审理该案例。若此部门审判长认为其不宜审理，他应当将案例移送初审法院院长，再由初审法院院长将案例分配至他认为适宜审理该案例的部门。适宜审理该案例部门的审判长应当将案例委任给合议庭。

4. 自起诉书上标明收据之日起，该诉讼案例即被认为在法院开始了诉讼程序。

对应于《协议》第 7（2）条、第 10 条

第 18 条　报告法官的委任

案例委任专家组的审判长［第 17.2 条］，应当指派合议庭的一名法官作为报告法官。审判长可以指派其本人成为报告法官。登记处必须切实地通知原

被告报告法官的人选。

<h2 style="text-align:center">被告提起初步异议的程序</h2>

第19条　初步异议

1. 在起诉书送达被告一个月内，被告可以提出关于以下内容的异议：

（a）法院的管辖权；

（b）由原告所提出的法院管辖权［第13.1（ⅰ）条］；

（c）起诉书采用的语言［第14条］。

2. 初步异议必须符合下列条件：

（a）符合第24.1（a）～（c）条的情节；

（b）被告所寻求的判决或命令；

（c）初步异议所依据的基础；以及

（d）在适当情况下，所依赖的事实和证据。

3. 初步异议的拟定应当：

（a）采用诉讼的语言［第14.3条］；或者

（b）采用EPO官方语言中的一种。

4. 如果该诉讼已经在地区法院提起，被告可以依据《协议》第33（2）条的规定，提起初步异议请求将诉讼移送到中央法院。该初步异议应当包含支持在三个或以上地区法院存在相同侵权的所有事实和证据。

5. 登记处应当尽快邀请原告对初步异议给出意见。如果可以，原告在收到初步异议通知之日起14日内自行纠正任何错误［第19.1（b）或（c）条］。此外，原告可以在上述期限内提交其书面意见。报告法官应当被告知原告所做的任何纠正及其提交的书面意见。如果第19.1（b）条所涉及的错误被纠正，并且原告提供了另一个有管辖权的法院，报告法官必须把该诉讼移送原告提供的法院。

6. 除非报告法官另有决定，提交答辩书的期间［第23条］不受提起初步异议的影响。

7. 被告没有在第19.1条规定的期间内提起初步异议，将被视为由原告选择的有管辖权的法院来管辖。

第20条　关于初步异议的判决或命令

1. 报告法官应在第19.5条规定的期间届满之后，尽快对初步异议作出决定。报告法官应当给予当事人陈述的机会。该决定应当包括向当事人和登记处对诉讼的下一步事项作出的说明。

2. 一旦该初步异议的处理进入主要程序，报告法官应当告知双方当事人。

第21条　初步异议判决或命令的上诉

1. 依据第 220.1（a）条，可以对报告法官受理初步异议的决定提出上诉。根据第 220.2 条，可以对报告法官驳回初步异议的命令提出上诉。

2. 如果提出上诉，基于一方当事人合理请求，报告法官或者上诉法院可以中止初审诉讼。

侵权诉讼以标的额为基础的诉讼费用

第 22 条 侵权诉讼以标的额为基础的诉讼费用

1. 侵权诉讼的赔偿额度应当由报告法官在衡量当事人评估的争议的价值的基础上，在临时程序中通过命令的方式来确定。

2. 当侵权诉讼的价值超过［××欧元］，原告应根据第 6 部分［第 370.2（b）条和第 371.4 条］缴纳以价值为基础的侵权诉讼的诉讼费用。

答 辩

第 23 条 提交答辩书

被告应当在收到起诉书之日起 3 个月内提交答辩书。

第 24 条 答辩书的内容

答辩书应当包括：

（a）被告或者其代表人的姓名；

（b）被告受送达的邮寄地址和电子邮件以及有权接受送达人的姓名和地址；

（c）该卷宗的诉讼编号；

（d）被告是否提起过初步异议［第 19 条］；

（e）所依赖的事实，包括任何对原告所依赖事实的质疑；

（f）所依赖的证据［第 170.1 条］，并且尽可能提供更多的证据来支持；

（g）诉讼不成功的原因，对于法律的争议，由《协议》第 28 条规定引起的任何争论，以及在适当的情况下，对原告权利要求解释的任何质疑；

（h）被告在临时程序中寻求的有关侵权诉讼的任何命令［第 104（e）条］；

（i）对被告是否对原告评估的侵权诉讼中的价值存有争议以及对该争议原因的陈述；

（j）文件清单，包括答辩书中提到的任何证人证言，以及全部或部分文件无须被翻译的任何请求和/或依据第 262.2 条提出的任何申请。第 13.2 条和第 3 条应予以适用。

第 25 条 撤销的反诉

如果答辩书中包含可能被侵权的专利是无效的主张，该答辩书必须包含依据第 43 条，针对专利所有人提出的撤销该专利的反诉。撤销的反诉应当包括：

(a) 请求专利被撤销的程度;

(b) 一种或多种尽可能有法律依据的撤销的理由,在适当的情况下,对被告提出的专利范围的解释;

(c) 可依据的事实;

(d) 可依赖的证据,并且尽可能提供更多的可供支持的证据;

(e) 被告在临时程序中寻求的任何命令[第104.e条];

(f) 当被告评估认为包括反诉的争议价值超过侵权诉讼价值[××欧元],提出包括反诉的争议的价值;

(g) 如果有的话,陈述其对《协议》第33.3(a)~(c)条和第37(4)条中规定的立场;

(h) 文件清单,包括撤销的反诉中提到的任何证人证言,以及全部或部分文件无须被翻译的任何请求。第13.2条和第13.3条准予以适用。

(i) 当专利所有人不是侵权诉讼的原告时,提供第13.1(b)、(d)条所要求的该所有者的信息。

2. 当原告不是该专利的所有人或者不是唯一的所有人时,登记处应依第13.1(e)条的规定尽快将该撤销之反诉的副本送达相关所有人,同时应提供本条第2款规定的每种文件的副本。第271条准予适用。处在争议中的所有人应当成为该撤销诉讼的当事人,并应在后续的诉讼中被当作被告。所有人应当依据第13(e)条的规定提供原告未提供的细节。

3. 当原告不是该专利的所有人或者不是唯一的所有人时,登记处应依第13.1(e)条的规定尽快将该撤销之反诉的副本送达相关所有人,同时提供本条第2款规定的每份文件之副本。处在争议中的所有人应当成为该撤销诉讼的一方当事人。所有人应当依据第13(e)条的规定提供原告未提供的细节。

第26条 撤销的反诉的诉讼费用

依据第6部分的规定,被告应当缴纳撤销的反诉的诉讼费用。第15(2)条将准予适用。

第27条 对答辩书形式要件的审查

1. 登记处应当在答辩书提交后尽快:

(a) 审查第24.1(a)~(d)条的要件是否已经符合;

(b) 如果答辩书包含撤销的反诉,则审查是否依据第26条的规定已缴纳诉讼费用;

2. 如果登记处认为答辩书或者撤销的反诉不符合本条第1款规定的要件,其应当尽快邀请被告:

（a）在收到该通知之日起 14 日内，纠正错误；以及

（b）如适用，在上述 14 日内，缴纳撤销的反诉之诉讼费用。

3. 登记处同时应告知被告，如果被告没有纠正错误或者没有在上述期间内缴纳诉讼费用，依据第 355 条之规定，可能对其作出不履行的判决。

4. 如果被告没有在上述 14 日内纠正错误或者缴纳撤销的反诉的诉讼费用，登记处应当告知作出不履行的判决的报告法官。他可以事先给予被告陈述的机会。

5. 被告可依据第 356 条申请撤销该不履行的判决。

第 28 条　进一步程序

答辩书送达之后，报告法官应当在征询当事人后，尽快确定临时会议的日期和时间（如有必要[第 101.1 条]），以及口头审理的日期和一个备选日期。

对撤销之反诉的答辩，对答辩书的答复以及
申请修改专利和对答复的第二次答辩

第 29 条　对撤销之反诉提出答辩，对答辩书的答复和对答复的第二次答辩

1.（a）在收到包含撤销之反诉的答辩书之日起 2 个月内，原告应当对该撤销之反诉提出答辩，包括依据第 30 条修改该请求的任何申请，并可以对答辩书作出答复。

（b）在收到未含有撤销之反诉的答辩书之日起 1 个月内，原告可以对答辩书作出答复。

（c）在收到对未包含撤销之反诉的答辩书的答复之日起 1 个月内，被告可以对该答辩书的答复作出第二次答辩。对答辩书答复的第二次答辩应当限于答辩书答复中提出的事项。

（d）在收到针对反诉的答辩之日起 1 个月内，被告可以对该反诉的答辩作出答复，并且如果适用，可依据第 32 条，提出对修改权利申请的答辩。

（e）在收到对反诉的答辩的答复之日起 1 个月内，原告可以对该答复提出第二次答辩，并且如果适用，可依据第 32 条，对修改权利申请的答辩作出答复。对答辩书的答复的第二次答辩应当限于答辩书答复中所提出的事项。

（f）当原告不是该专利所有人时，第 29 条中关于修改专利申请所指的原告应被认为包括该所有人。

第 29A 条　反诉的答辩的内容

对撤销的反诉的答辩应包括：

（a）可依据的事实，包括对被告所依赖的事实的任何质疑；

（b）可依据的证据［第170.1条］，并且尽可能提供更多的可供支持的证据；

（c）该撤销之反诉无效的原因，包括对法律的争议和对于为什么该专利的任何独立请求都是独立有效的争议；

（d）原告和所有人在临时会议中寻求的关于撤销诉讼的命令；

（e）如果有的话，依据《协议》第33（3）（a）、（b）或（c）条和第37（4）条的规定，原告和所有人对被告立场选择的回应；

（f）依据第25.1（f）条，原告和所有人对被告关于争议（包含反诉）的价值评估的回应；

（g）文件清单，包含对反诉的答辩中提及的证人证言，以及全部或部分文件无须被翻译的任何请求和/或者依据第262.2条的任何申请。第13.2条和第13.3条应予以准用。

第30条 修改专利的申请

1. 对撤销的反诉的答辩可以包括由专利所有人提出的修改专利的申请，该申请应当包括：

（a）对相关的专利请求的修改和/或者说明书，包含在可能的和适当的情况下使用专利被授权时的语言提出的一种或多种其他权利要求（辅助请求）；如果诉讼［第14.3条］不是采用专利被授权时的语言，并且如果该专利是采用被告住所地所在的缔约国语言或者涉嫌侵权地所在的缔约国的语言，并具有统一效力的欧洲专利，且被告提出要求，所有者应将提出的修改翻译成诉讼的语言。

（b）对修改符合EPC第84条和第123（2）、（3）条规定要求的原因和修改的权利要求是有效的以及被侵害的原因的解释；

（c）说明提议是有条件的还是无条件的；所提出的修改，如果是有条件的，在该案的情况下，必须在数量上是合理的。

2. 修改该专利的任何后续请求只有经法院许可才可进入诉讼。

3. 依据第30.1条的申请，涉及该专利的其他诉讼正在进行，原告应当告知该审理法院此申请已经作出并提供第30.1（a）条规定的信息。

第31条 包含撤销反诉的争议的以价值为基础的诉讼费用

1. 争议（包含撤销反诉）的价值应当由报告法官在对当事人评估的价值进行考量的基础上，在临时程序中通过决定的方式来确定。

2. 当包含撤销之反诉的争议的价值超过［××欧元］，被告应当依据第6部分［第370.2（b）条和第371.4条］支付该争议的以价值为基础的诉讼费用。

对修改专利的申请的答辩

第 32 条 对修改专利的申请的答辩，对答辩的答复和对答复的第二次答辩

1. 在收到修改该权利要求的申请之日起 2 个月内，被告应当对该修改权利要求的申请提出答辩，表明他是否反对该修改权利要求的申请，如果反对，说明原因：

（a）该提议的修改是不被允许的；和

（b）专利不能如所请求的那样被支持。

2. 在适当情况下，对于被提议的修改，对修改权利要求的申请的答辩包含第 45（d）~（h）条规定的提交物和其他非侵权提交物。

3. 所有人在收到答辩之日起 1 个月内，对修改权利要求申请的答辩作出答复。被告可以在收到答复之日起 1 个月内，对该答复作出第二次答辩，该答辩应当只针对答复中提出的事项。

申请对合议庭分配一名技术合格的法官

第 33 条 当事人申请分配一名技术合格的法官

1. 任何一方当事人都可以申请为合议庭分配一名技术合格的法官，该合议庭应当有相关技术领域的专家。

2. 该申请应当尽快在书面程序中提出。在书面程序结束后提出的申请[第 35 条]，如果是合理的，应只能被认为是情境变更，如另一方当事人提出新的意见，并得到法院的允许。

3. 如果本条第 1 款和第 2 款的要求已经符合，初审法院的院长在同报告法官协商后，应向该合议庭分配一名技术合格的法官。

第 34 条 报告法官请求分配一名技术合格的法官

1. 报告法官可以在书面程序中的任何时间，与主审法官和当事人协商后，请求初审法院院长为该合议庭分配一名技术合格的法官。

2. 一旦技术法官被分配到合议庭，报告法官可以在任何时间咨询该技术合格的法官。

书面程序的最后步骤

第 35 条 书面程序结束

依据第 12.1 条以及如适用，依据第 12.2~12.4 条的规定交换书面答辩后，报告法官应当：

（a）在不损害第 36 条的情况下，告知当事人打算结束书面程序的日期；

（b）在有必要召开临时会议的情况下（第 28 条和第 101.1 条），确定临时会议的日期和时间[第 28 条]，或告知当事人将不举行临时会议。

第36条 进一步交换书面答辩

在不损害报告法官在第110.1条下的权力情况下，基于一方当事人在报告法官希望结束该书面程序的日期（第35（a）条）前提出的合理请求，报告法官可以允许在指定期间内进一步交换书面答辩，该书面程序应在该指定期间届满时认定为结束。

第37条 对《协议》第33（3）条的适用

1. 书面程序一旦结束，合议庭应通过命令决定如何处理《协议》第33（3）条的申请。当事人应有陈述的机会（第264条）。合议庭应在命令中写明其作出决定的简要原因。

2. 在适当的情况下，在考虑过当事人的答辩以及给当事人陈述的机会后，合议庭可以通过命令作出一个初步的决定（第264条）。

3. 当合议庭决定适用《协议》第33（3）（a）条的程序时，在没有依据第33条和第34条分配一名技术合格的法官的情况下，报告法官应请求初审法院院长为合议庭分配一名技术合格的法官。

4. 当合议庭决定依照《协议》第33（3）（b）条的程序审理时，合议庭可以中止该侵权诉讼，以待撤销诉讼最后判决的作出；并且在专利的相关请求有很大可能在撤销之诉的最终判决中基于任何理由被认定为无效的情况下，专家组应当中止侵权诉讼。

依据《协议》第33（3）（b）条向中央法院提起的撤销之反诉

第38条 中央法院依据《协议》第33（3）（b）条规定处理要求撤销判决的反诉书时的书面程序

向中央法院提起撤销之反诉，应作如下处理：

（a）第17.2条和第17.3条将予以适用：初审法院的院长应当依据《协议》第7（2）条和附则Ⅱ的规定将该撤销之反诉分配给中央法院的合议庭。当事人可以请求该反诉由法律合格的法官单独审理；

（b）第18条将予以适用：处理撤销之反诉的合议庭的主审法官应当指定一名合议庭法律合格的法官作为报告法官；

（c）报告法官应当对中央法院书面程序的进一步进行，给出必要的指示；

（d）第28条将予以适用：报告法官与当事人协商后，应当确定临时会议的日期和时间（如有必要，[第28条和第101条]），以及口头审理日期和备选日期。

第39条 中央法院程序语言

1. 向本地法院或地区法院提起诉讼并向中央法院提起撤销之反诉的诉讼语言不是使用专利被授权时的语言，报告法官可以命令当事人在一个月内将任何书面答辩翻译成专利被授权时所使用的语言,以及提交报告法官在书面程序中要求提交的其他文件。

2. 在适当的情况下,报告法官可以在决定中说明只对当事人书面答辩的摘要和其他文件提供翻译。

3. 向本地法院或地区法院提起诉讼的语言采用的是专利被授权时的语言,依据第24条、第25条、第29条、第29a条、第30条和第32条提出的答辩将成立。

第40条　中央法院加速程序

当临时措施的申请被提出时,报告法官应当加快中央法院的诉讼程序[第206条]。

依据《协议》第33(3)(c)条向中央法院提出的诉讼

第41条　中央法院依据《协议》第33(3)(c)条规定处理已提交诉讼的书面程序

依据《协议》第33(3)(c)条向中央法院提出的诉讼,应作如下处理:

(a) 第17.2条和第17.3条将予以适用。当事人可以提出该诉讼由法官单独审理;

(b) 第18条将予以适用:处理该诉讼的合议庭的主审法官应当指派该合议庭的一名法官担任报告法官;

(c) 依据第28条已确定的日期应尽可能予以确认;

(d) 第39条将予以适用:报告法官可以命令当事人将书面程序中的任何书面答辩翻译成专利被授权时所使用的语言;在适当的情况下,报告法官可以在决定中说明只对当事人书面答辩的摘要和其他文件提供翻译。否则,在书面程序中提出的答辩将成立。

(e) 报告法官应当对中央法院书面程序的进一步进行,给出必要的指示。

第2节　撤销专利诉讼

第43条　直接针对专利所有人的诉讼

撤销专利的诉讼应当向专利所有人提出。

对应于《协议》第47(5)条和第65(1)条

第44条　(撤销专利诉讼)书面答辩交换

1. 书面程序应当包括:

(a) (由原告)提交撤销诉书[第45条];以及

(b) (由被告)提交对撤销的答辩[第49条];以及有选择性地

(c) (由原告)作出对撤销的答辩的答复[第51条];

(d) (由被告)对答复作出第二次答辩[第52条]。

2. 对撤销的答辩包括：

（a）修改该专利的申请；

（b）由专利所有人提出的侵权反诉。

3. 如果修改专利的申请被提出，原告应当对修改专利的申请作出答辩。被告可以对申请的答辩作出答复。原告可以对该答复作出第二次答辩。第二次答辩应当只限于对答复中提出的事项作出回应。

4. 如果侵权反诉被提出，原告应当对侵权反诉提出答辩［第56条］，被告可以对反诉的答辩作出答复［第56.3条］，原告可以对该答复提出第二次答辩［第56.4条］。

5. 第12.5条应予以适用。

撤销起诉书

第45条 撤销起诉书内容

原告应当遵照第b项，依据《协议》第7（2）条和附则Ⅱ，向登记处提交撤销起诉书。该撤销起诉书应当包括：

（a）依据第13（1）（a）~（h）条规定的条目；

（b）当事人已依据《协议》第33（7）条向地方法院或地区法院提起诉讼达成协议，说明审理该诉讼的法院以及被告同意的证据；

（c）如果有可能，说明该诉讼应由一名法官独自审判［《协议》第8（7）条］，以及被告同意的证据；

（d）说明请求专利被撤销的程度；

（e）一项或多项尽可能得到法律支持撤销的依据，以及在适当的情况下，对原告权利申请范围的解释。

（f）所依赖的事实；

（g）所依赖的证据，如有可能，提供可供支持的进一步的证据；

（h）说明原告在临时程序中将会寻求的任何决定［第104.4条］；

（i）当原告评估撤销之诉的价值超过［××欧元］，说明这一价值；以及

（j）文件清单，包含在撤销起诉书中提到的任何证人证言，以及全部或部分文件无须被翻译的任何请求和/或者依据第262.2条提出的任何申请。第13.2条和13.3条将予以适用。

第46条 撤销起诉书语言

1. 遵照本条第2款，撤销起诉书应当采用专利被授权时的语言来起草；

2. 当事人已依据《协议》第33（7）条对在地方法院或地区法院提起诉讼达成协议，撤销起诉书应当采用第14.1（a）、（b）条中的任何一种语言来起草。

第47条 撤销诉讼的费用

依据第57.2条和第6部分,原告应当缴纳撤销诉讼的费用,第15.2条应予以适用。

对应于《协议》第70条和第71条

第16条关于对起诉书形式要件的审查将准予适用。

第48条 登记处记录(初审法院,撤销诉讼)

第17.1条、第17.2条、第17.3条将准予适用。当事人可以请求诉讼由一名法官单独审理。

登记处应当通知EPO,争议中的专利正在撤销诉讼中。

对应于《协议》第10条和第13条

第18条关于对报告法官的指定将准予适用。

第19条(不包括第19.4条)、第20条和第21条关于被告提起初步异议的程序将准予适用。

对撤销的答辩

第49条 撤销专利答辩的提交

1. 被告应当在收到撤销起诉书之日起3个月内提出答辩书。

2. 答辩书应当包括:

(a) 修改专利的申请;

(b) 侵权反诉。

第50条 撤销专利答辩的内容和侵权反诉

1. 撤销的答辩应当包括第24.1(a)~(c)条中提到的事项;第29(a)条将准予适用。

2. 任何修改专利的申请应当包括第30(a)~(c)条提到的事项;第30.2条将准予适用。

3. 侵权反诉应当包含第13.1(k)~(q)条提到的事项,当被告评估认为包括侵权反诉在内的争议价值超过撤销诉讼的价值[××欧元]时,提出对包括侵权反诉在内的争议价值的估价。第13.2条和第13.3条将准予适用。

第51条 撤销专利答辩的回复

原告可以在收到撤销的答辩之日起2个月内对撤销的答辩作出答复。

第52条 回复的第二次答辩

被告可以在收到答复之日起1个月内对反诉答辩的答复作出第二次答辩。第二次答辩应当仅限于对答复中提到的事项作出回应。

第53条 侵权反诉的费用

依据第6部分,被告应当缴纳侵权反诉的诉讼费用。第15.2条应准予适用。

第27条关于答辩书形式要件的审查将予以适用。

第28条关于进一步程序将准予适用。

申请修改专利答辩和侵权反诉答辩

第32条关于对修改专利的申请作出答辩将准予适用。

第56条　侵权反诉答辩的提交

1. 在收到侵权反诉之日起1个月内，原告应当对侵权反诉提出答辩。

2. 对反诉的答辩应当包括第24.1（e）~（h）、（j）条提出的事项，以及陈述原告是否对被告依据第50.3条对争议（包含反诉）价值的评估存有争议和争议的原因。第24.2条将适用。

3. 被告可以在收到对侵权反诉的答辩之日起1个月内，作出答复。

4. 原告可以在收到答复之日起1个月内对答复提出第二次答辩。第二次答辩应当只针对答复中提出的事项。

当撤销诉讼由本地法院或地区法院审理时，第33条和第34条关于请求分配技术合格的法官将适用。

第35条关于书面程序的结束将准予适用。

第36条关于进一步交换书面答辩将适用。

第57条　撤销专利诉讼以价值为基础的费用（包括侵权反诉）

1. 撤销诉讼的价值应当由报告法官在衡量当事人提出的争议价值基础上，在临时程序中通过命令的形式来确定。

2. 当撤销诉讼的价值超过［××欧元］，原告应当依据第6部分（第370.2（b）条和371.4条）缴纳以价值为基础的撤销诉讼的诉讼费用。

第58条　争议中以价值为基础的费用（包括侵权反诉）

1. 包含侵权反诉在内的争议的价值，应当由报告法官在衡量当事人评估的争议价值基础上，在临时程序中通过命令的形式来确定。

2. 当包含侵权反诉在内的争议的价值超过［××欧元］，被告应当依据第6部分（第370.2（b）条和371.4条）缴纳以价值为基础的撤销诉讼的诉讼费用。

第3节　确认未侵权的诉讼

第60条　未侵权之确认

1. 法院在实施或打算实施某一行为的人和专利所有人或依据《协议》第47条有权进行侵权诉讼的被许可人之间的诉讼中，可以做出某个具体行为或打算实施的某个行为没有对专利造成侵害的确认，如果专利所有人或被许可人已主张该行为构成侵权，或者专利所有人或被许可人没有做出该主张，如果：

（a）该人已经通过书面形式向专利所有人或被许可人申请对确认效果作出书面承认，并且已经通过书面形式向其提供了该争议行为的全部细节；以及

（b）专利所有人或被许可人已经拒绝或者没有在1个月内作出任何承认。

2. 确认之诉应当向主张侵权或拒绝或不能依据第60.1（b）条提供承认的专利所有人或被许可人提出。

第61条　（确认未侵权的诉讼）书面答辩的交换

1. 书面程序应当包括：

（a）（原告）提出确认未侵权之诉答辩书［第62条］；

（b）（被告）提出对确认未侵权之诉的答辩［第65～66条］，以及可选择地

（c）对确认未侵权之诉答辩的答复［第67条］；

（d）对答复的第二次答辩［第67条］。

2. 第12.5条将适用。

第62条　确认未侵权的诉讼答辩书的内容

原告应当遵照（b），依据《协议》第33（4）条、第7（2）条和附则Ⅱ的规定，向登记处提出包含下列内容的确认未侵权之诉状：

（a）第13.1（a）～（h）条中规定的细节，以及确定符合第60条要求的细节；

（b）当事人依据《协议》第33（7）条规定达成协议到本地法院或地区法院提起诉讼，写明审理该诉讼的法院以及被告同意的证据；

（c）如适用，写明该诉讼由一名法官单独审理［《协议》第8（7）条］，以及被告同意的证据；

（d）原告寻求的确认；

（e）某个具体行为或打算实施的某个行为未造成对该专利侵权的原因，包括对法律的争议以及在适当的情况下，对原告权利申请范围的解释。

（f）所依据的事实；

（g）所依据的证据，如有可能，写明能够提供支持的进一步证据；

（h）写明原告将会在临时会议中寻求的任何决定［第104（e）条］；

（i）原告评估认为确认诉讼价值超过［××欧元］，写明该价值；以及

（j）文件清单，包括在确认诉讼书中提到的任何证人证言，以及全部或部分文件不需要被翻译的请求和/或者依据第262.2条的任何申请。第13.2条和第13.3条将准予适用。

第46条、第47条和第48条关于撤销起诉书将准予适用。

第16条和第17条关于对起诉书形式要件的审查和在登记处的记录将准予

适用。

第 18 条关于对报告法官的指定将准予适用。

第 19 条（除了第 19.4 条），第 20 条和第 21 条关于被告提起初步异议的程序将准予适用。

第 65 条　确认未侵权的诉讼答辩书的提交

被告应当在收到确认未侵权的诉讼答辩书之日起 2 个月内，提出对确认未侵权之诉的答辩。

第 66 条　确认未侵权的诉讼答辩书的内容

确认未侵权的诉讼答辩应当包含第 24（a）~（j）条所规定的事项。第 13.2 条和第 13.3 条将准予适用。

第 67 条　确认未侵权的诉讼答辩书的答复和对答复的第二次答辩

1. 原告可以在 1 个月内提出对确认未侵权诉讼答辩的答复。

2. 被告可以在收到该答复之日起 1 个月内对该答复提出第二次答辩。第二次答辩应当只对答复中提出的事项提出回应。

第 68 条　确认未侵权诉讼费用

依据第 6 部分，原告应当缴纳确认未侵权诉讼费用。第 15.2 条将准予适用。

第 27 条关于对答辩书形式要件的审查将准予适用。

第 28 条关于进一步程序将准予适用。该诉讼由一个本地法院或地区法院审理时，第 33 条和第 34 条关于提出分配一名技术合格的法官的要求将准予适用。

第 35 条关于书面程序的结束将准予适用。

第 36 条关于进一步交换书面答辩将适用。

第 69 条　确认未侵权诉讼以价值为基础的费用

1. 确认未侵权诉讼的价值应当由报告法官在衡量当事人提出的争议价值基础上，在临时程序中通过命令的形式来确定。

2. 当争议的价值超过［××欧元］，原告应当依据第 6 部分［第 370.2（b）条和第 371.4 条］，缴纳以价值为基础的确认未侵权诉讼的诉讼费用。

第 4 节　根据本协议第 33（5）~（6）条规定提起的诉讼

第 70 条　本协议第 33（5）条在地方法院或地区法院提起的撤销专利诉讼和随后的侵权诉讼

1. 原告已向中央法院提起撤销起诉书［第 45 条］，被告或有权进行诉讼的被许可人依据《协议》第 47 条，其后在本地或地区法院向原告提起针对同一专利的侵权诉讼，下列程序将适用。

2. 本地法院或地区法院的登记处应当依据第 16 条和第 17 条的程序来进行。登记处应尽快将中央法院的撤销诉讼, 本地法院或地区法院的侵权诉讼和对侵权诉讼的任何撤销反诉通知给初审法院的院长。

3. 在侵权诉讼中提出撤销反诉, 并且这两个诉讼的当事人是同一人的, 除非当事人达成协议, 初审法院的院长应当依据《协议》第 33（3）条和本法第 37 条的规定, 请求中央法院审理撤销诉讼的合议庭中止该撤销诉讼的进一步审理, 以待审理侵权诉讼的合议庭作出决定。

4. 审理侵权诉讼的合议庭在行使其依据《协议》第 33（3）条的自由裁量权时, 应当考量第 70.3 条规定的中央法院的撤销诉讼在中止前的进展情况。

5. 当审理侵权诉讼的合议庭决定依据《协议》第 33（3）（a）条的程序进行时, 第 33 条和第 34 条将适用于该侵权诉讼。

6. 当审理侵权诉讼的合议庭决定依据《协议》第 33（3）（a）条的程序进行时, 第 37.4 条和第 39~41 条将准予适用。

第 71 条　本协议第 33（6）条规定的确认未侵权诉讼

1. 原告已依据《协议》第 47 条在中央法院向专利所有人或有权进行侵权诉讼的被许可人提起确认未侵权之诉（第 60 条）, 被告所有者或被许可人其后在地方法院或地区法院向原告提起针对同一专利, 且关于同一侵权的侵权诉讼, 下列程序将予以适用。

2. 登记处应按照第 16 条和第 17 条的程序进行。登记处应尽快通知初审法院院长这两个同时进行的诉讼以及它们的处理日期。

3. 如果登记处依据第 17.1（a）条为侵权诉讼设定的日期在确认未侵权诉讼日期的 3 个月以内, 初审法院的法官应当请求中央法院的合议庭中止确认之诉的所有程序。如果为侵权诉讼设定的日期不在上述 3 个月期间内, 无须中止, 但是中央法院以及本地法院或地区法院的主审法官应当协商, 对诉讼的进一步程序包括依据第 295（k）条中止一个诉讼的可能性达成一致意见。

第 72 条　确认未侵权诉讼和撤销专利诉讼

确认未侵权诉讼可以和该争议专利的撤销诉讼一并提起。诉讼费用将依照第 47 条和第 57 条、第 68 条和第 69 条予以缴纳。

第 5 节　基于欧盟第 1257/2012 号条例第 8 条规定的专利许可赔偿诉讼

第 80 条　专利许可权利的赔偿

1. 对于适当赔偿的申请［《协议》第 32（1）（h）条］应当包含以下：

（a）第 13.1（a）~（d）规定的细节；

（b）欧盟第 1257/2012 号条例第 8（1）条提到的起诉信息；

2. 第132条、第133条、第135条以及第137～140条将适用于适当赔偿的程序。

3. 申请人应当依据第6部分的规定缴纳申请赔偿的费用。第15条第2款将准予适用。

对应于《协议》第32（1）（h）条

第6节 欧盟第1257/2012号条例第9条中的反对EPO实施案例移递决定的诉讼

对应于《协议》第32（1）（i）条、第47（7）和第66条

第85条 诉讼阶段（只有一方当事人参加听审的单方程序）

1. 遵照第85.2条，当针对EPO执行欧盟第1257/2012号条例第9条规定的任务所作的决定（以下称"EPO的决定"）提起诉讼时，初审法院的程序应当包括：

（a）书面程序，应当包括EPO作出中间审查的可能性；

（b）临时程序，可以包括一次临时会议；

（c）口头程序，由原告或初审法院申请可以包含一次口头审理；

2. 该条规定以及第88条（第97.2有明确规定）、第89条和第91～96条不适用于依据第97条针对EPO的决定提起的加快诉讼。

第86条 中止效力

针对EPO作出的决定而提起的诉讼应当具有中止的效力。

第87条 撤销或修改EPO决定的理由

可以依据以下理由对EPO作出的决定提起诉讼：

（a）违反欧盟第1257/2012号条例或者欧盟第1260/2012号条例，或与申请相关的决定违反了法治原则；

（b）违反了EPO执行欧盟第1260/2012号条例第9（1）条任务时的执行规则；

（c）违反了实质性程序要求；

（d）滥用职权。

第88条 撤销或修改EPO决定的申请

1. 原告应当在收到EPO决定之日起2个月内，依据《协议》第7（2）条和附则Ⅱ，采用专利被授权时的语言，向EPO提出宣告无效或更改EPO决定的申请。

2. 宣告无效或更改EPO决定的申请应当包括：

（a）原告姓名，如适用，原告代理人姓名；

（b）当原告不是该统一专利的所有者时，关于他受到EPO决定的不利影

响及其有权提起诉讼的解释和证据［《协议》第 47（7）条］；

(c) 原告受送达邮寄地址和电子邮件，以及有权接受送达人的姓名和地址；

(d) EPO 受到质疑的决定；

(e) 如适用，在法院、EPO 或其他任何法院或有权机关提起的与该专利有关的任何先前的或中止的诉讼；

(f) 说明诉讼是否由法官单独审理；

(g) 原告寻求的命令或救济；

(h) 依据第 87 条，宣告无效或更改受到质疑的决定的一项或多项理由；

(i) 可依据的事实、证据和论据；

(j) 文件清单，包括申请中提到的证人证言，以及全部或部分文件无须被翻译的任何请求和/或者依据第 262.2 提出的任何申请。第 13.2 条和第 13.3 条将准予适用。

3. 依据第 6 部分，原告应当缴纳针对 EPO 的决定提起诉讼的费用。第 15.2 条将准予适用。

4. 第 8 条不予适用。

对应于《协议》第 32（1）（i）条、第 33（9）条、第 47（7）条、第 48（7）条和第 49（6）条

第 89 条　形式审查（只有一方当事人参加听审的单方程序）

1. 宣告无效或更改 EPO 的申请被提出后，EPO 应当审查《协议》第 47（7）条和第 49（6）条，以及第 88.1 条、第 88.2（a）~（d）条和第 88.3 条的要件是否已经符合。

2. 如果登记处认为本条第 1 款中提到的任何要件未符合，它应当邀请原告：

(a) 自收到通知之日起 14 天内，纠正错误；

(b) 如适用，在上述 14 天内，缴纳针对 EPO 的决定提起诉讼的费用。

3. 如果原告没有在规定的时间内纠正错误，登记处应当同时通知原告，依据第 355 条规定不履行的决定将会被作出。

4. 如果原告没有纠正错误或缴纳针对 EPO 的决定提起诉讼的费用，登记处应当通知初审法院院长，院长可能通过不履行决定驳回起诉。他可以在作出判决前给原告一次陈述的机会。

5. 原告可以依据第 356 条规定提出撤销该不履行决定的申请。

第 90 条　登记处记录（只有一方当事人参加听审的单方程序）

如果第 89.1 条的要件已经符合，登记处应当尽快：

(a) 记录收到宣告无效或更改 EPO 决定申请的时间，为该案例分配一个

诉讼编号；

(b) 在登记处记录下该案例；

(c) 通知原告案例的诉讼编号以及接收日期；和

(d) 将申请转交给EPO，写明该申请已被受理。

第91条　EPO的中间修改

1. 如果EPO认为该宣告无效或更改EPO决定的申请的条件已经符合，它应当在收到申请之日起一个月内：

(a) 依据原告所寻求的决定或救济，修改其决定［第88.2（f）条］；和

(b) 通知法院该决定已被修改。

2. 法院收到EPO的已修改受到质疑的决定的通知后，它应当通知原告诉讼结束。它可以依据第6部分，命令针对EPO决定的诉讼费用全部或部分退还。

第92条　合议庭、单独法官的指派和报告法官的委任

当依据第91.2条，诉讼未结束时，初审法院的院长应当在第91.1条规定的期间到期后，尽快将诉讼分配给中央法院的合议庭或原告请求的单独法官［第88.2（f）条］。第18条将适用。

第93条　撤销或修改EPO决定申请的审查

1. 审查对撤销或修改EPO决定的申请，报告法官可以邀请原告在指定期间内提供进一步的书面答辩。

2. 在适当情况下，报告法官可以与原告协商后，确定临时会议的日期。

3. 第35条将准予适用。

第94条　向EPO局长查询的意见

报告法院可以主动邀请或基于EPO局长的请求，邀请EPO局长对本部分诉讼过程中的任何疑问作出书面回应。局长不是诉讼的当事人。原告有权对局长的评论提出他的看法。

第95条　临时程序的特别规定（只有一方当事人参加听审的单方程序）

在中间程序中，报告法官应当通知原告说明他是否愿意召集一次口头审理。报告法官可以自行召集口头审理。第111~118条准予适用。

第96条　口头程序的特别规定（只有一方当事人参加听审的单方程序）

1. 第110.3条、第111条、第115条和第118.7条适用于口头审理和法院的判决。

2. 如果口头审理被召集，合议庭应当依据第117条的规定作出决定。

第97条　有关撤销EPO驳回统一效力请求决定的申请

1. 统一效力请求已被EPO拒绝的专利所有人，在收到EPO决定之日起10

日内，应当依据《协议》第 7（2）条和附则 II 采用专利被授权时的语言，向登记处提出修改 EPO 决定的申请。

2. 申请应当包含第 88.2（a）、（b）、（a）、（d）、（f）~（i）条规定的具体事项。依据第 6 部分的规定，所有人应当缴纳针对 EPO 决定的诉讼费用。第 15.2 条将准予适用。

3. 如果第 97.2 条规定的要件已经符合，第 90 条将准予适用。

4. 登记处应当尽快将申请转交可以邀请 EPO 局长对申请作出回应的常驻法官，但是应在收到申请之日起 10 日内作出判决。

5. 收到申请之日起 10 日内，依据第 97.4 条，专利所有人或者 EPO 局长可以对常驻法官的决定提出上诉。上诉书应当包括之前依第 97.2 条提出的事项以及撤销该决定的原因。上诉人应当依据第 6 部分缴纳上诉费。第 15.2 条准予适用。如果第 97.5 条的要求已经符合，登记处应当依据第 230.1 条记录该上诉，并尽快将该上诉分配给上诉法院的常驻法官，由其邀请另一方当事人对该上诉作出回应 [第 345.5 条和 345.8 条]。登记处应当在收到上诉书之日起 10 日内作出判决。

6. 登记处应当尽快通知 EPO 关于申请的判决或者上诉。

* 对第 97 条的评注

由于缔约国设定了欧洲专利的有效期限，在上述期限届满前，依据第 97.5 条对常驻法官的决定提出上诉是不可能的。这一问题需要得到解决。

第 98 条　费　用

依据第 85~97 条，当事人应当各自承担他们在诉讼中的费用。

第二章　临时程序

第 101 条　（案例管理）报告法官的职责

1. 在临时程序中，报告法官应当为口头审理做好所有必要准备。他可以在适当的情况下，特别地遵照合议庭的指示，为当事人组织特别程序，特别程序不要超过一次，并且应依照第 34 条的规定行使权力。

2. 报告法官有保证公平、有序和有效的临时程序的义务。

3. 在不损害均衡原则前提下，报告法官应当在书面程序结束后 3 个月内完成临时程序。

第 102 条　移送合议庭

1. 报告法官可以把任何事项都移送合议庭作出判决，合议庭可以自行审查报告法官的任何判决或者命令或者临时程序中的任何行为。

2. 任何一方当事人可以依据第 333 条的规定，请求将报告法官所作的判决或命令交给合议庭进行提前审查。等待审查时，报告法官的判决或命令是有效的。

第103条 临时会议准备

无论报告法官是否决定组织临时程序，他都可以命令当事人在指定的期限内，特别地：

（a）对具体的问题作出进一步的明确；

（b）对具体的疑问作出回答；

（c）程序证据；

（d）提供具体的文件，包括临时程序上各方当事人对所寻求的命令的概述。

临时会议

第104条 临时会议的目的

临时会议应当赋予报告法官以下权力：

（a）确定主要问题，并且决定哪些相关事实处于争议中；

（b）在适当情况下，明晰关于那些问题和事实的当事人的地位；

（c）为程序下一步的步骤设立时间表；

（d）与当事人探讨解决纠纷或利用中心条件的可能性；

（e）在适当情况下，发布关于进一步答辩结果、文件、专家（包括法庭专家）、试验、检查、进一步书面证据、用于口头证据的事项以及向证人提问的范围的命令；

（f）在适当情况下，但是只有在当事人在场的情况下，与证人和专家关于适当为口头审理做准备进行初步的讨论；

（g）当其认为对口头审理的准备是必要时，作出任何其他的判决或命令，包括在与主持法官协商后，专家组对证人和专家进行单独听审的决定；

（h）设定本条第g项听审的日期，并在口头审理前确定这一日期；

（i）决定特殊争议的价值，在例外的案例中，价值基于当事人个人的情况会有不同。

对应于《协议》第52（2）条

第105条 临时会议的召开

1. 临时会议可以通过电话会议或视频会议的方式进行。

2. 基于一方当事人请求，并且请求得到报告法官批准，临时会议可以在法院进行。如果临时会议在法院进行，则它应当向社会公开。除法院认为必要，为了一方或双方当事人或第三方的利益，或者为了司法利益或社会秩序，决定不公开。

3. 报告法官可以采用任何经当事人的代表人同意的语言组织临时会议。

4. 临时会议之后,报告法官应当发布一项命令来公布所作的判决。

第106条 临时会议的记录

临时会议应当被录音。该记录在庭审后应当在法庭上向当事人或其代表人提供。

对应于《协议》第44条和第45条

口头审理的准备

第108条 口头审理传唤

报告法官应当传唤当事人参加口头审理,该审理应当在第28条和/或者第41(c)条和第104(h)条中确定的日期中由合议庭进行。如果没有确定日期,报告法官应当为口头审理确定一个日期。除非当事人同意一个更短的期限,至少应在该日期的2个月前给予告知。

第109条 口头审理中的同声传译

1. 至少在口头审理,包括任何证人和专家单独听审前的1个月,一方当事人可以提出同声传译的申请,其应包含:

(a) 说明当事人要求的在口头审理过程中同声传译的语言;

(b) 该请求的原因;

(c) 所涉及技术的领域;

(d) 与该请求相关的其他任何信息。

2. 报告法官应当决定是否以及在何种程度上同声传译是适当的,指导登记处为同声传译做所有必要的准备。报告法官拒绝同声传译请求的,当事人可以自己要求尽可能安排同声传译。

3. 报告法官可以自行决定提供同声传译,并相应地指导登记处和通知当事人。

4. 希望自己出钱雇用翻译人员的当事人应当至少在口头审理前2个星期通知登记处。

对应于《协议》第51(2)条

第110条 临时程序的终止

1. 一旦报告法官认为案卷的准备状态已充分,他应通知主持法官和当事人基于口头审理举行的临时会议结束。

2. 当依据第103~104条最后日期已经确定,临时会议将视为在该确定的最后日期结束。

3. 口头审理将在临时会议结束后立即开始。主持法官经与报告法官协商,应当接手对该案例的管理。

第三章 口头程序

第111条 （案例管理）审判长的职责

审判长应当：

(a) 拥有保证公平、有序和有效的口头程序的一切权力；

(b) 保证案例将在口头审理结束后作出实质性决定。

第112条 口头审理的召开

1. 口头审理应当在审判长的主持下，由合议庭进行；

2. 口头审理应当包含：

(a) 听取当事人口头陈述；

(b) 如果在临时程序中已作出命令，在审判长主持下对证人和专家的单独听审。

1. 审判长和专家组的法官可以为案例提供一个初步的介绍，并向当事人、当事人的代表人以及任何证人和专家提出问题。

2. 在审判长的主持下，当事人可以向证人或专家提问。审判长可以拒绝任何不能举出可接纳证据的问题。

3. 经法庭同意，证人可以用非庭审的语言作证。

第113条 口头审理的期限

1. 在不损害均衡原则前提下，审判长应当尽力在一天内完成口头审理。审判长可以在口头审理前为当事人的口头陈述设定期限；

2. 在审理中或任何单独听审中的口头证据，应当限于报告法官或审判长确定为不得不基于口头证据来决定的问题。

3. 审判长在与合议庭协商后，如果合议庭得到充分的告知，可以限制一方当事人的口头陈述。

第114条 法院决定需要进一步提交必要证据时的休庭

在特殊情况下，法院在听取当事人口头陈述后，可以决定休庭以收集进一步的证据。

第115条 口头审理

口头审理以及证人的任何单独听审应当向社会公开，除非法院认为必要，为了一方或双方当事人或第三方的利益，或者为了司法利益或社会秩序，决定不公开。审理应当被录音。该记录在庭审后应当在法庭上向当事人或其代表人提供。

对应于《协议》第45条

第116条 口头审理中一方当事人的缺席

1. 不希望在口头审理中被代表的当事人应当及时通知登记处。

在双方当事人都通知登记处他们不希望在口头审理中被代表时,法院可以依据第117条为案例作出判决。

2. 法庭不应在审理中推迟任何阶段,包括由于一方当事人未出庭时作的实质性决定。

3. 在口头审理中未被代表的当事人应当被当作只依赖其书面案例,并且不愿提出另一方当事人可在口头审理中提出的任何新意见。

4. 如果由于特殊情况,一方当事人在口头审理中不允许被代表,法院将基于该当事人的合理请求,决定休庭。

第117条 口头审理中双方当事人的缺席

依据第118条和第350~354条,在双方当事人都通知登记处他们不希望在口头审理中被代表时,法庭应当基于当事人和法庭专家的答辩和提交的证据作出事实判决。

第118条 事实判决

1. 除了《协议》第63条、第64条、第67条和第80条提到的命令和措施,如果收到请求,法院可以依据《协议》第68条和第32.1(f)条命令支付损害和赔偿费。损害或赔偿费的数额可以在命令中写明或通过单独的程序来确定[第125~143条]。

2. 在不损害《协议》第63条和第64条规定的一般自由裁量权基础上,在适当的案例中以及经过承担第1款提到的命令和措施责任的当事人请求,如果该当事人的行为出于无意或无过失,执行该命令或措施会造成当事人不当的损害,法院认为对损害方的赔偿费是合理的,法院可以作出向受损害方支付赔偿费的命令,而不是适用命令和措施。

3. 如果侵权诉讼正在本地或地区法院审理,而中央法院的相同当事人之间的撤销诉讼正在等待侵权诉讼的结果或者EPO的反诉正在等待侵权诉讼的结果,本地或地区法院:

(a)可以为侵权诉讼作出实质性决定,包含在《协议》第56(1)条规定的专利没有被撤销诉讼的最终判决或EPO所作的最终决定认定为全部或部分无效的条件下或任何其他条款或条件下所作的命令。

(b)可以中止侵权诉讼以待撤销诉讼的判决或EPO作出的决定,并在认为该专利的相关诉讼有很大可能性会在撤销诉讼的最终判决或EPO很快将要作出的最终决定中被认定为无效的时候,应当中止该侵权诉讼。

4. 当撤销诉讼的决定认定该专利全部或部分无效时,法院应当依据《协议》第65条全部或部分地撤销该专利。

5. 当法庭已依据第3(a)条作出命令,任何当事人可以在中央法院或者上诉法院或 EPO 作出最终决定的 2 个月内向本地或地区法院提出申请,因为案例是基于最终决定中确认专利的有效性而作出判决。

6. 法院应当依据《协议》第 69 条,判决当事人承担法律费用。在判决作出之前,当事人应当提交他们对想要寻求救济的法律费用的初步估算。

7. (a) 法院应当在口头审理结束后尽快作出实质性判决。法院应当尽力在口头审理的 6 个星期内书面作出判决。

(b) 法院应当给出其判决的理由。

8. 法院可以在口头审理结束后立即作出判决,并在其后的日期提供理由。

9. 本条第 1 项、第 2 项和第 3(a)项的命令只有在原告已经通知法院其希望命令的哪一部分被执行,并且该命令已经由登记处送达给被告之后,才应当对被告执行。法院可以遵照任何命令或措施,判决由胜诉方向败诉方提供并由法院按照第 352 条来确定的担保。

对应于《协议》第 77 条

第 119 条　损害赔偿的临时判决

遵照法院规定的任何条件,法院可以在实质性判决中向胜诉方作出损害赔偿的临时判决。该判决应当至少支付损害赔偿判决程序的预期费用及胜诉方的赔偿费。

第四章　确定损害和赔偿的程序

第 125 条　确定赔偿数额的单独程序

确定胜诉方的赔偿数额可以通过单独程序进行。其应当包含对赔偿额的确定,如果有的话,由欧洲专利申请授予的临时保护来判决[《协议》第 32(1)(f)条,《欧洲专利公约》第 67 条],以及依据第 118.5 条、第 198.2 条、第 213.2 条和第 354.4 条支付的赔偿费。第四章所指的"损害"应当被认为包括该赔偿费和法院作决定期间的利息。

第 126 条　确定损害程序的启动

当胜诉方(以下称"申请人")希望确定损害额时,应在收到关于损害和有效性的最终实质性判决(包括任何上诉的最终判决)不超过 1 年内(或者在收到依据第 118.5 条、第 198.2 条、第 213.2 条或第 354.4 条作出的判决之日起不超过 1 年内),提出确定损害的申请,该申请应当包含一项申请公开命令的请求。

对应于《协议》第 68 条

第 1 节　确定损害的申请

第 131 条　确定损害的申请内容

1. 损害确定的申请应当包含:

(a) 第 13.1(a)~(d)条所规定的条目;

(b) 实质性判决作出的日期以及案例卷宗的诉讼编号；

(c) 如果在该案中有申请公开命令的请求，申请人应当提供第 141（b）~（e）条规定的事项。

2. 申请公开程序完成后，或者，如果依第 131.1 条在申请中没有这项请求，申请人应当指出：

(a) 赔偿（损害、许可费、利润）以及他请求的赔偿额的利息；

(b) 依赖的事实，特别是对损失的利润或败诉方获得的利润的计算；

(c) 关于实质性判决是否被上诉的陈述；

(d) 其对损失额的评估。

第 132 条　确定损害的申请费用

申请人应当依据第 6 部分支付确定损害的申请费用［××欧元］。第 15.2 条将准予适用。

第 133 条　确定损害的以价值为基础的费用

当按照第 131.2 条规定评定的损失额超过［××欧元］，申请人应当依据第 6 部分［第 370.2（b）~371.4 条］基于评定的损失额缴纳确定损害的费用。

第 134 条　对确定损害的申请形式要件的审查

1. 登记处应当在确定损害的申请提出后尽快审查第 126 条、第 131.1 条和第 132.2（d）、(e) 条以及第 132 条的要件是否已经符合。

2. 如果确定损害的申请没有符合本条第 1 款所规定的要件，登记处应当邀请申请人在规定的期间内纠正错误。

3. 第 16.4~16.6 条将准予适用。

第 135 条　登记处的记录和送达

1. 如果第 131.1 条和第 131.2（d）、(e) 条规定的要件已经符合，登记处应当尽快：

(a) 记录收到确定损害的申请日期；

(b) 在登记处记录该申请；

(c) 告知申请人收到的日期；

(d) 告知作出该侵权实质性判决的专家组，确定损害的申请已经提出；

(e) 将申请送达败诉方。

2. 作出该侵权实质性决定的专家组应当是确定损害的专家组，除非该法院的审判长将组建一个新的合议庭。第 17.2 条和第 18 条将准予适用。

第 136 条　确定损害申请的中止

法院可以中止确定损害的申请，以待基于败诉方合理请求的依据第 295

（g）条的任何实质性上诉。如果法院继续该申请的进行，其可以命令申请人依据第 353 条提供担保。

第 137 条　对败诉方的答复

1. 如果败诉方接受了确定损害申请中的请求，应当在 2 个月内通知登记处。报告法官应当依据确定损害的申请作出损害确定的命令。

2. 如果败诉方对确定损害申请中的请求提出质疑，应在收到确定损害申请之日起 2 个月内，或者有申请公开程序时，在收到第 131.2 条的请求之日起 2 个月内，提出对确定损害申请的抗辩。

第 138 条　对确定损害的申请的抗辩的内容

对确定损害的申请的抗辩应当包含：

（a）败诉方的姓名及其代表人；

（b）败诉方受送达的邮寄地址和电子邮件以及有权接受送达人的姓名和地址；

（c）该卷宗的诉讼编号；

（d）确定损害的申请被反对的原因；

（e）所依赖的事实；以及

（f）所依赖的证据。

第 139 条　对确定损害的申请抗辩的答复以及对答复的第二次抗辩

申请人可以在 1 个月内对确定损害申请的抗辩作出答复，答复限于抗辩中提到的事项。败诉方可以对答复作出第二次抗辩，第二次抗辩限于答复中提到的事项。

第 140 条　进一步程序（确定损害的申请）

1. 报告法官可以在规定的期间内，命令进一步交换书面答辩。

2. 第 1 部分第二章（临时程序）和第三章（口头程序）将准予适用，但是报告法官可以命令缩短时间表。他应依据《协议》第 69 条来决定分担确定损害程序的法律费用。

第 2 节　申请公开的请求

第 141 条　申请公开请求的内容

如果申请人依据第 131.1（c）条作出请求，第 134 条和第 136 条将予以适用。该请求应当包含：

（a）第 131.1（a）、（b）条规定的条目；

（b）依据第 191 条法院要求的和另一方当事人给出的任何信息的细节；

（c）败诉方作出对申请人请求获得的信息的描述，特别是关于被侵害产品产生的营业额和利润或者侵害过程的使用程度的文件，以及账户和银行资料，有关侵害的任何相关资料。

（d）申请人需要获得这项信息的原因；

（e）所依赖的事实；以及

（f）可供支持的证据。

第 142 条　败诉方的抗辩，对抗辩的答复和对答复的第二次抗辩

1. 如果败诉方同意申请公开的请求，应通知登记处。报告法官应当依据申请公开的请求作出申请公开的命令。

2. 如果败诉方不同意申请公开的请求，应在收到申请公开的请求之日起 2 个月内，提出对申请公开请求的抗辩。

3. 申请人可以在收到对请求的抗辩之日起 14 天内，对申请公开请求的抗辩作出答复，答复限于抗辩中提到的事项。败诉方可以在收到答复之日起 14 天内，提出第二次抗辩，第二次抗辩限于答复中提到的事项。

第 138 条　关于对确定损害申请抗辩的内容将准予适用。

第 139 条　对确定损害申请抗辩的答复将准予适用。

第 140 条　关于进一步程序（确定损害的申请）将准予适用。

第 143 条　对申请公开请求的决定

1. 法院可以：

（a）命令败诉方在规定的期间内向申请人公开其申请，并且公开法院依照《协议》第 58 条以及第 190.1、190.4 条认为必要的条目；

（b）通知申请人并设立一个损害判决程序继续进行的期间。

2. 如果申请公开的请求不被允许，法院应当通知申请人并设立一个损害判决程序继续进行的期间。

第五章　费用决定程序

第 150 条　费用决定的单独程序

1. 费用决定可以在实质性判决作出之后，如果适用，也在损害确定决定作出之后，通过单独程序来进行。费用决定应当包括法院审理中发生的费用，如同声传译的费用，依据第 180.3 条、第 185.7、188 条、第 201 条和第 202 条产生的费用，以及依据第 152～156 条胜诉方的费用，包含另一方当事人支付的法庭费用［第 151（d）条］。

2. 法院可以在实质性判决中［第 119 条］，或者在法院决定的任何条件下，在损害确定决定中向胜诉方作出临时费用判决的命令。

第 151 条　费用决定程序的开始

当胜诉方（以下称"申请人"）希望寻求费用决定时，应在收到决定之日起一个月内，提出费用判决的申请，申请应当包含：

（a）第13.1（a）~（d）条规定的条目；

（b）决定的日期以及卷宗的诉讼编号；

（c）如果在申请时知晓的话，作出关于实质性判决是否被上诉的陈述；

（d）请求赔偿时的费用，包含法庭费用、代理费、证人费用、专家费和其他费用；

（e）当事人依据第118.6条提交的法律费用的初步评估。

第152条　实质性判决中对代理费的赔偿

1. 胜诉方应有权获得代理的合理和成比例的费用。

2. 行政委员会应参考争议的标的额，采用设定上限的可获得的费用的范围。该范围可以进行调整。

第153条　专家费的赔偿

当事人专家费的赔偿［第181条］超出第180.1条中规定的费用，赔偿应当依据各个部分通常的比例来确定，并考虑所需要的专家意见、问题的复杂性以及专家提供服务所花的时间。

第154条　证人费用的赔偿

法院已经命令提供一笔充足的资金来支付第180.2条规定的证人费用，或者第181条规定的当事人的专家费，登记处可以要求支付证人和专家费的赔偿。

第155条　口译人员和翻译人员费用的赔偿

1. 口译人员费用的赔偿应当依据法院所在国家通常的比例，并根据口译人员所受过的训练和专业经验来确定。

2. 翻译人员费用的赔偿应当依据法院所在国家通常的比例，并根据翻译人员所受过的训练和专业经验来确定。

第156条　进一步程序

1. 报告法官可以要求申请人提供第151（d）条规定的所有费用的书面证据。报告法官应当给败诉方对所请求的费用作出书面评论的机会，包括应由每一方当事人分摊或承担的费用的任何明细。

2. 报告法官应依据《协议》第69（1）~（3）条采用书面形式决定费用的承担或分担。

3. 费用应当在报告法官规定的期限内缴纳。

第157条　对费用决定的上诉

对报告法官关于费用的决定可以依据第221条向上诉法院提起上诉。

对应于《协议》第69条

第六章 对费用的担保

第158条 对一方当事人费用的担保

1. 在诉讼的任何时间，经过一方当事人的合理请求，法院可以命令另一方当事人对可能由其承担的法律费用和已经发生和/或者请求方将要发生的其他费用提供担保。法院决定作出担保的命令时，其应决定存款或银行担保形式的担保命令是否合适。

2. 法院在作出担保命令前应当给当事人陈述的机会。第354条将适用于该命令的执行。

3. 担保命令应当说明可以依据《协议》第73条和第220（2）条对其提出上诉。

对应于《协议》第69（4）条

第159条 对法院费用的担保

除了依据第180.2条提供存款，法院可以命令一方或双方当事人提供足够的担保（存款或银行担保）来支付已经发生和/或者法院审理过程中将要发生的费用，以待以第150.1条作出费用决定。第158.2条和第158.3条将予以适用。

第二部分 证 据

第170条 证据的形式和获取证据的形式

1. 在法院审理中，证据的形式主要包括：

（a）书证，其记载方式可以是打印、手写或手绘，特别包括文件、书面证人证言、计划书、图纸、照片；

（b）专家报告和关于为本案而进行的实验报告；

（c）实物，特别是装置、产品、实施方案、展示、模型；

（d）电子文件和音频/视频资料。

2. 获取证据的方式主要包括：

（a）对当事人的审理；

（b）索取信息；

（c）文件的呈交；

（d）对证人的传唤、听证和的询问；

（e）任命专家、听取专家意见，对专家的传唤、听证和询问；

（f）对某一场所或实物的检查；

（g）进行比较测试和实验；

（h）书面誓词（书面证人证言）。

3. 获取证据的方式还应包括［《协议》第59条和第60条］：

（a）命令一方当事人或第三方举出证据；

(b) 命令保全证据的措施。

第 171 条 提供证据

1. 一方当事人作出的事实陈述遭到或可能遭到另一方当事人的否认，应当说明证据的形式来予以证明。在不能说明关于被否认事实的证据形式的情况下，法院应当在决定争议事项时将这一因素考虑进去。

2. 未被任何当事人明确地否认的事实陈述将被视为真实的。

第 172 条 举证的义务

1. 有关遭到或可能遭到另一方当事人否认的事实陈述的证据应由作出该事实陈述的当事人提供。

2. 法院可以在诉讼的任何时间命令作出事实陈述的一方当事人提供证据。如果该当事人不能提供证据，法院应当在决定争议事项时将这一因素考虑进去。

对应于《协议》第 53 条

第一章 当事人的证人和专家

第 175 条 书面证人证言

1. 希望提供证人证据的当事人应当提供书面证人证言和对于呈交证据的书面陈述。

2. 书面证人证言应当有证人的签字，并且包括证人对其知晓有告知真相的义务和违反该义务应当承担的法律责任的陈述。该陈述应当采用证人有必要提供口头证言时所使用的语言。

3. 书面证人证言或者对于呈交证据的书面概述应当包括：

(a) 证人和提供证据的一方当事人之间的任何现在的或过去的关系；

(b) 可能影响证人中立性的任何实际的或潜在的利益冲突。

第 176 条 申请证人亲自出席听证

遵照第 104（e）条和第 112.2（b）条提到的法院的命令，寻求提供口头证人证言的当事人应当申请证人出席听证，该申请应包括：

(a) 证人亲自出席听证的原因；

(b) 当事人期望证人证明的事实；以及

(c) 证人作证所使用的语言。

第 177 条 传唤证人出席口头听证

1. 法院可以作出证人亲自出席听证的命令，或者：

(a) 自行决定；

(b) 当书面证人证言受到另一方当事人的质疑时；或者

(c) 基于对证人出席听证的申请［第 176 条］。

2. 法院的传唤证人出席听证的命令应特别指明：

（a）证人的姓名、地址和其描述；

（b）口头听证的日期和场所；

（c）证人将要被询问的案例事实；

（d）对证人作证所产生的费用的偿还；

（e）关于证人将要接受法庭和当事人提问的陈述；以及

（f）庭审的语言和如有必要，安排庭审语言和证人所使用的语言之间的同声传译的可能性［第109条］。

3. 在法院传唤证人的命令中，法院也应当告知证人依据第178条和第179条证人的义务和权利，包括可能对有过错的证人实施的制裁。

第178条　证人听证会

1. 确认证人身份后，听取其所供述证词之前，审判长必须要求证人作出如下宣誓：

"我郑重、诚恳地宣誓：保证我将供述的证词是真实的，完整的并且绝无伪证。"

2. 证人向法庭陈述证词。

3. 证人签署过证人陈述书的，听证会开庭应当先核实证人陈述书的证据内容。证人可以就证人陈述书内的证据进行。

4. 审判长和合议庭可以向证人提问。

5. 在审判长的主持下，各方当事人可向证人提问。审判长可以制止无益于引证可采纳证据的提问。

6. 法庭可允许证人通过电子渠道举证，如视频会议。本条第1款至第5款、第7款应适用。

7. 在法庭的许可下，证人可以使用诉讼语言以外的其他语言举证。

第179条　证人义务

1. 经合理传唤，证人必须服从传唤并出席口头听证会。

2. 在不违背第3款的前提下，如果证人经合理传唤后开庭前未出现、拒绝举证或按第178.1条的规定宣誓，法院可对该证人施以不超过××欧元的罚金并且可以指令该证人自费出席后续传唤。法院可按第202条的规定向具有决定权的国家法院发送取证委托书。

3. 根据适用的国内法，当事人的配偶、等同于配偶的伴侣、子女、兄弟姐妹、父母免除签署书面见证声明或在口头听证会举证的义务。证人可拒绝回答违反其职业特性、其他国内法赋予的保密义务的问题，或根据现行法其本人、配偶、等同于配偶的伴侣、后代、兄弟姐妹、父母会因此而涉身刑事诉讼程序的问题。

4. 如果证人做伪证，法院可向具备相应刑事管辖权的缔约国的有权机关举报。

第 180 条　证人作证费用补偿

1. 证人有权获得如下款项的费用补偿：

（a）差旅住宿费用；

（b）因出席听证会所致的收入损失。

2. 证人履行义务完毕后，登记处应当在证人的要求下将因作证而产生的费用支付给证人。

3. 当事人申请证人出席听证会的，法院应在当事人缴足第一款中提及费用的条件下传唤证人。

4. 法院主动传唤证人出席听证会的，所需费用由法院提供。

第 181 条　当事人的专家证人

1. 在遵守第 4（e）条和第 112.2（b）条的条件下，当事人可向法院提交其认为必要的所有专家意见。第 175～180.1 条、第 180.2 条应参考性地适用于当事人的专家证人。

2. 法院根据第 177 条下达专家传唤令应当明确以下事项：

（a）专家证人的义务是公正地在其专业问题上协助法院，该义务高于任何当事人所赋予的义务；

（b）专家证人（立场）应客观独立，不得在庭审中偏袒任意一方当事人。

第二章　法院的专家证人

第 185 条　法院专家的指定

1. 法院听取各方当事人意见后，如须解决与案例有关的具体技术问题或其他相关问题时，可以自主指定一名法院专家证人。

2. 当事人可对法院专家证人的指定，其技术背景、其他背景，以及向其提出的问题作出建议。

3. 法院专家证人应对法院负责并具备作为法院专家证人的专业性、独立性和公正性。

双方当事人有权了解法院专家证人的专业性、独立性和公正性。

4. 法院应当在对法院专家证人的命令中特别明确以下事项：

（a）所指定专家的姓名和地址；

（b）案例事实简介；

（c）当事人就技术问题或其他问题提交的证据；

（d）向专家提出的问题，以及适度的细节，包括进行实验的建议；

（e）专家可能在何时以及何种条件下收到其他文件；

（f）专家报告的准备期限；

（g）专家支出费用的报销信息；

（h）专家失职可能遭受的惩罚；

（i）第 186 条赋予专家的义务。

5. 法院应将上述命令复印件一份，以及法院认为专家履行职责所必须的其他证据与文件送达专家。

6. 专家收到命令应立即书面确认在法院指定的时间内提交专家意见。

7. 法院应许可支付专家起草专家报告和参与听证会的费用。专家未在法院规定的时间内提交报告的，或者报告质量不符合法庭对专家预期的，法院可相应削减该费用。

8. 指定专家未能在法院指定的期限内提交专业报告，或者请求延期并再次超期的，法院可指定其他专家替代该专家。法院指定其他专家的费用由该专家部分或全部承担。

9. 书记处应保留一份技术专家的参考名单。

第 186 条　法院专家证人的义务

1. 法院专家证人应在法院指定期限内提交专家报告（第 185.4（f）条）。

2. 法院专家证人接受法院监督并向法院汇报任务进展情况。

3. 法院专家证人只针对向其提出的问题起草专家意见。

4. 法院专家证人不得在对方当事人缺席或不知情的情况下与一方当事人沟通。法院专家证人应在报告中记录所有与当事人的通信情况。

5. 法院专家不得将其报告内容透露给第三方。

6. 法院专家应当出席口头听证会并回答法院和当事人提出的问题。

7. 法院专家证人有义务公正地在其专业问题上协助法院。法院专家证人（立场）应客观独立，不得在庭审中偏向任何一方当事人。

第 187 条　专家报告

专家报告提交法院后，双方当事人即可在书面审理和口头听证中评论该报告。

第 188 条　法院专家听证

法院专家证人的听证以第 178～180.1 条、第 180.2 条的规定为准。

对应于《协议》第 57 条

第三章　证据呈庭令、信息披露令

第 190 条　证据呈庭令

1. 一方当事人提交合理可用、言之成理的证据支持其主张后，指明对方当事人或第三方控制下的证据能进一步支持其主张的,法院可在该当事人的合理请求下要求对方当事人将该证据呈庭。为保护机密信息,法院可决定该证据只向特定人披露并设定合理保密期。

2. 书面审理和临时程序中,一方当事人可申请证据呈庭令。

3. 对方当事人或第三方有权陈述意见的书面程序或临时程序中,可下达证据呈庭令。

4. 证据呈庭令应特别明确以下事项:

(a) 证据呈庭的条件、形式、期限;

(b) 未能按指令将证据呈庭的惩罚。

5. 法院指令第三方将证据呈庭,应考虑第三方的利益。

6. 证据呈庭令应符合第179.3条、第287条和第288条的规定。指令中应说明可根据《协议》第73条和第220.1条的规定提出上诉。

7. 当事人未按命令将证据呈庭的,法院将把其履行缺陷作为系争问题的判决参考。

对应于《协议》第59条

第191条　信息披露申请

法院可应当事人的合理请求要求对方当事人或第三方披露由其掌握的《协议》第67条规定的,或推进该当事人的案例审理的必要合理的其他信息。以第190.1条(第2句)、第190.5条和第190.6条为准。

对应于《协议》第59条

第四章　证据保全令(SAISIE)和调查令

第192条　证据保全申请

1. 申请证据保全的当事人(《协议》第47条的范围内,以下简称"申请人")以侵权为由启动程序的,应向侵权诉讼法庭提交申请。如果申请时依据法律规定审判程序尚未开始,申请人应向其目标诉由部门递交申请。

2. 证据保全申请应包括:

(a) 第13.1(a)~(i)条中规定的事项;

(b) 指明申请的措施(见第196.1条),包括证据保全的准确地址(已知地址或合理的疑似地址);

(c) 证据保全需采取申请措施的理由;

(d) 案情与支持申请证据保全的证据(如果有的话)。

基于法律依据的主审程序开庭前向法院提出证据保全申请,申请人应另当包括对庭前执行证据保全行为的简要陈述,其中包括案情与支持很轻证据保全的证据。

3. 如果申请人请求下达证据保全令而法庭未听取对方当事人（以下简称"被告人"）意见，申请中应对未听取对方当事人意见的原因作出说明，尤其是第 197 条中规定的原因。申请人有义务向法院披露其知情的一切，这可能影响法院在没有听取被告陈述的情况下，裁定证据保全的重要事实。申请应先按照第 197.2 条通知被告人之后再备案。

4. 基于法律依据的主审程序开庭后提出证据保全申请的，申请书应以庭审所用语言书写。针对法律依据的主审程序开庭前提出证据保全申请的，应以第 14 条的规定为准。

5. 根据第 6 部分规定，申请人应支付证据保全申请费用××欧元。以第 15.2 条的规定为准。

对应于《协议》第 60 条

第 193 条　证据保全的形式审查、备案、合议庭委任、报告法官委任、法官的委任

1. 针对法律依据的主审程序开始前，证据保全申请按照第 16 条（书记处文书审查）、第 17.1（a）条、第 17.1（b）条、第 17.1（c）条、第 17.2 条（接收日期、备案、案例编号、合议庭委任）以及第 18 条（审判长单独委任报告法官）的规定处理。

2. 针对法律依据的主审程序开始后，登记处应立即按照第 16 条的规定对证据保全申请进行审查，并将其提交该案委任的合议庭或者法官（第 17.2 条、第 194.3 条和第 194.4 条）。

3. 法官裁定证据保全应具备必要职权。

第 194 条　证据保全的实质审查

1. 法院对下列事项有自由裁量权：

（a）将证据保全申请告知被告，并告知其可在指定期限内提交包含以下事项的"证据保全申请异议书"：

ⅰ. 申请不应通过的原因；

ⅱ. 支撑事实和证据，突出对申请人所依靠的事实与证据的反驳；

ⅲ. 针对法律依据的主审程序尚未开始的，说明案由不成立的原因以及支撑事实和材料；

（b）召集当事人出席口头听证会；

（c）被告缺席的情况下传唤申请人出席口头听证会；

（d）未听取被告意见的情况下裁定证据保全申请。

2. 行使自由裁量权时，法院须考虑以下事项：

（a）案例的紧急程度；

(b) 不听取被告意见的原因（第192.3条、第197条）是否足够充分；

(c) 证据将灭失或将不可取得的可能性。

3. 审判长可决定由其本人或报告法官、单独法官或常任法官裁定申请；

4. 在极端紧急的情况下，申请人可不带文书向根据第345.5条委任的常任法官申请证据保全令。常任法官应对该申请进行的程序作出决定。

5. 法院决定将证据保全申请告知被告人的，应先给予申请人撤销申请的机会。申请人撤销申请的，可请求法院决定对申请和申请内容保密。

6. 如果证据保全申请的目标专利也是第207条中规定的"保护令"的目标，申请人也可按第5款的规定撤销申请。

第195条 口头听证会

1. 法院决定传唤当事人参与口头听证会的，在收到证据保全申请之日起必须尽早确定口头听证会的时间。

2. 口头听证会以第111~116条为准。申请人无正当理由缺席听证会的，法院应当驳回其证据保全申请。

3. 听证会结束后，法院应尽快以书面形式就证据保全申请作出裁定。法院认为合适的，也可在作出书面裁定前，于听证会结束时向当事人宣布口头裁决。

对应于《协议》第60条

第196条 证据保全令

1. 法院可在证据保全令中作出如下指令：

(a) 通过详实描述保全证据，可采样或不采样；

(b) 没收被控侵权的商品；

(c) 没收用于生产和发行该商品的材料、工具和相关文件；

(d) 保存与披露数字媒体和数据，以及披露获取该数字媒体和数据的密码。

为保护机密信息，法院可指令该证据只向特定人披露并设定合理保密期。

2. 证据保全令应说明，除非法院有相反决定，否则证据保全的结果只在针对法律依据的审理程序中使用。

3. 除非法院有相反决定，证据保全令应立即执行。法院可对证据保护令的执行特别明确下列事项：

(a) 执行证据保全措施时，特定情况下申请人的代表人；

(b) 申请人应提供的保证金。

违反上述事项的，法院可在必要时对申请人施以罚金。

4. 证据保全令应指定执行人员，负责执行第1款中的措施，并根据执行地适用的国内法规定在指定期间内撰写执行书面报告。

5. 第 4 款中提及的人员应是专业人士或者专家，且其具备充足的专业性、独立性与公正性。在适用的国内法认为合适且给予许可的情况下，该执行人员可为法警或由法警协助。任何情况下，申请人的雇员或主管不得出现在执行现场。

6. 法院可要求申请人提供足够的保证金，相应于司法费用、其他费用、被告人因申请人遭受的损害或威胁的赔偿金。未听取被告人意见作出证据保全令的，法院应要求申请人提供保证金。法院决定通过存款或银行担保提供保证。

7. 证据保全令应当注明：可根据《协议》第 73 条与第 220.1 条的规定提起上诉。

对应于《协议》第 60（1）～（4）条

第 197 条　不听取被告意见的证据保全令

1. 法院可不听取被告人意见下达证据保全令（第 196.1 条），尤其当延迟可能导致对申请人无法恢复的损害，或证据有灭失或再难取得的显著风险时。

2. 法院不听取被告人意见作出的证据保全令的，无被告人出席的听证会以第 195 条为准。这种情况下，执行措施时应立即通知被告人。

3. 证据保全措施执行后 30 天内，被告人可请求复核证据保全令。复核申请中应当说明下列事项：

（a）应当撤销或变更证据保全令的原因；

（b）支持事实和证据。

4. 法院应立即召开听证会复核证据保全令。（听证会）适用第 195 条，法院可变更、撤销或确认保全令。如果保全令被变更或撤销的，法院应要求已知晓保密信息（第 196.1 条）的人员保持相关信息的机密。

对应于《协议》第 60（6）条

第 198 条　证据保全令的撤销

1. 证据保全令下达之日起 31 个自然日或 20 个工作日内（以较长时间为准），申请人未启动针对法律依据的主审程序的，当被告人申请撤销保全令时，无论被告人申请赔偿金的数额，法院应撤销证据保全令或使其不再有效。

2. 证据保全措施被撤销的，或因申请人的作为或不作为失效的，或经法院查明不存在专利损害或威胁的，经被告人申请，法院可令申请人就被告人由于保全措施遭受的损失提供适当补偿。

对应于《协议》第 60（8）条、第 60（9）条

第 199 条　检查令

1. 听取当事人意见后，法院可主动或在当事人的合理请求下，下令就地

检查产品、设备、方法、经营场所或周边情况。为保护机密信息，法院可根据《协议》第58条指令该证据只向特定人披露并设定合理保密期。

2. 检查令以第192～197条，以及第198.2条为准。

对应于《协议》第60条

第五章 其他证据

第200条 资产冻结令

1. 当事人在开庭前或庭审中提交合理可用、言之成理的证据证明其专利已经遭受损害或威胁的，法院可指令对方当事人不得转移位于法院管辖区内的所有或特定资产；不论资产是否位于该法院的管辖区，均不得进行交易。

2. 资产冻结令的相关事项以第192～197条和第198.2条为准。

对应于《协议》第61条

第201条 法院指示进行的实验

1. 除当事人和当事人的专家证人进行实验外，法院可在听取当事人意见后，主动或应当事人的合理请求决定通过实验以证明事实主张，推动庭审进行。

2. 当事人请求通过实验证明事实主张的，应尽早在书面审理和临时程序中提出申请并且：

(a) 明确实验需证明的事实，详述实验内容和实验目的；

(b) 推荐一位专家进行上述实验；

(c) 告知已有的相似实验的开展情况。

3. 法院应请其他当事人陈述是否对实验需证明的事实有异议，并陈述对实验申请，包括专家资格和实验记录的意见。

4. 除非法院有其他规定，申请进行实验的当事人负担从始至终实验费用。

5. 法院下达实验许可令应明确实验细节以及下列事项：

(a) 专家的姓名和地址；

(b) 进行实验的期间，在合适时，还应明确进行实验的具体时间和地点；

(c) 需要说明的其他实验条件；

(d) 实验报告的制作期间，适当的与实验内容相关的指示。

6. 法院可在适当情况下，指令实验在当事人和专家的参与下进行；

7. 实验报告提交法院后，双方当事人即可在书面审理和口头听证中对其进行评论。

专家可被传唤至听证会。

第202条 委托书信

1. 听取当事人意见后，法院可主动或在当事人的合理请求下，发送委托书委托其他有权限的法院和机关听取证人和专家意见。(举证费用报销)参考第180条的规定。

2. 法院应以该有权法院或机关所用语言撰写委托书或随书附上一份该语言的翻译文件。

3. 在遵守第4款规定的前提下,有权限的法院或机关应就委托事项的执行程序,特别是适当的强制措施的使用适用国内法。

4. 该有权限的法院或机关应将相关调查和法律措施的实施时间和地点告知委托法院,委托法院可告知相关当事人、证人和专家证人。

第三部分 临时强制措施

第205条 庭审流程(简易程序)

一审法庭的简易程序按下列步骤进行:

(a) 书面审理;

(b) 口头程序:可视情听取一方当事人或双方当事人意见。

第206条 临时强制措施申请

1. 针对法律依据的主审程序开始前或审理中,一方当事人(以下简称"申请人")可申请执行临时措施。

2. 临时措施的申请须包括:

(a) 第13.1(a)~(i)条规定的事项;

(b) 列明申请执行的临时措施(见第211.1条);

(c) 有必要采取临时措施以防止侵害威胁、停止所控侵害或对侵害给予担保的原因;

(d) 支持申请的事实和证据,包括可证明临时措施必要性的证据,以及第211.2条、第211.3条提及的事项;[21]

(e) 对临审案例的简要描述,说明进行法律依据审查的主要支持性事实与证据;

3. 法院未听取对方当事人(以下简称"被告人")意见的临时强制措施申请中应说明:

(a) 未听取被告人意见的原因,参考第197条的特别规定;

(b) 有关当事人之间就相关侵害已发生的通信信息;

4. 法院未听取对方当事人意见的,申请人有义务向法院透露一切可能影响法院作出判决的事实,包括未结诉讼和未曾批准的针对相关专利的临时强制

---

[21] 第220.2条附注:起草委员会认为第73(2)(b)(ii)条中对于"法院"的定义不够明确,因此委员会直接在第220.2条中修改了该条的表述。

措施申请。

5. 第 14 条应参考性适用于临时强制措施申请。申请人应按照第 6 部分的规定支付申请费用××欧元，第 15.2 条参考性地适用。

对应于《协议》第 32（1）（c）条和第 62 条

第 207 条　保护申请书

1. 根据《协议》第 47 条的规定有权启动庭审程序的人如预测针对他的临时强制措施申请，可提交保护申请书。

2. 保护申请书应用专利书所用语言在登记处登记并包含以下事项：

（a）提交保护申请书的被告人以及被告代表人；

（b）可能的临时强制措施申请人的姓名；

（c）被告人的邮政和电子地址以及接收人姓名；

（d）可能的临时强制措施申请人的邮政地址和可用的电子地址，和已知的收件人；

（e）已知的涉案专利号，已进行或将进行的第 13.1（h）条所规定的程序相关的信息。

（f）声明该信件是"保护申请书"；

保护申请书中可包括下列事项：

（g）说明事实依据，包括对保护令的潜在申请人可能依靠的事实依据的反驳，以及相关专利无效的主张和理由。

（h）可用的支持性书面证据；

（i）法律依据，包括临时保护措施应被驳回的原因。

3. 提交保护申请书的被告应按第 6 部分的规定支付申请保护的费用××欧元，第 15.2 条参考性地适用。

4. 登记处应尽快审查保护申请书是否符合第 2 款（a）～（f）项的规定。如果符合，登记处应尽快：

（a）登记接受日期并将保护申请书编号；

（b）在遵守第 207.6 条的规定的条件下，将保护申请信备案；

（c）将保护申请信详情告知地区分院；

（d）已经收到临时强制措施申请的，将保护申请令的提交告知合议庭或独审法官。

5. 如果被告的申请与第 2 款的要求不符，登记处应尽快邀请被告：

（a）在收到通知后 14 天内修正缺陷；

（b）应支付费用的，按照第 3 款的规定支付费用。

6. 在按照第 207.7 条的规定将保护申请书送达临时强制措施申请人前，

不得公开保护申请书的登记。

7. 后续接收到临时强制措施申请的，登记员应将保护申请书复本与临时强制措施申请共同提交合议庭或根据第208条委任的法官，并将复本尽快送达临时强制措施申请人。

8. 接收到保护令之后6个月之内没有收到临时强制措施申请的，法院应将保护申请书从记录中删除，除非保护申请人在该期间结束之前申请延期6个月并按照第6部分的规定支付费用××欧元。后续延期可通过后续付费实现。

第15.2条参考性地适用。

第208条 形式审查、备案、合议庭委任、报告法官委任、独审法官

1. 登记处根据第16条的规定审查临时强制措施申请。登记处还应检查是否有与该申请相关的保护申请书在录。

2. 针对法律依据的主审程序尚未开始的，应参照适用第17条（接收日期、登记情况、案号、合议庭委任）以及第18条（审判长委任报告法官）。在紧急情况下，根据第209~213条的规定在较短时间内，审判长可裁定由其本人，或者一名有经验的法官担任独审法官。

3. 针对主要案情的主审程序已经开始的，临时措施申请应当立即呈送针对该案委任的合议庭。在紧急情况下（该案尚未委任独任庭法官时），根据第209~213条，在较短的时间内审判长可裁定由其本人或报告法官担任独审法官。

4. 独审法官裁定临时强制措施申请应具备必要职权。

对应于法院规约第19条。

第209条 临时强制措施申请审查

1. 无论临时强制措施是否裁定通过，法院对下列事项可行使自由裁量权：

（a）将强制措施申请告知被告人，请其在指定时间内向法院提交临时强制措施异议书并说明：

ⅰ. 强制措施申请不应通过的原因；

ⅱ. 支撑事实和证据，突出对申请人所依靠的事实与证据的反驳；

ⅲ. 针对法律依据的主审程序尚未开始的，说明案由不成立的原因以及支撑事实和材料；

（b）召集当事人出席口头听证会；

（c）传唤申请人出席被告缺席的口头听证会；

2. 根据第209.1条行使自由裁量权时，法院应特别考虑下列事项：

（a）相关专利是否为EPO异议程序或其他审判程序的客体；

（b）案例的紧急程度；

（c）申请人是否请求不听取被告意见，原因是否充分；

（d）被告人是否提交过保护申请书。被告提交过相关的保护令申请书的，法院应召集双方当事人出席口头听证会。

3. 在极端紧急情况下，根据第 345.5 条委任的"常任法官"可立即对临时强制措施申请及其程序进行裁决。

4. 在未听取被告人意见的条件下，申请人提出临时措施申请且法院驳回该申请的，申请人可撤销申请并请求法院对该申请和申请内容保密。

第 210 条 口头听证

1. 法院决定召集当事人出席口头听证会的，须从收到临时强制措施申请之日起尽早确定口头听证会的时间。

2. 法院可以要求当事人在听证会开庭前或进行中追加信息、文件与其他证据，包括第 211 条规定的协助法院裁决的证据。该证据中第 2 部分的适用程度由法院决定。

3. 口头听证会以第 111～116 条为准。申请人无正当理由缺席听证会的，法院应当驳回其临时强制措施申请。

4. 听证会结束后，法院应尽快以书面形式裁定临时强制措施申请。法院认为合适的，也可在作出书面裁决之前，于听证会结束时向当事人宣布口头裁决。

第 211 条 临时强制措施令

1. 法院可在临时强制措施令中作出如下命令：

（a）限制被告行动；

（b）没收、转移涉嫌专利侵权的货物以阻止其进入商业渠道和流通；

（c）如果申请人证明存在对其损害赔偿的威胁，则对被告的动产和不动产采取保全措施，包括冻结其银行账户和其他资产；

（d）临时损失补偿。

2. 进行审查过程中，法院会要求申请人提供合理证据，以确保在满足第 47 条的前提下申请方有权启动程序，同时确保案例涉及的专利确实有效，且其权利确实受到侵犯或即将受到侵犯。

3. 在审理过程中，法院应着重考虑双方利益，尤其应考虑法令对双方诉求的应允或拒绝所带来的潜在危害。

4. 法院应考虑一切实施临时措施中出现的不合理滞后情况。

5. 法院可要求申请方提供充分保障，对被告可能受到的任何伤害进行适当赔偿。若法院宣布临时措施的指令无效，则申请人有义务承担赔偿金额。若已经采取临时措施且被告未进行陈述时，法院同样应当要求申请人提供担保。

法院应当判定当时情况是否有必要进行担保。担保可通过申请方存款或银行担保实现。当且仅当申请人依照法院决定将保障金交于被申请方后，临时措施方可生效。

6. 临时措施指令应当指出，上诉的提出应当依据《协议》第73条以及第220.1条。

对应于《协议》第62（2）条和第62（4）条

第212条　被申请人未进行听证时的临时措施指令

1. 当且仅当案例中的滞后有可能对申请人造成难以弥补的损害时，法院有权在未听取被申请人陈述时下达临时措施命令。上述规定同样应遵循第197条。

2. 被申请人未进行听证便下达临时措施命令的情况下，第210条所述规定同样准用于被申请人不到场时的口头听证。在此情况下，被申请人最迟应当在临时措施执行时及时收到相关通知。

3. 被申请人有权申请复议。上述规定同样应遵循第197.3条。

对应于《协议》第60（5）条和第60（6）条

第213条　临时措施的撤销

1. 在法院采取临时措施后，申请人应在31个公历日或20个工作日（取两者中较长时间段）提起诉讼，若不提起诉讼，法院则将在被申请人的诉求下，在对造成的损害审判公正的前提下，对临时措施进行撤销或终止其生效。

2. 若临时措施被撤销，或由于申请人的任何行为或疏忽，抑或随后发现专利并未受到侵害或威胁，上述三种情况下，法院可在被申请人的请求下，要求申请人对其所受到的任何伤害进行适当赔偿。[第354.4条]

对应于《协议》第60（9）条

第四部分　上诉法院庭前程序

第220条　可上诉判决

1. 涉案方可对以下方面进行上诉：

（a）一审法院的最终判决；

（b）依照某一方要求终止程序的判决；

（c）《协议》第49（5）条、第59条、第60条、第61条、第62条或第67条所涉及的命令。

2. 除第220.1条以及第97.5条外的其他命令，同判决上诉一样，也可作为上诉对象。在法院判决有效期15天内均可进行上诉。若一审法院在命令下达的15日内驳回上诉，则可根据第221条向上诉法院进行申请。

3. 上诉法院可同时接受侵权诉讼和专利有效性判决中针对事实的单独的

决定上诉。

对应于《协议》第73条

[第一上诉法院部分判决案例：第118条（关于事实的判决），第140条（关于损害赔偿金的判决），第157条（关于诉讼费的判决）]

＊第220.2条注解。

起草委员会成员对第73（2）（b）（ii）条的解释以及"法院"的正确含义存在不同意见。上诉法院将对此进行解决。第220.2条中第二句，提及第220.2条第221.1条以及第221条和第224条中的参考文献均已暂时包含在内，因此若上诉法院判定此种情况仍允许上诉，则可进行正规程序。对第73条进行解释起草的委员会成员只赞成第一上诉法院许可上诉，但对于其中包含的其他内容存在不同意见。

第221条　上诉许可的申请

1. 受第157条的判决影响的一方或根据第220.2条被驳回上诉的一方可在法院驳回上诉后15日内向上诉法院提出上诉申请。

2. 上诉申请应当包含以下内容：

（a）该上诉应当被受理的理由；

（b）事实、证据以及论据所必要的依据。

3. 上诉法院院长应当将上诉申请委托给法院法官（根据第345.5条和第345.8条），该法官应当决定是否允许上诉。

4. 法院法官应当对有关诉讼费的上诉进行判决。

第222条　上诉法院开庭前程序主要内容

1. 基于第2款要求，根据第221条、第225条、第226条、第236条以及第238条，双方应在上诉法院开庭前将有关诉求、事实、证据以及依据提交法院，这些相关材料将构成程序主要内容。

2. 一审法院开庭前未提交的诉求、事实或证据，上诉法院将不予采信。法官行使自由裁量权时，应着重考虑以下几点：

（a）能否证明一方提交的新材料依据是在一审法院开庭前提交；

（b）新提交材料与上诉决议之间的关联；

（c）在提交的新材料依据中，另一方所处地位。

对应于《协议》第73（4）条

第223条　"中止效应"的申请

1. 依照《协议》第74条，案例一方可向法院申请中止程序。

2. 有关中止的申请应当包含以下内容：

（a）在该上诉中，申请中止的理由；

(b) 该申请所依据的事实、证据以及论据。

3. 上述内容同样应遵循第221.3条。上诉法院应立即对中止申请作出决议，不得延迟滞后。

4. 对于极端紧急案例，中止不必依据申请，可在任何时间向常任法官进行申请［第345.5条及第345.8条］。此时常任法官代表上诉法院，可全权处理并决议有关该申请的后续程序。

5. 第220.2条中所述判决的上诉不得申请中止。

对应于《协议》第74条

第一章 书面程序

第1节 上诉书、上诉理由声明

第224条 提出上诉书及上诉理由声明的时间

1. 上诉书应由上诉人提供，且符合以下条件：

(a) 应于第220.1（a）条和第220.1（b）条所述判决作出2个月内提出声明；

(b) 或于第220.1（c）条中判决或第221.3条中判决作出后15天内提出声明。

2. 上诉理由声明的提出应符合以下条件：

(a) 应于第220.1（a）条和第220.1（b）条所述判决作出后4个月内提出；

(b) 或于第157条所述判决，第220.1（c）条、第220.2条、第221.3条所述判决作出15天内提出。

对应于《协议》第73（1）、（2）条

第225条 上诉书的内容

上诉书应当包含以下内容：

(a) 上诉人或上诉方代表姓名；

(b) 被告人或被告方代表姓名；

(c) 上诉及被告双方邮寄地址及电子地址，以及双方有权接收邮寄或电子材料的代理人姓名；

(d) 上诉判决或命令作出的日期以及该案例对应的一审法院案例编号；

(e) 上诉方对此案的诉求以及希望的解决方案，包括根据第9.3（b）条所述的任何有关上诉审查的要求，并提供提出要求的理由。

第226条 上诉理由声明的内容

上诉理由声明应当包含以下内容：

(a) 指出判决或命令中存在争议的部分；

(b) 对判决或命令存在争议的理由；

(c) 根据第222.1条以及第222.2条，提供上诉所依据的事实及证据。

[EPCJ 第 99 条]

第227条　上诉书及上诉理由声明的用语

1. 上诉书及上诉理由声明的拟定应符合以下要求：

（a）保证对《协议》第50（3）条无异议，使用一审法院程序规定的诉讼语言；

（b）各方根据第50.2条在达成合意的情况下，采用专利授权时所使用的语言。各方根据《协议》第50.2条在达成合意的情况下，上诉人应将被告方协议证据连同上诉书一同提交。

对应于《协议》第50条

第228条　上诉费用

根据第6部分第15.2条，上诉人应当支付相应上诉费用××欧元。

第229条　针对上诉书中诉求是否符合规定的审查

1. 登记处应当在上诉书提出后尽快针对其诉求进行审核，审查是否符合第225条、第227条以及第228条所述要求。

2. 若上诉人所述诉求不符合第225条、第227条以及第228条要求，登记处应当提醒上诉人：

（a）在14天内对内容进行补充改正；

（b）对于符合要求的内容，在14天内进行付款。

若上诉人不符合第1款所述规定，或上诉人未按要求修改声明或支付费用，登记处应当告知上诉法院院长，院长应当拒绝上诉请求，可驳回上诉。院长可为上诉人提供一次开庭前听证机会。

第230条　（上诉法院）登记处记录

1. 若上诉书符合第229.1条所述要求，登记处应当：

（a）登记收到上诉书的日期以及文件对应的案例编号；

（b）在登记处备案登记上诉文件；

（c）在第一次上诉程序中对案例各方提供上诉书。

2. 上诉法院院长应当将该上诉案例的审理指派给某一合议庭。

3. 合议庭应当尽快决定是否根据第225（e）条通过对庭前听证各方的审查并准许其诉求。

第231条　报告法官的任命

被上诉法院院长任命作为合议庭的审判长应当任命一名成员为报告法官。审判长也可任命自己作为报告法官。登记处应当尽快告知上诉人及被告人最终报告法官人选。

第232条 文件翻译

1. 若上诉法院程序所用语言并非一审法院程序所用语言，报告法官可要求上诉人在规定时间段内翻译至上诉法院程序所用语言，翻译内容应当包括：

（a）依照报告法官要求的书面诉讼手续以及其他于一审法院提交的文件；

（b）一审法院作出的判决及命令。

2. 若上诉人未在规定时间内根据第1款所述要求提供翻译版本，报告法官应当根据第357条驳回上诉。报告法官可为上诉人提供一次开庭前听证机会。

3. 根据第一部分第五章，上诉人可向法院提出要求，将翻译所用成本费用计入审理总费用。

对应于《协议》第50（2）、（3）条

第233条 上诉理由声明的初步审查

1. 报告法官应当审查上诉理由声明是否符合第226条所述要求。

2. 若上诉理由声明不符合第226条所述要求，报告法官可准许上诉人在规定时间内对其进行修改，所限时间可由报告法官决定。若上诉人未在规定时间内对其进行修改，报告法官驳回上诉。报告法官应为上诉人提供一次开庭前听证机会。

3. 未按第224.2条所述时间内完善上诉理由声明的上诉书，法官将不予采信。

第234条 针对不予采信（不予审理）裁定的质疑

1. 根据第224.1条、第229.2条以及第233.2条，在作出裁决1个月内，上诉人可对法官作出的不予采信裁决提出质疑，且不用提供新的上诉理由。

2. 第230.2条中所述被任命的合议庭应当在第1节的规定下对相关质疑进行决议。

3. 若不予采信的裁决最终被撤销或驳回，则上诉按原流程正常进行。

第2节 被告声明

第235条 答辩书

1. 根据第224.2（a）条所述，上诉理由声明审理的3个月内，参与庭前审理的，除上诉人外的任何一方（即下文中"被告人"）均可提交被告人声明，声明应当交送至上诉人。

2. 根据第224.2（b）条，在上诉理由审理的15天内，参与审理的，除上诉人外的任何人（即下文中"被告人"）均可提交答辩书，答辩书应当交送至上诉人。

第 236 条　答辩书内容

3. 答辩书*应当包含以下内容：

（a）被告人或被告人的代理人姓名；

（b）被告人邮寄地址及电子地址，以及有权接收邮寄或电子材料的被告人姓名及地址；

（c）上诉文件的案例编号；

（d）对上诉理由的回应。

2. 被告人予以其他理由支持一审法院作出的判决。

第 237 条　交叉上诉书

1. 若一方已提交上诉书，未按照第 224.1 条中所述时间内提供上诉书的一方仍可以交叉上诉的形式提起上诉，但须符合第 235 条所述时间要求。

2. 交叉上诉书应当包含在被告答辩书中。该答辩书应当符合第 225 条、第 226 条所述要求。交叉上诉书同样应符合第 229 条及第 233 条所述要求。

3. 法官不允许以任何其他方式，在任何其他时间审理或采信交叉上诉书。

1. 交叉上诉费用同样应当计入正常上诉费用。上述内容同样应遵循第 228 条。

2. 若上诉书被撤销，则交叉上诉书将同样视作撤销。

第 3 节　针对交叉上诉书的答复

第 238 条　针对交叉上诉书的答复

1. 根据第 237 条及第 235.1 条，在答辩书及交叉上诉书审理期 2 个月内，上诉人可提交针对交叉上诉书的答复。该答辩应当包含对交叉上诉书中所述上诉理由的回应。

2. 根据第 237 条及第 235.2 条，在交叉上诉书审理期 15 天内，上诉人可提交针对交叉上诉书的答复。该答复应当包含对交叉上诉书中所述上诉理由的回应。

上述内容同样应遵循第 28 条的进一步安排。

第 4 节　移交合议庭

第 238 条 A　决定移交审判委员会

1. 若合议庭认为所审案例具有特殊重要性或有可能影响法院案例法的一致性，经合议庭提议，合议庭可将所审案例移交上诉法院的审判委员会。

2. 合议庭庭长可请上诉法院院长以及两名审判委员会成员法官任命继续审理该案例的审判委员会法官。被任命法官应当是上诉法院院长以及不少于 10 名来自上诉法院的（法律及技术类）法官。所有被任命法官将代表上诉法院最初的 2 个合议庭。若该案例需要超过 2 名上诉法院合议庭进行审理，则任命审判委员会法官时，为每个额外合议庭增加5名（法律及技术类）法官。

3. 审判委员会决议时应当有超过3/4的该委员会法官通过方可生效。

第二章 暂行程序

第239条 报告法官的角色

1. 根据第224~238条所述，报告法官应当在案例审理期内为口头审理进行所有必需准备。根据第222条所述要求，在适当程度下，报告法官有权行使第101~110条中所述权力。

2. 若报告法官认为上诉已符合口头审理条件，则应当传唤涉案各方参与口头审理。除非上诉不符合第220.1（c）条所述要求或涉案各方同意缩短时间，正常情况下，依据第230.3条所述，应至少提前2个月通知当事人。法官传唤令一旦发出，暂行程序宣告终止，口头程序则立即开始。经与报告法官协商，审判长应当接管案例的审理。

第三章 口头程序

第240条 口头审理的实施

根据第241条所述，口头审理应当由合议庭进行，并应当由审判长直接负责。上述内容同样应遵循第222条、第111条、第112条、第115条、第116条及第117条所述要求。

第241条 关于费用判决上诉的口头审理

关于费用判决进行的上诉（可见于第157条），根据第345.5条及第345.8条，其口头审理应当由常任法官进行，且该法官应当有权行使上诉法院所有职权。

第四章 判决和判决效力

第242条 上诉法院的判决

1. 上诉法院可选择驳回上诉，也可选择部分或全部撤销原判决或命令，依法改判或作出新的命令，包括作出涉及一审程序及上诉程序费用的命令。

2. 上诉法院有权：

（a）上诉法院在一审法院的管辖权范围内行使权力；

（b）特殊情况下将案例发还一审法院进行重判或重审（第243条）。通常情况下，如果一审法院无法对某一事项进行判决，则该上诉案例由上诉法院自行审理。

对应于《协议》第75条

第243条 发回重审

1. 将案例发回重审面临两种情况，原来合议庭的判决或命令被驳回，则原来的合议庭需进一步处理该案例，以及有关部门审判长是否需要任命另一合议庭。

2. 若需将案例发回重审，法庭则应无条件接受上诉法院的判决及其判决理由。

对应于《协议》第 75 条

第五章 再审申请程序

第 245 条 再审申请的提交

1. 超过上诉申请时限后，一审法院或上诉法院（以下简称"申请人"）的最终判决（以下简称"最终判决"）涉及的案例各方均有权利提交再审申请。

2. 向上诉法院提交的再审申请应当在以下期限内：

（a）再审申请基于基本的程序性缺陷。因此其申请应当在发现基本缺陷 2 个月内或最后判决下达时，以较迟者为准。

（b）再审申请基于终审对行为本身构成刑事犯罪的判决，应在刑事犯罪定罪后 2 个月内或判决实行时进行申请，以较迟者为准。

（c）任何案例中，再审申请不得超出终审判决下达后 10 年。

对应于《协议》第 81 条

第 246 条 再审申请的内容

1. 再审申请应当包含以下内容：

（a）申请人或申请方代表姓名；

（b）申请人邮寄地址及电子地址，以及有权接收邮寄或电子材料的申请方姓名及地址；

（c）指出需要进行再审的决议。

2. 再审申请应指出对终审判决不服的理由，同时提供相关事实及证据。

第 247 条 基本程序缺陷

下列情形可能构成《协议》第 81（1）条规定的基本程序缺陷：

（a）上诉法院的法官违反《协议》第 17 条或者法院规约第 7 条的规定参与审判；

（b）非经委任的上诉法院法官参与最终判决；

（c）最终判决中出现对《协议》第 76 条的根本性违反；

（d）上诉法院不经对与判决相关的申请而作出上诉判决；

（e）违反《人权与基本自由保护公约》第 7 条的规定。

第 248 条 程序缺陷的异议义务

1. 以存在基本程序缺陷为由申请再审的，须在一审法院或上诉法院中就程序缺陷提出异议并被法院驳回的才有效。除非当事人在一审法院或上诉法院中不能提出异议。

2. 当事人可以针对基本程序缺陷提起上诉却未上诉的，其根据基本程序缺陷提出的再审申请无效。

第 249 条　刑事犯罪的认定

有权限的法院或机关作出最终决定后才可认定刑事犯罪成立。定罪书并非必要依据。

第 250 条　再审费用

申请人应按照第 6 部分的规定支付再审费用××欧元。第 15.2 条应参考性地适用。有第 245.2（a）条或第 245.2（b）条规定的情况的，法院可免除申请人的费用。

第 251 条　中止效力

除上诉法院作出判决，再审申请的提交无中止效力。

对应于《协议》第 81（2）条

第 252 条　再审申请的形式审查

1. 收到申请后，登记处应尽快审查申请是否满足第 245 条、第 246 条和第 250 条规定的条件。

2. 如果申请不满足第 1 款提及的条件，登记处应通知申请人：

（a）在 14 天内补正缺陷；

（b）需支付费用的，在 14 天内支付重审费用；

申请人未能补正缺陷或支付费用的，登记处应当汇报上诉法院院长，院长负责根据第 345.5 条、第 345.8 条的规定委任案例的常任法官，常任法官可判决申请无效予以驳回。在此之前法院院长应给予申请人一次听证的机会。

第 253 条　再审申请的合议庭委任

1. 登记处将再审申请备案后，应立即将再审申请副本送达其他各方当事人并将收到再审申请一事汇报上诉法院院长。

2. 上诉法院院长应为该案指派由 3 位具有审判资格的法官组成的合议庭。院长可以决定参与原判决的法官不得参加再审合议庭。

第 254 条　再审申请的实质审查

1. 合议庭在听取双方意见后，可以作出以下决定：

（a）再审申请不予审理予以驳回；该判决应由合议庭多数投票通过，无须提供驳回理由；

（b）再审申请通过；该判决应使原判决部分或全部无效或中止，重新召开听证会并作出判决。重新审理的，合议庭应对上诉庭的后续程序作出指示。

对应于《协议》第 81（3）条

第五部分 一般规定
第一章 一般程序规定

第260条 登记处主动审查

1. 庭审程序的任何阶段中，登记处应主动尽快审查退出性条款是否对涉案专利有效；

2. 登记处发现有2个或数个与涉案专利相关的诉讼在数个分庭启动的（不论双方当事人是否相同），应尽快通知相关分庭。

对应于《协议》第83（3）条，以及法院规约第23条和第24条

第261条 申请日期

申请和随申请提交的相关文件上应标记登记处收到电子形式的申请的时间和日期。该时间应为登记处的本地时间。登记员负责标记该时间与日期。

第262条 公共查询

1. 在不违反第207.6条的条件下，登记处备案的书面申请、书面证据、法院判决书与作出的命令应在网上公布用于公共查询，除非当事人请求对相关信息进行保密且得到法院许可。提交书面申请与书面证据14天后才可公布用于公共查询。

2. 当事人可以根据《协议》第58条规定的事由向法院申请对特定信息不公布用于公共查询或限制其公布对象为特定人。

3. 申请应包括：

（a）申请保密或限制公布的信息的详情；

（b）申请人请求保密或限制信息公布的事由；

（c）禁止或允许获取该信息的特定人的详情；

4. 法院在作出决定前，应召集其他当事人作出书面建议；

5. 法院对申请的判决结束前；申请保密的信息备案不得公开；

6. 登记员应尽快执行与备案材料公开有关的，使法院的决定生效的必要流程。

对应《协议》第10条、第45条、第58条；对应法院规约草案第24（2）条

第263条 变更诉讼请求许可

1. 当事人可在任何庭审阶段向法院申请变更诉讼请求或更改案由，包括提起反诉。提出变更的当事人应解释未在原始申请中包含相关诉讼请求或原因。

2. 不违反第263.3条规定的条件下，申请变更的当事人在下列事项上不能让法院信服的，法院不给予许可：

（a）即使诉讼早期经当事人合理的勤勉义务，也不可避免该修改；

（b）该变更不会在诉讼过程中给对方当事人带来不合理的阻碍。

3. 无附加条件申请限制诉讼请求的许可，应当通过；

4. 法庭可根据变更情况重新规定付费标准；

第 264 条　听证权

当事人按规定应当或可以在法院作出命令或执行之前向法院陈述意见的，法院根据案情应当要求或可以要求当事人在指定期间内提交书面陈述，或者应当或可以召集当事人在特定日期出席听证会。法庭也可指令通过电话或视频进行听证。第 105 条、第 106 条参考性适用。

第 265 条　撤　诉

1. 法院作出终审判决前，申请人可请求撤诉。法院应在听取对方当事人（或其他各方当事人）的意见后作出裁定。如果影响对方当事人（或其他各方当事人）的合法利益，法院应驳回撤诉申请。

2. 法院同意撤诉的，应当：

（a）裁定终止诉讼；

（b）要求将该裁定备案；

（c）根据第五章第 1 节的规定裁定诉讼费用；

第 266 条　欧洲法院初级审理

1. 在庭审的任何阶段中，法院认为任何在庭审中提出的问题必须先经欧洲法院裁判才能作出判决的，初审法院可以、上诉法院应当向欧洲法院提出裁判申请。

2. 法院应当根据欧洲法院的程序规则提出申请；

3. 法院向欧洲法院申请使用简易程序判决的，应当在申请中注明：

（a）案情紧急的事由和法律依据；

（b）适用简易程序的理由；

4. 登记员应尽快将该裁判申请和适用简易程序的申请提交欧洲法院的登记员；

5. 除法院有其他裁定的，诉讼程序应中止直至欧洲法院就相关问题作出裁判。

第 267 条　《协议》第 22 条规定的诉讼

根据《协议》第 22 条向缔约国提起损害赔偿诉讼的，上诉法院院长收到缔约国有关机关的申请后应尽快将该审判中取得的与该损害赔偿诉讼有关的起诉书、证据、判决和命令等副本提供该有权机关。

第二章 送 达

第1节 《协议》签约国或缔约成员国间的送达

第270条 本部分适用范围

1. 本部分规定的起诉书的送达应适用于被告提供第271.1条或第271.2条规定的诉讼文书送达的电子地址,或在缔约国境内的其他形式的送达地址的情况。

2. 起诉书无论提交何地的法院,都应按照本条的规定送达任何缔约国领土内的被告。

3. 为实施第270~275条,起诉院应依据《协议》第32(1)条中提及的所有原始诉讼请求。

第271条 诉讼请求送达

1. 登记处应将起诉书送达被告提供的用于诉讼文书送达的电子地址,并将第271.7条规定的权利告知被告。

2. 存在下列情况的:

(a) 被告提供可将起诉书送达被告的被告代表人的电子地址的;

(b) 代理被告的代理人通知登记处或者申请人由该代表人通过电子地址代理被告人接收起诉书的,

登记处可将起诉书送达该代理人的电子地址。

3. 送达撤销申请书(第45条)、无侵权事由声明书(第62条)的,第271.2(a)条和271.2(b)条中的送达代理人还应包括EPC第134条规定的涉案专利的专业代理人和法务代理人。该代理人在统一专利保护备案(欧盟第1257/2012号条例第2(e)条),或缔约国专利局备案中被登记为相关专利的指派代理人。

4. 通过电子信息送达无效的,登记处应将起诉书通过以下方式送达被告:

(a) 附有投送建议的挂号信;

(b) 传真;

(c) 第275条中法院授权的方式;

5. 第271.4(a)条的情况下应送达以下地址:

(a) 被告是公司或其他法人的,送到其在缔约国境内的注册地址、管理中心、主要经营地、或缔约国境内该公司或法人有业务的地方;

(b) 被告人是自然人的,送达其在缔约国中的经常居住地或已知的最后居住地;

(c) 送达撤销申请书(参见第45条)或无侵权事由声明书(参见第62

条）的，送到 EPC 第 134 条规定的涉案专利的专业代理人和法务代理人的经营地。该代理人在统一专利保护备案（参见欧盟第 1257/2012 号条例，第 2（e）条），或缔约国专利局备案中被登记为相关专利的指派代理人。

6. 在遵守第 272.2 条和第 272.3 条的前提下，按照本条第 1～第 5 款将起诉书送达的，视为在下列时间送达被告人：

（a）通过电子信息或传真送达的，相关邮件信息发送日或传真发送完毕日；

（b）通过附有投递建议的挂号信送达的，推定投递后第 10 天送达，除非信件未能到达或延迟到达被送达人。即使被送达人拒收的，也推定送达完成。

7. 根据欧盟第 1393/2007 号条例"关于缔约国内民商案例的司法文书和庭外文书的规定"（《欧盟送达条例》），被告有权拒收送达文件并在送达前 1 周内将表示拒收并将其能理解的语言告知登记处的，登记处应当告知起诉人。起诉人至少应向登记处提供起诉书和第 13.1（a）～（p）条中规定信息的翻译文件，该文件应使用《欧盟送达条例》第 8（1）（a）、（b）条规定的语言。本章规定的起诉书推定送达不适用，相关时限从登记处按照规定将翻译文件送达被告时起算。

第 272 条　送达结果告知

1. 登记处应将第 271.6 条规定的起诉书推定送达日期告知起诉人；

2. 登记处将起诉书通过附投递建议的挂号信投递并被因任何原因该文书退回登记处的，登记处应告知起诉人；

3. 登记处通过传真发送起诉书且传真未被收到的，参考适用第 2 款。

第 2 节　缔约成员国以外的送达

第 273 条　范　　围

本节适用于任何被告人未能提供用以诉讼送达的电子地址，否则将无法按照第 1 节或第 3 节提供的方式在缔约成员国境内送达。

第 274 条　缔约成员国外的送达

1. 若请求声明需要向缔约成员国外进行送达，登记处可以如下方式进行送达：

（a）由下列条款提供的方法：

（i）赋予按照《欧盟送达条例》；

（ii）1965 年《关于向国外送达民事或商事司法文书和司法外文书的海牙公约》《海牙公约》或其他适用的公约或协定适用的；

（iii）若没有有效公约或协定，则可以以相关登记处分部所在缔约成员国的外交或领事渠道进行送达，或者

(b) 送达生效所在国的法律允许的其他方法。

2. 若送达生效所在国法律禁止以第 274 条的相关规定进行送达的，不得依据相关规定送达请求权声明。

3. 登记处应当通知原告其请求权声明基于第 274.1 条被视为送达的日期。

4. 若基于第 274.1 条进行的送达因任何原因无法生效，登记处应当通知原告。

第 3 节 以其他方式送达

第 275 条 以其他方式或其他地址送达请求声明

1. 若原告以合理理由向法院申请授权以本节中未被允许的方法或向本节中未被允许的地点进行送达的，法院可以以命令的形式允许以其他方法或向其他地点进行送达。

2. 经由原告合理申请，法院可以命令以替代手段或替代的可送达地点代替以及采取的将请求声明递交被告方的程序。

3. 基于本条作出的命令应当明确：
（a）送达的地点和送达的方法；
（b）请求声明被视为送达的日期；
（c）提交答辩书的期限。

4. 基于本条规定，决定向缔约成员国外采用替代送达方法的命令，其采用的送达方法不得违反送达生效时所在国法律。

第 4 节 命令、判决和书面答辩状的送达

第 276 条 命令和判决的送达

1. 法院作出的任何命令或判决应当按照第 1 节、第 2 节、第 3 节以及本节的规定，依据个案情况向各当事人送达。

2. 因被告方未能提交请求撤销的抗辩［第 50 条］，或未能在法条规定或法院设立的期限内提交未侵权声明［第 65 条］，导致基于第 355 条作出的缺席判决，可以向基于 EPC 第 134 条代表具有统一效力的欧洲专利，参与登记具有统一专利保护的程序［欧盟第 1257/2012 号条例第 2（e）条］和在缔约成员国专利局登记的可以代表被告的职业代理人或法律执业者的经营所在地送达。

第 277 条 基于第 5 部分第 11 章作出的缺席判决

如非法院满足下列任一条件，不得基于第 5 部分第 11 章的相关规定作出缺席判决：

（a）请求声明以各国国内法规定的，向其领域内人员送达国内诉讼文件的法定形式进行送达的；或者

(b) 请求声明实际已经以第二章规定的其他方法送达被告人住所地或经营所在地。

第278条 书面答辩和其他文书的送达

1. 一旦登记处收到书面答辩，登记处应当以电子通信的方式尽快向其他当事人送达包括答辩书在内的其他文书，除非答辩书包含单方诉讼请求。在此情况下，第262.2条应当予以适用。

2. 若无法以电子通信的方式进行送达，登记处应当以如下方式向其他当事人送达书面答辩：

（a）建议邮递方的挂号信；

（b）传真，或

（c）其他法院基于第275条授权的方式。

3. 以第2款规定的方式进行的送达应当在如下地址生效：

（a）当事人是公司或者其他法人的：在其法定所在地、管理中心所在地、主要经营地或其他在缔约成员国内的公司或法人进行商事活动地；

（b）当事人是个人的：在缔约成员国内，其经常居住地或最后已知居住地。

4. 第271.6条和第272条应当准予适用。

第279条 变更电子送达地址

若当事人用以进行送达的电子地址发生改变，该当事人必须以书面形式尽快将此改变通知登记处及其他当事人［第6.3条］。

第三章 代理人的权利和义务

第284条 代理人不得歪曲事实和案例的义务

在法院审理中，当事人的代理人禁止故意或者过失地歪曲案例或事实。

对应于《协议》第48（6）条

第285条 代理人的权利

代理人主张其代理一方当事人的，应当被接受。然而若其代理权被挑战时，法院可以命令要求其出具书面授权书。

第286条 代理人被授权参与法院审理的证明

1. 基于《协议》第48（1）条的代理人应当向登记处提交其为缔约成员国内被授权参与法院审理的律师相关证明。第48（1）条所称律师是指基于《欧盟指令98/5/EC》第1条授予的相应职责，准予其参与法律职业活动的自然人。在其后的诉讼过程中，代理人可以援引之前提交的证明（证明其代理资格）。

2. 基于《协议》第48（2）条的代理人应当向登记处提交管理委员会所

授予的欧洲专利诉讼资格证，否则应当证明其拥有适当资格代理一方当事人参与法院诉讼。在其后的诉讼活动中，该代理人可以援引其证书或之前提交的证明其有适当资格的证据（证明其代表资格）。

第287条　律师与客户间的保密特权

1. 当客户向律师寻求建议时，无论内容是否与法院审理的诉讼程序相关，其已经受到专业指导，他们之间所有寻求或提供建议的交谈均为受法律保护的私下交谈（无论书面形式或是口头形式），受到不被披露的特权保护，同时在法院审理中的任何诉讼程序下，或法院主持的仲裁或调节程序下保持保密性。

2. 上述特权同样适用于客户和其雇用的应用其专业知识给予专门建议的律师之间的，以及客户和用其专业技能给予专利事项建议的专利代理人（包括客户雇用的专利代理人）之间的交流。

3. 该项特权也保护律师或专利代理人（包括于同一律所或机构任职的律师和/或专利代理人之间的交流，或由同一客户雇用的律师和/或专利代理人之间的交流）作出的工作成果以及任何特权交流的记录。

4. 该项特权保护律师、专利代理人以及其客户不受关于他们之间交流内容或本质的询问或审查。

5. 该项特权可由客户明确表示放弃。

6. 本条所称"律师"是指，于第286.1条所定义的人，基于其他有相应律师资质的人，以及基于其律师执业所在国的法律给出法律意见的人，以及能够给出相应专业指导建议的人。本条所称"专利代理人"是指，执业于关于任何发明的保护，或者对任何专利或专利申请进行公诉或诉讼的相关领域，被认证有基于其执业国家法律给出建议的资格，且经专门咨询给出如上建议的人。

7. "专利代理"也包括在EPO内基于EPC第134条承认的职业代理人。

对应《协议》第48（4）条

第288条　诉讼特权

若依第287.1条、第287.2条、第287.6条以及第287.7条规定的客户、律师或专利代理人，经由客户以专业问题为委托，为获取信息或为诉讼目的（包括由欧洲专利委员会审理的程序）收集任何形式的证据而进行私下交流，此类交流应当同样享有与第287条中同等效力的不被披露的特权。

对应《协议》第48（5）条

第289条　特权、豁免和便利条件

1. 在法院审理或其他司法机关审理过程中出庭的［第202条］，持有调查委托书的代理人应当对其就诉讼或当事人所表达的书面或口头语言享有豁免权。

2. 代理人应当享有如下进一步的特权和便利：

（a）与诉讼有关的文书和文件免于搜查与扣押；

（b）被带往法院参与诉讼活动的、与诉讼有关的涉嫌侵权的产品和设备免于搜查和扣押；

在争议事件中，海关官员或海事警察可以封存相关文书、文件或涉嫌侵权的产品和设备。被封存者应当立即转交给法院，法院应当在登记员和相关人员在场的情况下对其进行检查。

3. 代理人在任务过程中有权不受阻碍地履行。

4. 为诉讼程序的正常进行，专门设立第 1~3 款规定的特权、豁免和便利条件。

5. 若法院认为代理人实施了阻碍诉讼程序正常进行的有罪行为，法院可以撤销豁免权。

对应《协议》第 48 条

第 290 条　法院针对代理人的权力

1. 对于出庭参与审理过程的代理人，依据第 291 条的相关规定，法院享有法律赋予的相关权力。

2. 出庭参与法院审理过程的代理人应当严格遵守管理委员制定的行为规范。[22]

第 291 条　程序上的排除

1. 如果法院认为，当事人的代理人对法院、法院中的任何法官或登记处的任何职员作出的行为不尊重法院，或不符合司法管理的正当要求，或该代理人超出其授权使用权利，或该代理人违反了第 290.2 条下规定的准则行为，法院应当通知有关人员。在同样的理由下，在给予有关人员听证机会后，法院有权于任何时间，以命令的形式排除此人参与诉讼。命令自作出之时起立即生效。

2. 若当事人的代理人被排除参与诉讼程序，为使有关当事人能够指派另一代理人，诉讼程序应当在审判长确定的一段时间内中止。

第 292 条　专利代理人的听证权

1. 依据《协议》第 48（4）条之目的，由《协议》第 48（1）条和/或第

---

[22] 瑞典法学家在第 15 稿草案中关于律师的定义有较多的负面评价或疑惑。该定义已经被排除在外，但符合此类情况的人仍需要合理对待。

48（2）条规定的协助代理人的"专利代理人"是指，符合第287.6条或第287.7条规定，于缔约成员国内从事相关职业的人。

2. 上述专利代理人应当由法院酌情允许其在法院听证阶段，依据代理人协助当事人陈述的责任发言。

3. 第287~291条准予适用。

对应《协议》第48（4）条

第293条　代理人的变更

代理人的变更自新代理人将代理有关当事人的通知送达登记处时生效。在上述通知送达之前，原代理人保有其诉讼行为责任，并继续负责法院与有关当事人之间的交流。

第四章　诉讼的中止

第295条　诉讼的中止

法院可以在如下情形下中止诉讼：

（a）与EPO或各国权力机关管辖的、要求快速作出裁决的异议程序、责任限制程序（包括其后的上诉程序）相关的专利相关的诉讼被停止的；

（b）由各国法院或各国权力机关管辖的，有关补充保护证书（SPC）的诉讼被停止的；

（c）由上诉法院管辖的，对一审法院判决或命令提出异议的上诉案例依据以下诉求被提起上诉时：

（ⅰ）仅对部分实质性问题有异议的；

（ⅱ）对可采性问题，或初步驳回有异议的；

（ⅲ）要求驳回介入申请的［第313条］；

（d）当事人共同要求的；

（e）依第37条规定；

（f）依第118条规定；

（g）依第136条规定；

（g）依第266条规定；

（i）依第310条和第311条规定；

（j）实施欧盟第1215/2012号条例以及《卢加诺公约》规定的；

（k）其他为司法管辖需要的情况。

第296条　诉讼中止的期限和效力

1. 诉讼中止应当于诉讼中止的命令中载明的日期生效，在没有载明的情况下，自命令作出的日期生效。法院应当在命令中明确中止产生的效力。

2. 若命令中没有明确中止的期限，则诉讼中止应当于命令中载明的继续诉讼的日期终止,若命令中没有载明的,自命令继续诉讼的命令作出之日终止。

3. 在诉讼中止期限内,诉讼期间的时间计算停止。在诉讼中止结束之日起,诉讼期间的时间重新开始计算。

第 297 条　诉讼的恢复

依第 296.2 条作出的任何决定,或在诉讼中止结束前命令诉讼继续的决定,应当由报告法官向当事人进行听证后,以命令的方式作出。报告法官可以将此问题提交合议庭。

第 298 条　EPO 的加速程序

法院可以基于自己的意志或者当事人的申请,要求由 EPO 管辖的异议程序、责任限制程序(包括其后的上诉程序)依 EPO 的诉讼程序加速处理。法院可以依据第 295(a)条中止其诉讼程序,等待上述要求的结果以及其后的加速程序。

第五章　期　限

第 300 条　期限的计算

由《协议》、规约、规则以及法院为采取任何程序性步骤作出的任何命令中所描述的期限,应当明确到完整的日、周、月或者年,并且依据下列规定进行计算:

(a) 应当于有关事件发生之日起后的第一日开始计算;在文件的送达中,有关事件为依据第二章的有关规定对文件接收;

(b) 当期限以一年或具体的年数进行表述时,其应当对应随后一年的相同月份,同一月内数字相同的日,以及有关事件发生日期满。如果相关月份中没有相同日,期限对应该月的最后一日期满;

(c) 当期限以一个月或具体的月份进行表述时,其应当对应随后一月中,于有关事件发生之日的相同之日期满。如果相关随后一月内没有与有关事件发生之日的相同日,期限对应于该月的最后一日期满;

(d) 当期限以一周或具体的周数进行表述时,其应当对应随后一周中,于有关事件发生之日的相同之日期满;

(e) 如非表述为一个工作日、一日,应当为一个公历日;

(f) 公历日应当包含相关的中央法院的分院或部门,以及上诉法院所在的缔约成员国的法定假日,也包含周六和周日;

(g) 工作日不包含相关的中央法院的分院或部门,以及上诉法院所在的缔约成员国的法定假日,也不包含周六和周日;

(h) 在司法休假期间,期限不得中止计算。

[EPC 第 131 条]

第 301 条　期限的自动延长

1. 若期限截止日期为周六、周日或者中央法院有关部门及分院所在地或上诉法院所在缔约成员国的法定假日，则期限应当延长至周末或假期后第一个工作日结束时。

2. 若以电子档案形式提交的文件无法被法院接收，则比照使用该条第 1 款的相关规定。

第六章　诉讼当事人
第 1 节　多名当事人

第 302 条　多名原告或多项专利

1. 法院有权命令将多名原告或基于多项专利提请的诉讼在单独的诉讼程序中分别进行审理。

2. 若法院命令进行分立的诉讼程序，则法院应当依据第 6 部分的相关规定确定应当收取的新诉讼费用。

3. 根据公平公正原则，法院有权命令，有关相同专利（或多项专利），且由同一本地法院、地区法院、中央法院或上诉法院享有管辖权的多个平行侵权或撤销程序案例合并审理。

第 303 条　多名被告人*

1. 若法院有能力容纳所有被告人，则可以对多名被告人提起诉讼。

2. 法院有权针对不同的被告将审理程序分立为两个或两个以上相互独立的诉讼程序进行审理。

3. 若法院根据该条第 2 款裁定分立审理，除非法院另有判决，新诉讼程序的原告应当按照第 6 部分规定支付新的诉讼费用。

第 304 条　多名当事人的法院费用

只要同一诉讼中多名当事人由同一个代理人参与诉讼，且该代理人代理同一诉求，则在支付法院费用时，其应当被视为一个诉讼当事人。

第 2 节　当事人的变更

第 305 条　当事人的变更

1. 经由一方当事人申请，法院可以命令：

（a）添加一人为诉讼当事人；

（b）撤除某一人的诉讼当事人身份；

（c）现有的某一当事人被替换。

2. 法院应当在申请送达后尽快邀请其他诉讼当事人对该申请发表意见。

3. 命令一人成为诉讼当事人或撤除其诉讼当事人身份时，法院可以对该当事人变更导致的法院费用变化作出合理的命令。

第306条 当事人变更的后果

1. 若法院基于第305.1条命令添加诉讼当事人、撤除或替换诉讼当事人，则其应当在案例管理时明确指示变更后果。

2. 法院应当同时确定该新诉讼当事人在新诉讼程序中的受约束程度。

第3节 诉讼当事人的死亡、失踪或破产

第310条 诉讼当事人的死亡或失踪

1. 若一方当事人在诉讼程序中死亡或失踪，则直到其被继承人所取代为止，诉讼程序应当中止。法院可以明确该期限。

2. 若诉讼程序中有两方或两方以上当事人参与诉讼，法院可以判决：
（a）剩余诉讼参与人之间的诉讼程序分别继续进行；
（b）诉讼的中止只对不存在的当事人产生。

3. 若死亡或失踪当事人的继承人依自己的意志不参与或不继续参与诉讼程序，在法院明确的期限内，其他任何一方当事人可以申请将该继承人添加为诉讼当事人或替换为另一个或多个当事人。

4. 法院应当依据第305条和第306条，比照决定谁将被添加或被取代为诉讼当事人。

第311条 诉讼中当事人的破产㉓

1. 如果一方当事人依据法律规定的破产程序宣告破产，诉讼程序可以中止，直到参与破产程序的各国主管部门或主管人决定是否继续诉讼程序。若参与破产程序的各国主管部门或主管人决定不再继续诉讼程序，若诉讼程序继续中止会对其他当事人造成不公，则在其他当事人的合理要求下，法院可以判决诉讼程序继续进行。

2. 根据第265条规定，原告可以撤回针对破产被告人的起诉，且被告人可以撤回针对已破产原告的撤销之诉的反诉。上述撤销行为不可损害其他当事人的诉讼行为。

3. 任何基于第156条规定的有利于破产当事人的法院费用判决都应当向参与破产程序的各国主管部门或主管人支付。

4. 如果诉讼继续进行，法院针对破产当事人作出判决的效力由该法条来决定。

第4节 专利权的转让

第312条 诉讼中专利权或专利申请权的转让

1. 对于一个或多个缔约成员国而言，如果一项专利权或专利申请权在法

㉓ ＊草案制订委员会标注称第33（1）（b）条相对于欧盟第1215/2012号条例（布鲁塞尔）规则更狭义，因为其要求在被告人之间存在"商业关系"。

院开启诉讼程序之后被转让给另一所有人,因诉讼中专利权以及请求权已经转移至新所有权人,依据第305条相关规定,法院可以批准将新所有权人添加为诉讼当事人或替换为诉讼当事人。第306条准予适用。

2. 若新的所有权人接管诉讼程序,其无须支付新的法院费用,即使新所有权人指派新的代理人代理参与诉讼。

3. 若新的所有权人选择不接管诉讼程序,则诉讼程序中的所有已经记录在案的判决应当对新所有权人拥有约束力。

第5节 调解规则

第313条 调解申请

1. 调解申请可以由任何因法院诉讼结果影响其法律利益的人("介入人"),在一审法院以及上诉法院审理的诉讼程序的任何阶段提出。

2. 调解申请仅在书面程序结束前作出,并部分或全部支持一方当事人的请求、命令或者救济的情况下应当被采纳,除非一审法院或上诉法院另有命令。

3. 调解人应当依照《协议》第48条代表参与诉讼。

4. 调解申请书应当包括:

(a) 诉讼编号;

(b) 调解人的姓名、调解人的代理人、用于送达的邮政地址以及电子地址和授权接受送达人的姓名;

(c) 调解人寻求介入所支持的请求、命令,或救济;以及

(d) 有关调解人基于本条(1)~(2)的提起介入的事实陈述。

第314条 对于调解申请的命令

调解申请的法院报告应当以命令的方式由报告法官作出。其他诉讼当事人应当有权(在命令作出前)事先通知。

第315条 调解声明

1. 若一份调解申请书可以被采信,报告法官或审判长应当:

(a) 通知诉讼当事人;同时

(b) 明确调解人提交介入声明的期限。

2. 登记处应当尽快将各当事人的答辩书送达至调解人。经由一方当事人的合理请求,为保护机密信息,法院可以命令其答辩书或其答辩书的一部分仅向某些特定的人进行披露,并使用保密条款。

3. 调解陈述应当包括:

(a) 调解人和一方或多方诉讼当事人关系的声明,以及在该诉讼争议中他们之间的联系。

(b) 法律论证；以及

(c) 相关事实和证据。

4. 除非法院另有命令，调解人应当被视为诉讼当事人。

第316条　调解邀请

1. 报告法官或审判长可以基于其意愿（但只能在咨询其他当事人后），或基于一方当事人的合理请求，在明确的期限内，邀请任何有关争议结论的人向法院告知其是否有调解诉讼的意愿。一方诉讼当事人主张即使其拒绝调解诉讼，也应受诉讼结果约束的应当就此主张给出合理理由。在此类案例中，调解邀请应当包含这些理由，并且应当声明提交此申请的当事人主张调解人应受审理结果的约束，即使其拒绝调解诉讼。

2. 若被邀请人希望调解诉讼，其应当于邀请送达的1个月之内提交介入申请，且其调解声明应当在由报告法官或审判长指定的期限内提交。第313.3条、第313.4条以及第315条应当比照适用。

3. 调解人受诉讼判决的约束。

4. 若基于第316.1条被邀请人不愿调解诉讼且主张其不应受相应诉讼结果的约束，其应当在第316.2条规定的期限内就该主张提交声明。若其未能在上述明确期限内提交声明，则相应诉讼结果应当在其与任何其他诉讼当事人之间产生约束，同时其无权以诉讼结果有误或以邀请人未能适当地参与诉讼进行抗辩。如果其在上述明确期限内提交声明，则法院应当在听取诉讼当事人及被邀请调解意见后作出判决。若法院拒绝采信该声明，被邀请调解人可以在法院拒绝申请送达后的1个月内提交其调解申请。（该调解申请）应当适用第316.2条的相关规定。

第317条　对调解申请命令无上诉权

对拒绝调解申请的命令没有上诉权。

第6节　权利的恢复

第320条　权利的恢复

1. 在此规定所明确的原因下，或尽管当事人采取一切适当措施但仍然因其他不受当事人控制的经由法院设立的其他原因，致使一方当事人未能遵守其上诉期限，且该未能遵守期限会导致该当事人损失权利或者救济手段的直接结果的，合议庭可以依据该当事人的申请恢复其相应的权利或救济手段。

2. 权利恢复的申请书应当在致使不能遵守期限的原因消失后的1个月内，同时在任何情况下未能遵守期限的3个月内由相关法院合议庭提交给登记员。在此期限内提交的权利恢复申请产生的费用应当按照第370条规定进行支付。

3. 权利的恢复申请应当：

（a）声明该申请基于的理由，并确定其所依赖的事实；

（b）包含来自所有涉及致使其不能遵守期限的所有人的书面陈述，以及能够证明采取了适当的预防措施来避免其不遵守期限行为的涉事人的书面陈述作为可依赖的证据。

4. 缺失行为应当在（2）规定的期限内，在申请权利恢复的同时一并履行或完成。

5. 未能遵守本条（2）、（4）所设立期限的，不得授予权利的恢复。

6. 合议庭应以命令的方式对权利恢复的申请作出判决。其他诉讼当事人应当有权（在判决作出前）收到事先通知。

7. 对于拒绝权利恢复申请的命令或授权权利恢复申请的命令均无权上诉。

第七章 有关语言的其他规定

第 321 条 当事人共同申请以专利授权语言进行诉讼。

1. 根据《协议》第 49（3）条，在书面程序的任何阶段，任何当事人均可以提交当事人共同申请以专利授权语言进行诉讼的申请书。申请应当声明当事人双方同意以专利授权时使用的语言进行诉讼。

2. 登记处应当尽快提交该申请给合议庭。

3. 合议庭应当尽快决定其是否批准当事人共同申请以专利授权语言进行诉讼的申请。若合议庭拒绝批准申请，登记处应当尽快通知当事人，当事人可以在 10 日内申请由中央法院分院审议，该申请应当因此移交中央法院分院。

4. 若申请移交中央法院分院，第 41 条应准予适用。

对应《协议》第 49（3）条

第 322 条 报告法官建议以专利授权时使用的语言进行诉讼

根据《协议》第 49（4）条，在书面阶段以及临时程序的任何阶段，报告法官可以依据自己的意向或依据当事人的申请，在咨询合议庭后，建议诉讼当事人改变诉讼语言为专利授权时使用的语言。若当事人和合议庭均同意，诉讼采用语言应当予以变更。

对应《协议》第 49（4）条

第 323 条 一方当事人申请以专利授权时使用的语言进行诉讼

1. 若一方当事人希望使用专利授权时使用的语言进行诉讼，根据《协议》第 49（5）条，对原告而言，该当事人应当在请求声明中包含该申请书；对被告人而言，则应当在答辩书中包含该申请。报告法官应当将该申请转递一审法院院长。

2. 院长应当邀请其他当事人在 10 日内明示其对以专利授权时使用的语言

进行诉讼的意见。

3. 院长在咨询本院合议庭后，可以命令以专利授权时使用的语言作为诉讼语言进行诉讼；也可以裁定依照一定条件按顺序适用具体翻译或解释规则。

对应《协议》第49（5）条

第324条 诉讼过程中诉讼语言变更的后果

基于第321.1条或者第323.1条作出的申请书应当明确现有的诉讼请求及其他文件是否需要翻译，以及相应的费用应当由谁承担。若在案例审理中，当事人无法同法院登记员或一审法院院长达成一致，则第323.3条准予适用。

第八章 案例管理

《协议》第43条，法院规约第2部分第三章

第331条 案例管理责任

1. 在书面程序以及临时程序中，基于第201条和第333条，案例管理的责任应当由报告法官承担。

2. 报告法官可以向合议庭提交案例处理顺序的建议。

3. 临时会议结束后，案例管理应当由审判长与报告法官协商承担。

4. 登记处应当在报告法官、审判长或合议庭作出决定后尽快给当事人送达案例管理顺序。

第332条 案例管理的基本原则

有效的案例管理包括：

（a）鼓励当事人在案例审理过程中相互合作；

（b）在事件早期确定事件性质；

（c）及时决定需要进行全面调查的事件和对其他事件的妥善概括性处理；

（d）决定事件解决的顺序；

（e）鼓励当事人使用中心并且促进中心的使用；

（f）协助当事人完成整个或部分诉讼；

（g）固定时间表，否则控制诉讼的流程；

（h）考虑采取特殊措施所可能获得的利益是否较之其费用合理；

（i）在同一事件中尽可能地处理和法院一样多的诉讼层面；

（j）在当事人不必要出席的情况下处理诉讼；

（k）利用可以使用的技术手段；以及

（l）为确保诉讼进程的快速有效处理指明方向

第333条 案例管理顺序的审查

1. 若一方当事人提起合理申请，由报告法官或审判长作出的案例管理决定或排序应当由合议庭审查。

2. 申请审查案例管理排序的申请书应当在顺序送达的 2 周内提交。申请应当表明审查理由及证据和其支持的理由。另一方当事人应当有权获得通知。

3. 依据第 6 部分规定，申请审核的一方当事人应当支付审查案例管理顺序的相关费用。第 15.2 条准予适用。

4. 合议庭应当尽快作出审核决定，同时作出任何修改后的案例管理顺序决定。

5. 合议庭对于审查申请作出的决定是依据第 220.2 条规定的程序性决定。

第 334 条　案例管理的权利

除《协议》、法院规约或程序规则另有规定，报告法官、审判长或者合议庭可以：

（a）延长或缩短任何裁决或命令的期限［第 9.3 条］；

（b）推迟或提前临时会议或口头听证会；

（c）与当事人交流使其了解法院的期望和要求；

（d）主持一场关于任何事由的独立听证会；

（e）对需要决定的事由作出判决；

（f）排除某一事由的适用；

（g）在关于某项初步事由的判决中作出关于进一步与诉讼结果无关的判决后，驳回或判定某一请求；

（h）概括性地驳回一项没有获胜可能性的请求；

（i）合并任何事实或事由或命令其合并审理；

（j）依据第 103~109 条的规定作出命令；

第 335 条　变更或撤销命令

法院作出案例管理命令的权利包括变更或撤销此类命令的权力。

第 336 条　案例管理权力的履行

除非另有规定，法院可以依据当事人的申请或自己的意志行使案例管理权力。

第 337 条　基于法院自身意志的命令

只有在听审当事人之后，法院方可基于自己的意志作出命令。

第 340 条　共同诉讼的联系

1. 为了合理的司法管理和避免判决不一致，在以下两种情况中有关同一专利（无论是否在相同当事人之间）的多个诉讼待决：

（a）不同的合议庭（无论是否在同一或不同的部门）；

（b）上诉法院不同的合议庭；不同的合议庭可能一致同意在听取当事人双方陈述后的任何时间，命令两个或多个诉讼基于其之间的联系而合并审理。

2. 合并审理的诉讼可以在之后进行分离。

第九章 法院的组织机构

第341条 法官地位

1. 除上诉法院院长及一审法院院长外，法官应当依据其资历进行排序。

2. 若法官资历相同，优先地位由年龄决定。

3. 已退休被再任命的法官应当保有其退休前的优先地位。

4. 除非合议庭另行决议，审判长应由资历最高的法官担任。

第342条 法院开庭的日期、时间和地点

1. 法院休假的持续时间应当由上诉法院院长依据审判委员会的建议确定。法院开庭的日期和时间应当由审理个案的本地和地区法院的审判长决定。

2. 法院可以选择在法院所在地以外的其他地点主持一个或多个特殊开庭期。若案例在地区法院审理过程中，依据相关缔约成员国基于《协议》第7(5) 条作出的任何共同决定，报告法官或审判长应当在该地区内根据被告人居住地或经营所在地以及其他譬如设备情况、当事人的财务状况以及侵权行为发生地等情况综合决定开庭地点。

对应于法院规约第17条

第343条 诉讼处理的顺序

1. 依据第108条的相关规定，法院应依据诉讼完成听证准备的顺序处理诉讼。

2. 审理诉讼中的本地法院或地区法院的审判长，审理诉讼中的中央法院部门的审判长或者上诉法院审理诉讼中的审判长可以依据自己的意志或一方当事人的申请，于当事人听证结束后 [第264条]：

（a）指令某一特殊诉优先处理，其因相关规定确立的期限缩短。

（b）将某一诉讼推迟延后处理，特别是延迟将有利于促进争端的友好解决时。

程序规则第47条

第344条 评　　议

1. 法庭应采用封闭式会议的形式进行评议。

2. 审判长应当主持评议。只有参与口头听证的法官有权参与结果评议。

3. 法庭评议应当在口头听证结束后尽快进行。

第345条 合议庭的组成和诉讼分配

1. 本地法院或地区法院的审判长，或者中央法院的部门（由审判委员会指派担任审判长的分院或部门的法官）应当分配其分院或部门享有专业法律资格的法官组成合议庭。

2. 法官的分配应该遵守《协议》第 8 条的相关规定。

3. 在分院或部门审理中的诉讼应当由登记员依据该分院或部门的审判长制订的一个公历年内的诉讼方案给合议庭，该分配优先以分院或部门接受诉讼的日期为顺序进行分配。

4. 各合议庭可以指派一位或多位合议庭成员：

（a）担任独审法官；

（b）或为第 1 部分第四章（损害赔偿的认定程序，包括查阅判例）以及第五章（费用的认定程序）所规定的程序性内容代表合议庭行动。此项职责可以指派给完成准备诉讼口头听证会的报告法官。

5. 分院或部门的审判长为紧急诉讼需要应当指派其分院内的一名法官为常务法官。此项指派可以限制时间期限。

6. 若所有当事人均同意由一个法官单独审理，被分配该诉讼合议庭的审判长应当指派该合议庭中有相应专业法律资格的法官进行审理。

7. 若中央法院部门的审判长依据该条第 1 款至第 6 款作出相应的判决，一审法院院长有权依自己的意志对其决定进行审查。

8. 上诉法院相关事务应当比照该条第 1 款至第 6 款进行适用。所有对部门审判长适用的条款，均比照适用于上诉法院院长。

对应于法院规约第 19 条

第 346 条　法院规约第 7 条的适用

1. 若一审法院的法官在工作期间内不履行其应尽的责任，依据法院规约第 7（1）~7（2）条，一审法院院长在审查该法官后，可以以书面形式警告该法官其过错。若该法官继续不完整履行其应尽的责任，一审法院院长应当提交审判委员会决定该法官过错的后果。

2. 第 1 款同样应当适用于上诉法院。上诉法院院长应当履行第 1 款规定中一审法院院长的职责。

3. 若法院的法官在停止履行其法官职务后，未能依据正直谨慎原则接受约会或利益，一审法院院长或上诉法院院长可以提请审判委员会对该类行为作出判决。

4. 若一方当事人对依法院规约第 7（4）条参与诉讼的法官持有异议，该法官隶属的本地法院或地区法院的审判长，及该诉讼由中央法院的部门审理时，该部门的审判长，应当在对该法官进行审查后，依据法院规约第 7（2）条作出是否准予异议的判决。

5. 若上述异议被允许，部门的审判长或中央法院的部门应当将该诉讼提交审判委员会，审判委员会应当在对异议法官进行审查后决定该异议是否成立。

6. 第 4 款和第 5 款规定的内容同样适用于上诉法院。合议庭的审判长应当履行上述条款中规定的合议庭审判长及部门的职责。

相关法规：第 7 条

第十章　判决和命令

第 350 条　判　　决

1. 判决应当包括：

(a) 表明其为法院判决的声明；

(b) 投递的时间；

(c) 审判长、报告法官以及其他参与审判的法官的姓名；

(d) 当事人的姓名及当事人代理人的姓名；以及

(e) 请求、命令，或当事人寻求的救济；

(f) 事实的综述；以及

(g) 判决的理由。

2. 除费用外其他对法院最终判决造成重要影响的命令，包括任何立即生效的禁制令，应当作为附件附于判决后，命令应当符合第 351 条的相关规定。

3. 不同意见应当记录在法院的判决书内。

4. 一审法院的判决应当包含当事人提交的请求和事实的概要，以及对法院判决基于的事实和争辩的陈述。

5. 所有判决应当在登记处进行记录。

对应于法院规约第 35（4）条

第 351 条　命　　令

1. 命令应当包括：

(a) 表明其为报告法官、常务法官、独审法官、审判长、法院院长或法院命令的声明。

(b) 作出命令的时间；

(c) 参与作出命令的法官姓名；

(d) 当事人及当事人代理人的姓名；

(e) 命令的生效部分。

2. 若依据相关规定，法院作出的命令可以被上诉的，则该类命令还应包括：

(a) 当事人要求的关于命令形式的声明；

(b) 事实的概述；以及

(c) 命令的理由。

3. 所有命令都应当在登记处进行记录。

第 352 条　受担保约束的判决或命令

1. 若判决或命令进行强制执行并在其后被撤回，判决及命令可能受一方当事人向另一方当事人就法律费用及其他花费，对另一方当事人造成的损害或可能导致的损害赔偿所作出的担保（无论是以存款或银行担保或其他形式）的约束。

2. 法院可以依据当事人申请命令要求担保作废。

第 353 条　判决和命令的更正

法院可以在以命令的形式，基于自己的意志或依据当事人在判决或命令送达的 1 个月内提出申请，于向当事人举行听证后，更正判决或命令中的笔误、计算错误或者明显的错误。

第 354 条　执　　行

1. 依据第 118.9 条和第 352 条的相关规定，法院作出的判决和命令应当自其于各缔约成员国的交付之日起立即依据执行程序以及执行所在缔约成员国法律的特别规定予以执行。

2. 法院作出的判决和命令应当在非缔约成员国，但为欧盟第 1215/2012 号条例成员国或《卢加诺公约》成员国的国家，依据上述条例或公约进行执行。

3. 法院作出的判决和命令应当在非缔约成员国，非第 2 款提及的条例或公约成员国的国家，依据该国法律进行执行。

4. 若在诉讼过程中，法院作出的可执行的判决或命令被修改或撤销，法院可以在对执行该判决或命令持有异议的当事人的申请下，命令执行该判决或命令的当事人就执行过程中造成的损失作出适当的补偿。在此情况下第 125 条准予适用。若一项可执行的判决或命令是基于对某专利权的侵害作出的，在诉讼结束后，专利被修改或被撤回的，法院可以在对执行该判决或命令持有异议的当事人的申请下，裁定该判决或命令停止执行。在此情况下第 125 条准予适用。

5. 若当事人未能履行命令或更早的命令，法院可以于判决或命令中判罚当事人向法院偿付周期性罚款。罚款的金额应当由法院依据个案中命令的重要程度予以确定。

对应于《协议》第 82 条

第十一章　缺席判决

第 355 条　缺席判决（一审法院）

1. 若一方当事人未能在期限内根据法律法规或法院要求采取相应的行为，一审法院可以在这种情况下进行缺席判决。

2. 缺席判决应当具有执行效力。然而，法院可以：

(a) 中止判决的执行效力直至对依据第 356 条作出的申请作出判决。

(b) 让执行受担保规定的约束；若没有申请或申请被驳回，该担保应当被取消。

第 356 条　申请撤销缺席判决

1. 对缺席判决持有异议的一方当事人可以在该判决送达的 1 个月内申请撤销此判决。

2. 申请撤销缺席判决的申请应当包含当事人对缺席情况的解释，申请还应当提及缺席判决的编号以及缺席判决的日期。当事人申请撤销缺席判决的应当支付相应的费用××欧元。申请中应当附有该当事人未能遵守的步骤。

3. 如果申请符合第 356.2 条的相关规定，申请应当被允许，同时该允许的通知应当在所有公布缺席判决的地方予以公布。

对应法院规约第 37 条

第 357 条　缺席判决（上诉法院）

1. 如果被上诉人妥善提交的上诉书以及上诉原因的声明没有得到回应，或一方当事人未能提交交叉上诉的声明或报告法官要求的翻译文件，则第 355 条和第 356 条准予适用。

2. 如果被上诉人未能提交上诉答辩，并且未能提交基于第 356 条的撤销申请，上诉法院应当考虑事实依据，若上诉有充分的理由，则上诉法院应当给予合理的判决。

3. 若当事人未能遵守第 224.1 条有关期限的规定，则第 355 条和第 356 条不被准予适用。

第十二章　注定败诉或禁止的诉讼

第 360 条　无宣判必要

如果法院发现一项诉讼为无目的的并且已经没有任何必要对其进行宣判，法院可以在任何时候，经由当事人申请或基于自己的意志，在给予当事人听证的机会后，以命令的形式终止诉讼。

第 361 条　注定败诉的诉讼

当法院部分或者全部地对于某诉讼的审理，当事人主张中的一部分或者诉讼和答辩的地点没有管辖权，明显不能被采信或者明显没有法律依据的，法院可以在给予当事人听证的机会后，以命令的形式作出决定。

第 362 条　诉讼进行的绝对限制条件

法院可以在任何时候，基于当事人的申请或自己的意志，在给予当事人听证的机会后，判决继续进行诉讼会触及诉讼的绝对限制条件，例如基于"一事不再理"原则的申请。

第363条　明显不会被采信主张的驳回命令

1. 基于第360条、第361条、362条作出的命令应当由合议庭经报告法官建议作出。

2. 一审法院基于第360条、第361条、第362条作出的判决为第220.1（a）条规定的终审判决。

第十三章　和　　解

第365条　经法院确认的和解

1. 若当事人经由和解的方式解决诉讼，则当事人应当通知报告法官。法院应当以判决的形式对和解进行确认［第11.2条］，同时该判决应当视为法院作出的可执行的终审判决。

2. 经由当事人申请，法院可以命令和解的内容保密。

3. 法院基于第365.1条作出适用第365.2条的判决应当于登记处记录。

4. 报告法官应当依据和解的内容，谨慎决定法院费用。

对应于《协议》第79条

第六部分　费用和法律援助
法院费用

第370条　法院费用

1. 本法规定的法院费用应当支付给法院，这类费用将会依据该部分的相关规定进行征收。

2. 应当向法院缴纳的费用包括：

（a）固定费用××欧元

一审法院

选择退出的费用

撤销选择退出的费用

侵权之诉的费用

反诉撤销之诉的费用

撤销之诉的费用

反诉侵权之诉的费用

请求确认未侵权的费用

赔偿权利许可之诉的费用

对EPO决定的异议之诉费用

申请案例管理顺序审查的费用

申请证据保全的费用

申请临时措施的费用

申请损失认定的费用

申请基于第 125 条的赔偿认定的费用

申请权利恢复的费用

申请保护信或延长登记处保管时间的费用

申请撤销缺席判决的费用

上诉法院

基于第 220.1（a）、(b) 条的上诉费用

基于第 220.1（c）条和第 220.2 条的上诉费用

申请保护信的费用

申请听证的费用

(b) 基于标的物的费用 ××欧元

第 371 条 支付法院费用的期限

1. 固定费用［第 5 条、第 15.1 条、第 26 条、第 47 条、第 53 条、第 68 条、第 132 条、第 192.5 条、第 206.4 条、第 207.3 条、第 228 条］应当在提交相关答辩或申请时支付。应当向法院指定的银行账户进行支付费用，在支付中应当指明支付方和其代理人，以及所有涉案专利的编号、案例的编号。

2. 支付证明应当在提交答辩或申请时一并提供。

3. 在无法提前支付的紧急情况下，案例当事人的代理人应当在法院提供的期限内支付固定法院费用，若固定费用在期限内支付，法院可以命令相关答辩或申请应当在登记处收到时被视为已提交及生效。

4. 根据第 22 条、第 31 条、第 57 条、第 58 条、第 69 条、第 104（i）条及第 133 条，基于标的物的费用应当在认定诉讼标的数额的命令送达 10 日以内进行支付。

5. 第 377 条提交的法律援助申请不适用第 371.1 条下关于支付固定法院费用期限的责任规定。

对应于《协议》第 70 条

法律援助

第 375 条 范围和目的

1. 为确保司法效率，法院可以给作为自然人的一方当事人指定法律援助。

2. 法院可以在任何诉讼中授予法律援助。

第 376 条 法律援助的相关费用

1. 基于《协议》第 71（3）条，法律援助可以包括以下部分或全部费用：

(a) 法院费用

（b）法律救助和代理在如下方面的相关费用：

（i）为在开始法律诉讼前达成和解而给出的诉前建议；

（ii）法院的启动诉讼程序及维护程序；

（iii）包括申请法律援助在内的诉讼程序相关的费用；

（c）由当事人承担的其他有关诉讼程序的必要费用，包括证人、专家、口译以及笔译的费用，以及申请人及其代理人必须的旅行、居住和生活费用。

2. 基于《协议》第71（3）条，法律援助也可以包括申请人于诉讼中失败后，被判支付给胜诉方的费用。

第377条 授予法律援助的条件

1. 任何自然人在如下情况下应当被准予申请法律援助：

（a）因为其经济情况，无法全部或者部分承担第376条所规定的费用；

（b）申请法律援助所基于的诉讼有胜诉可能性。

2. 管理委员会应当明确法律援助申请人被视为无法部分或全部承担由第376条规定的诉讼费用的基准线。如果法律援助申请人的经济情况高于基准线，但有事实表明其因经常居住或永久居住于缔约成员国，需要支付高额生活费用，以致无法支付第376条所规定的诉讼费用的，此类基准线不得排除其申请法律援助。

3. 在决定是否授予法律援助时，法院应在对本条（1）（a）规定没有偏见的情况下，综合考量所有相关因素，包括对于申请人而言该诉讼的重要程度以及当申请人担心在其贸易活动或自由从业过程中受到直接起诉时，该诉讼的本质。

第378条 申请法律援助

1. 申请法律援助的申请可以在法院启动诉讼程序前或启动诉讼程序后提交。

2. 申请法律援助的申请文件应当使用某一缔约成员国的语言并包括下列信息：

（a）申请人的姓名；

（b）用以向申请人送达的邮寄地址和电子地址，以及被授权接受送达人的姓名；

（c）对方当事人的姓名，以及对方当事人用以送达的有效邮寄地址和电子地址，以及知情情况下被授权接受送达人的姓名；

（d）申请人申请所依据诉讼的诉讼编号，申请是否是诉讼开始前被提交的说明，以及对诉讼内容的简单描述；

（e）对诉讼标的价值的标示以及法律援助所包含的费用；

（f）法律援助是否包括法律救助和代理服务，拟进行代理人的姓名；

（g）申请人的经济来源，例如收入、资产和资本，以及申请人的家庭状况，包括对申请人具有经济依赖的人员状况的评估；以及

（h）在适当情况下，请求中止直到法律援助命令作出之日前应当遵守的期限的合理请求。

3. 申请法律援助的申请应当以如下材料进行支撑：

（a）申请人需要援助的证据，例如其收入证明、资产、资本和家庭状况；以及

（b）若在诉讼开始前申请人提交申请的，支持其诉讼的证据。

4. 在上诉案例中，应当提交新的申请。

5. 第 8 条不再适用。

第 379 条　审查和决定

1. 登记处应当审查申请法律援助申请的格式是否合格。

2. 如果申请不满足第 378 条规定的相关要求，申请人应当在 14 日内尽快被邀求改正申请缺陷。

3. 如果申请满足第 378 条规定的相关要求，对该申请的决定可以以命令的形式，由报告法官，或当申请在诉讼开始前提交，则由常务法官作出。

4. 除非从提交的信息已经能够明显判断该申请不符合第 377 条所规定的情况，否则法院应当要求其他当事人在其对申请法律援助的申请作出决定前提交书面意见书。

5. 驳回法律援助申请的命令应当声明其驳回申请的原因。

6. 授予法律援助的命令可能包含：

（a）全部或者部分免除法院费用；

（b）用以保证申请人及（或）其代理人符合报告法官，独审法官作出最终命令前的要求而将要预支的费用。

（c）用以支付申请人的代理人的费用，或者设立代理人费用和花费的上限；

（d）申请人可能承担的基于第 376.1（c）条产生的费用。

7. 若法律援助部分或全部承担法律救助和代理的花费，则命令授予法律援助的同时应当为申请人指派代理人。

8. 经由指定代理人申请，法院可以命令提前预支金额。

9. 若申请人基于第 378.2（h）条申请，法院应当决定是否中止期限。

第 380 条　法律援助的撤销

1. 若在诉讼程序过程中，基于第 377.1（a）条而授予法律援助的申请人的经济情况发生变化，或者申请人基于第 378.2（g）条提交的信息被发现部分或者全部有误，法院可以在审查申请人后的任何时间，基于其自己的意志或

其他当事人的合理申请，撤销部分或全部的法律援助。

2. 撤销法律援助的命令应当说明其所基于的原因。

第381条　上　　诉

若一审法院允许上诉，则部分或全部驳回或撤回法律援助的命令可以向上诉法院进行上诉。在此情况下，法院可以授予上诉过程法律援助。

第382条　恢　　复

1. 若法院命令其他当事人支付申请法律援助的费用，其他当事人应当偿还法院提前预支的任何法律援助款项。如果命令支付的费用和法院提前预支的法律援助费用之间存在差额，则该差额可以由申请人因法院诉讼判定所获的损害赔偿填补，或由和解获得的任何款项进行填补。

2. 若法律援助基于第380条被撤回，申请人可能被要求返还法院提前预支给其的任何法律援助款项。

原书索引

说明：本索引的编制格式为：原版词汇+中译文+原版页码

A

Act revising the EPC of 29 November 2000　2000年11月29号修改EPC法案…11

Administrative Committee　行政委员会…44，126

Administrative Council of the EPO　EPO的行政委员会…20

Agreement on Trade – Related Aspects of Intellectual Property Rights　《与贸易有关的知识产权协议》…10

Agreement relating to Community patents, Luxembourg　关于欧共体专利，《卢森堡协议》…9

Aircraft　航空器…27，28，134

Amendment of the case　案例修正…274

Amendment of the patent　专利更改…39，54，212

Amount of damages　损害的数额…235

Animals　动物…27

Appeal　上诉…69，157

Application for preserving evidence　证据保存的申请…250

Application for provisional measures　临时性措施的申请…256

Application for rehearing, contents　再审的申请，内容…270

Award of damages　损害的裁决…155

B

Bifurcation　分歧…52

Biotechnological inventions, Directive 98/44/EC on the legal protection of　生物技术发明，法律保护的指令98/44/EC…28

C

C – 146/13 and C – 147/13　C – 146/13和C – 147/13…17

Central Division　中央部门…32，33，52，215，216

Change in Parties　当事人变更…286

CJEU Opinion 1/09, March 8, 2011　CJEU的意见1/09，2011年3月8日…34

Community Patent Convention　共同体专利会议…25，39

Compensation scheme　赔偿计划…22，115

Computer programs　计算机程序…28

Conduct of the oral hearing for an appeal of a cost decision　组织关于费用判决的口头审理…269

Connection – Joinder　连接—联合诉讼…294

Contents of the Application for rehearing　再审申请的内容…270

Convention for the European Patent for the common market, Luxembourg, 15 December 1975　1975年12月15日卢森堡，欧洲专利的共同市场公约…9

Convention on the grant of European patents, Munich 5 October 1973　1973年10月5日慕尼黑，欧洲专利授权公约…9

Costs　成本…36，41，63，83，156，235，241

Council Directive 2009/24/EC on the legal

protection of computer programs 欧盟指令2009/24/EC 关于计算机程序的法律保护…28

Council Regulation（EC）No 40/94 欧盟条例40/94/EC…10

Council Regulation（EC）No 44/2001 欧盟条例44/2001/EC…10

Council Regulation（EC）No 6/2002 欧盟条例6/2002/EC…10

Council Regulation（EU）No 1260/2012 欧盟条例1260/2012/EC…13

Counterclaim for infringement 侵权的反诉…55

Counterclaim for revocation 撤销的反诉…52，209

Court experts 法院专家…247

Court fees 法院费用…99

Court of Appeai 上诉法院…69，122，123，125，126，131，141，147，157–161

Court of Justice of the European Union 欧盟法院…17，19，274

D

Damages 损害…36，40，155，237

Declaration of non–infringement 确认未侵权…31,33，58，221

Definition of criminal offence 刑事犯罪的定义…271

Designation of the judge–rapporteur 报告法官的委任…206，266

Direct use of the invention 发明的直接运用…132

Directive 2001/82/EC relating to veterinary medicinal products 关于兽医药产品的指令2001/82/EC…27

Directive 2001/83/EC relating to medicinal products for human use 人类医药产品的指令2001/83/EC…27

Directive 2004/48/EC 指令2004/48/EC…10

Directive 98/44/EC on the legal protection of biotechnological inventions 生物技术发明的法律保护的指令98/44/EC…28

Discovery/disclosure 发明/披露…37

Draft Agreement on the establishment of a European patent litigation system 建立欧洲专利诉讼体系的草案…11

Duty to disclose 披露的义务…257

E

Eligibility criteria for the appointment of judges 委任法官的适格标准…128

Email 电子邮件…48

Enforcement 强制措施…166，299

European Patent Attorneys 欧洲专利代理人…77

European Patent Litigation Certificate 欧洲专利诉讼证明书…75，81

European patent litigation system, Draft Agreement on the establishment of 欧洲专利诉讼体系，关于建立的草案…11

European Patent Office 欧洲专利局…20，22，103，154，226，284

Evidence 证据…64，70，148，243，249

Ex parte application 部分申请…37，67，253

Exclusive licensee 专利被许可人…43

Expert witnesses 专家证人…244

Exhaustion of rights 权利用尽…29，102，135

Experimental use 实验用途…27

Experts 专家…147，247

Extensions of time 期间延长…49

EU law 欧盟法…34

F

Farming 农业…28，135

Financing of the Court 法院的财务…34

Forum 法院…33

Forum shopping 法院选择…50，60

Freezing orders 冻结令…152

G

GAT v LuK, Case C – 4/03 GAT 诉 LuK, C – 4/04案…10

Germany 德国…22

H

Hearing 听证会…45, 61

I

Implementing Regulations to the Convention for the European patent for the common market 《共同市场的欧洲专利公约实施条例》…9

Indirect use of the invention 发明的不直接利用…132

Infringement, direct 侵权, 直接…25, 132

Infringement, indirect 侵权, 不直接…26, 133

Infringement action 侵权行为…51

Injunction, interlocutory 临时禁令…65

Injunction, permanent 永久禁令…31, 36, 62, 153

Innocent infringement 过失侵权…41

Inspection order 检查命令…37, 38, 254

Interim award of damages 暂时的损害赔偿…236

Interim conference, language of 临时会议, 语言…232

Interim procedure 临时程序 60, 230

Interim procedure, appeal 临时程序, 上诉…269

International Civil Aviation Organization (ICAO), "Chicago Convention" 国际民用航空组织（ICAO）, 《芝加哥公约》…28

Intervention 调解…288

Invalidity action 无效行为…33

Italy 意大利…13, 16, 17, 29, 43

J

Joinder 联合诉讼…294

Judge – rapporteur 报告法官…60, 61, 206, 230

Joint applicants 共同申请人…22

Judge – rapporteur, appeal 报告法官, 上诉…266, 269

Judges 法官…33, 128, 166

K

Keeping of the register 登记的保留…177

L

Language of patent 专利的语言…291

Language of proceedings 诉讼的语言…34, 146, 232

Language of the Statement of claim 起诉书语言…204

Language of written pleadings and written evidence 书面请求和书面证据的语言…200

Lawyers 律师…76

Legal aid 法律援助…42, 157, 301, 303

Legal protection of computer programs, Council Directive 2009/24/EC 计算机程序的法律保护, 委员会指令 2009/24/EC…28

Letters rogatory 调查信…246, 256

Lex specialis for the interim procedure (*ex parte procedure*) 暂时程序的特别法…229

Licence of right 权利的许可…22, 32, 225

Licensee, exclusive 独占许可的被许可人…43

Licensing 许可…18

Litigation priviege 诉讼特权…282

Local division 地方部门…32, 52

Lodging of an Application to opt out and withdrawal of an opt – out 退出申请的提交和退出的撤回…197

Lodging of documents 文件的提交…196

London Agreement 《伦敦协议》…86

Lugano Convention 《卢加诺公约》…10

Luxembourg 卢森堡…33，43

Luxembourg, Agreement relating to Community patents 《共同体专利的卢森堡协议》…9

M

Machine translation 机器翻译…20

Medicine 医药…27

Meroni v. ECSC High Authority［1957/58］ECR133, Cases 9 and 10/56 Meroni 诉 ECSC 高级政府［1957/58］ECR133，9 和 10/56 案…17

Miscellaneous provisions on languages 语言的其他的规定…291

O

Opt out 退出…43，88，197

Opting back in 选择回来…89

Oral procedure/Oral hearing 口头程序/口头审理…51，232，269

Order for inspection 检查的命令…254

Order for provisional measures without the defendant 没有被告的临时措施的命令…261

Order on the Application for provisional measures 临时措施申请的命令…260

Order to freeze assets 资产冻结令…254

Order to preserve evidence 保存证据的命令…151，253

Order to produce evidence 出示证据的命令…249

Orders of court 法院的命令…36，235

Ownership dispute 所有权争议…21

P

Parties, change in 当事人，改变…287

Patent Attorneys 专利代理人…81，283

Patent attorneys' right of audience 专利代理人的发言权…283

Permanent injunctions 永久禁令…153

Plant protection products, Regulation Nol610/96/EC 植物保护产品条例 1610/96/EC…29

Poland 波兰…16，17，65

Powers of attorney 代理人的权力…280

Pre – action requirements 诉前要求…46

Preliminary objection 初步异议…50，207

Preparation for the oral hearing 口头审理的准备…232

Preserving evidence/preservation order 保存证据/证据保存令…37，149，250

President of the European Patent Office 欧洲专利局局长…229

Presiding judge 审判长…233

Prior national right 在先的各国权利…18，40

Prior use 在先使用…29，32，135

Private acts 个人行为…27

Privilege 特权…82，290

Procedure for cost decision 费用判决的程序…241

Property rights 财产权…21，102

Proportionality and fairness 均衡性和公平…143

Protective letter 保护信…257

Protocol on the settlement of litigation concerning the infringement and validity of Community patents 有关侵权诉讼合解和共同体专利有效性的草案…9

Provisional and protective measures 临时性和保护性措施…31，36，66，152，256，260

Public access to the register 公众查看登记簿…273

R

Ratification 正式批准…18

Referral to the panel for decision 参考合议庭的判决…231

Regional Division 地区部门…32, 52, 59

Register 登记…15, 273

Registration 登记簿…20

Regulation (EU) No 1257/2012 条例1257/2012/EC…13

Regulation No 1610/96/EC for plant protection products 植物保护产品的条例1610/96/EC…29

Regulation No 469/2009/EC for medicinal products 医药产品的条例469/2009/EC…29

Rehearing 再审…73, 160, 270

Remedies 救济…36

Renewal fees 续展费…18, 23, 87

Representation 代理…42, 75, 145, 200, 280

res judicata "一事不再理"原则…301

Residence 居所…21

Retroactive effect 追溯效力…21

Revocation 驳回…38, 55, 217

Rights and obligations of representatives 代理人的权利和义务…278

Rodte v Primus, CaseC–539/03 Roche诉Primus, C–539/03案…10

Role of the judge–rapporteur 报告法官的角色…230, 269

Role of the presiding judge 审判长的角色…233

S

Saisie 扣押…46, 250

Seizure orders 没收令…38

Service 送达…48, 199, 275, 278

Settlement 和解…63, 160, 275, 278

Ship or vessel 船…27

Spain 西班牙…13, 16, 17, 19, 25, 29, 65

Statement for revocation 驳回的声明…217

Statement in intervention 调解的声明…289

Statement of claim 起诉书…47

Statement of Appeal, Statement of Grounds of Appeal 上诉书, 上诉理由的声明…264

Subpoena 传票…64

Summary decision (order) 概括的判决（命令）…301

Supplementary protection certificate 辅助的保护证书…25, 29, 32, 136, 196

T

Territorial effect 领土效力…18

Time limit for registration 登记的时间限制…21

Transitional provisions 过渡条款…42, 111, 116, 161

Transitional period 过渡期…113

Translation 翻译…19, 20

TRIPs, Agreement on Trade–Related Aspects of Intellectual Property Rights TRIPS,《与贸易有关的知识产权协议》…10, 25

U

Unitary character 统一的特点…18, 100

V

Validity 有效性…38, 154

Value–based fee 以价值为基础的费用…208, 221, 223, 238

Veterinary medicinal products, Directive 2001/82/EC 兽医的医药产品指令2001/82/EC…27

Video recording 视频记录…234

W

Witnesses and experts of the parties 当事人的证人和专家…64, 244

译者记

本书从最初引进到出版历时两年的时间。首先，感谢原作者英国 Jenkins 知识产权代理公司的执行合伙人 Hugh Dunlop 先生在本书中为我国读者提供有关统一专利和统一专利法院的重要内容和精准分析。其次，感谢中国政法大学知识产权法研究所冯晓青所长、李玉香副所长对我的关怀与肯定；感谢我带领的优秀的翻译团队——这本书是一群"八零后"和"九零后"的年轻人翻译出来的力作：

我们的两位"八零后"译者分别是：张南，我本人，中国政法大学民商经济法学院教师，伦敦大学知识产权法学博士，热爱中英文写作与翻译，曾出版三部译著，均入选国家知识产权局"知识产权经典译丛系列"；冯晓川，毕业于中国政法大学刑事司法学院，获得香港城市大学和香港中文大学法学双硕士学位。

我们的三位"九零后"译者分别是：张文婧，获得中国政法大学法学第二学士学位后于美国波士顿大学法学院攻读法学硕士；张婷婷，中国政法大学法学与英语双学士学位在读；欧中慧，获得中国政法大学法学学士学位后于美国乔治城大学法学院攻读法学硕士。

再次，感谢国家出版基金对本书出版的支持，感谢知识产权出版社王润贵副总编、本书责任编辑卢海鹰和王玉茂、英国 Jenkins 知识产权代理公司中国区总经理冉寒冬先生的大力支持！

为读者提供高质量的作品，一直是我们奋斗和努力的目标。最后，感谢一直关爱我的父母和一直鼓励我的先生，并将此书献给我们今年秋天即将出生的小宝宝。

中国政法大学　张南
2017 年 8 月 1 日